Programmieren mit Maple V

Springer
Berlin
Heidelberg
New York
Barcelona
Budapest
Hongkong
London
Mailand
Paris
Santa Clara
Singapur
Tokio

M.B. Monagan K.O. Geddes
K.M. Heal G. Labahn S.M. Vorkoetter

Programmieren mit
Maple V

Mit Unterstützung von J. S. Devitt,
M. L. Hansen, D. Redfern, K. M. Rickard
Mit 79 Abbildungen

 Springer

Waterloo Maple Inc.
450 Phillip St.
Waterloo, ON N2L 5J2, Kanada

Übersetzer:

Karsten Homann · Anita Lulay · Werner M. Seiler
Institut für Algorithmen und Kognitive Systeme
Universität Karlsruhe
Am Fasanengarten 5, D-76131 Karlsruhe
e-mail: (homann|lulay|wms)@ira.uka.de

Titel der englischen Originalausgabe 1996: *Maple V – Programming Guide*
ISBN 0-387-94537-7 Springer-Verlag New York Berlin Heidelberg
ISBN 0-387-94576-8 Springer-Verlag New York Berlin Heidelberg
(Maple V software boxed version)

Die Deutsche Bibliothek – CIP-Einheitsaufnahme

Programmieren mit Maple V: [Release 4] / M. B. Monagan... [Übers.: Karsten
Homann...]. – Berlin; Heidelberg; New York; Barcelona; Budapest; Hongkong; London;
Mailand; Paris; Santa Clara; Singapur; Tokio: Springer, 1996
ISBN 3-540-60544-4
NE: Monagan, M. B.

Mathematics Subject Classification (1991):
68Q40, 05-XX, 11Yxx, 12Y05, 13Pxx, 14Qxx, 20-04, 28-04, 30-04, 33-XX,
62-XX, 65-XX, 92Bxx, 94A60, 94Bxx

ISBN 3-540-60544-4 Springer-Verlag Berlin Heidelberg New York

Satz: Springer-TEX-Haussystem; Druck und Bindearbeiten: Konrad Triltsch, Würzburg
SPIN 10507931   44/3143 - 5 4 3 2 1 0 – Gedruckt auf säurefreiem Papier

Inhalt

Einleitung

Als Benutzer von Maple lassen Sie sich möglicherweise in mehrere Kategorien einordnen. Sie haben unter Umständen Maple nur interaktiv benutzt oder bereits viele eigene Programme geschrieben. Möglicherweise haben Sie bereits in einer anderen Programmiersprache programmiert, bevor Sie sich an Ihrem ersten Maple-Programm versuchen, und vielleicht haben Sie tatsächlich Maple eine Weile eingesetzt, ohne zu erkennen, daß die gleiche mächtige Sprache, die Sie regelmäßig zur Eingabe von Befehlen verwenden, selbst eine vollständige Programmiersprache ist.

Das Schreiben eines Maple-Programms kann sehr einfach sein. Dies ist bereits das Einfügen von `proc()` und `end` um eine Folge von täglich verwendeten Anweisungen. Andererseits sind die Grenzen des Schreibens von Maple-Prozeduren mit unterschiedlichen Komplexitätsebenen nur von Ihnen abhängig. Über achtzig Prozent der tausenden von Befehlen der Maple-Sprache sind selbst Maple-Programme. Es steht Ihnen frei, diese Programme zu untersuchen und Ihren Bedürfnissen entsprechend zu modifizieren, oder sie zu erweitern, damit Maple neue Arten von Problemen bearbeiten kann. Sie sollten in der Lage sein, sinnvolle Maple-Programme in wenigen Stunden zu schreiben, anstatt in wenigen Tagen oder Wochen, die es häufig in anderen Sprachen benötigt. Diese Effizienz verdankt man teilweise der Tatsache, daß Maple *interaktiv* ist; diese Interaktivität erleichtert das Testen und Korrigieren von Programmen.

Das Programmieren in Maple erfordert keine fortgeschrittenen Programmierfertigkeiten. Im Gegensatz zu traditionellen Programmiersprachen enthält die Sprache von Maple viele mächtige Befehle, die Ihnen ermöglichen, komplizierte Aufgaben mit einem einzigen Befehl anstelle mehrerer Seiten Programmzeilen durchzuführen. Der Befehl `solve` berechnet zum Beispiel die Lösung eines Gleichungssystems. Maple liegt eine große Bibliothek von vordefinierten Routinen bei, einschließlich Primitive zur graphischen Darstellung, so daß das Zusammenfügen hilfreicher Programme aus den mächtigen Bausteinen einfach ist.

Das Ziel dieses Kapitels ist es, Basiswissen zum geübten Schreiben von Maple-Programmzeilen bereitzustellen. Lesen Sie zum schnellen Lernen, bis Sie auf einige Beispielprogramme stoßen, und schreiben Sie dann Ihre eigenen Variationen. Dieses Kapitel enthält viele Beispiele und Übungen zum Ausprobieren. Einige davon heben wichtige Unterschiede zwischen Maple und traditionellen Programmiersprachen hervor, denen die Fähigkeit zum symbolischen Rechnen fehlt. Dieses Kapitel ist somit auch für diejenigen wichtig, die bereits Programme in anderen Sprachen geschrieben haben.

Es illustriert die wichtigsten Elemente der Sprache von Maple. Die Details, Ausnahmen und Optionen können Sie in den anderen Kapiteln, sobald dies nötig wird, genauer nachschlagen. Die Beispiele der wichtigsten Programmieraufgaben, die Sie ausführen sollen, enthalten Verweise auf andere Kapitel und Hilfeseiten, die weitere Details liefern.

1.1 Aller Anfang ist schwer

Maple läuft auf vielen verschiedenen Plattformen. Sie können es über eine spezialisierte Arbeitsblatt-Schnittstelle oder direkt über an einem Terminal interaktiv eingegebene Befehle benutzen. In beiden Fällen sehen Sie eine Maple-Eingabeaufforderung, nachdem Sie eine Maple-Sitzung gestartet haben.

```
>
```

Die Eingabeaufforderung > weist darauf hin, daß Maple auf Eingabe wartet. Ihre Eingabe kann im einfachsten Fall ein einzelner Ausdruck sein. Auf ein Befehl folgt sofort sein Ergebnis.

```
> 103993/33102;
```

$$\frac{103993}{33102}$$

Üblicherweise beenden Sie den Befehl mit einem Semikolon und Betätigen der Eingabetaste.

Maple antwortet mit dem Ergebnis, in diesem Fall mit einer exakten rationalen Zahl, im Arbeitsblatt oder Terminal mit der jeweils verwendeten Schnittstelle und zeigt das Ergebnis so weit wie möglich in der mathematischen Standardnotation an. [1]

---

[1] *Ausgabe zweidimensionaler Ausdrücke* auf Seite 366 behandelt spezielle Befehle zur Steuerung der Ausgabe.

Sie können Befehle vollständig innerhalb einer Zeile (wie im vorigen Beispiel) eingeben oder über mehrere Zeilen erstrecken.

```
> 103993
> / 33102
> ;
```

$$\frac{103993}{33102}$$

Das abschließende Semikolon können Sie sogar in einer separaten Zeile eingeben. Es wird nichts bearbeitet oder angezeigt, bis Sie den Befehl beendet haben.

Assoziieren Sie Namen mit Ergebnissen mit Hilfe der Zuweisungsanweisung :=.

```
> a := 103993/33102;
```

$$a := \frac{103993}{33102}$$

Sobald ein Wert auf diese Weise zugewiesen wurde, können Sie den Namen a verwenden, als ob es der Wert 103993/33102 wäre. Sie können zum Beispiel Maples Befehl evalf benutzen, um eine Approximation von 103993/33102 dividiert durch 2 zu berechnen.

```
> evalf(a/2);
```

$$1.570796327$$

Ein Maple-*Programm* ist im wesentlichen eine zusammengestellte Gruppe von Befehlen, die Maple immer gemeinsam ausführt. Die einfachste Art, ein Maple-Programm (oder eine Prozedur) zu schreiben, ist als Folge der Befehle, die Sie bei der interaktiven Ausführung der Berechnung verwendet hätten. Es folgt ein Programm, das der obigen Anweisung entspricht.

```
> half := proc(x)
>    evalf(x/2);
> end;
```

$$half := \mathbf{proc}(x)\,\mathrm{evalf}(1/2\,x)\,\mathbf{end}$$

Das Programm erhält eine Eingabe, die innerhalb der Prozedur x genannt wird, und berechnet eine Approximation von der Zahl geteilt durch 2. Da dies die letzte Berechnung innerhalb der Prozedur ist, liefert die Prozedur half diese Approximation zurück. Sie geben der Prozedur den Namen half mit Hilfe der Notation :=, genauso, als ob Sie irgendeinem anderen Objekt einen Namen zuweisen würden. Sobald Sie eine neue Prozedur definiert haben, können Sie sie als Befehl verwenden.

```
> half(2/3);
```

$$.3333333333$$

```
> half(a);
```

$$1.570796327$$

```
> half(1) + half(2);
```

$$1.500000000$$

Nur das Einschließen des Befehls `evalf(x/2);` zwischen einem `proc(...)` und dem Wort `end` wandelt es in eine Prozedur um.

Erzeugen Sie ein anderes Programm, das den folgenden zwei Anweisungen entspricht.

```
> a := 103993/33102;

> evalf(a/2);
```

Die Prozedur braucht keine Eingabe.

```
> f := proc()
>     a := 103993/33102;
>     evalf(a/2);
> end;
```

```
Warning, 'a' is implicitly declared local
```

$$f := \mathbf{proc}()\ \mathbf{local}\ a;\ a := 103993/33102;\ evalf(1/2\,a)\ \mathbf{end}$$

Maples Interpretation dieser Prozedurdefinition erscheint unmittelbar nach den von Ihnen erzeugten Befehlszeilen. Untersuchen Sie sie sorgfältig und beachten Sie folgendes:

- Der *Name* dieses Programms (dieser Prozedur) ist `f`.
- Die *Definition* der Prozedur beginnt mit `proc()`. Die leeren Klammern zeigen an, daß diese Prozedur keine *Eingabedaten* erfordert.
- Die Strichpunkte trennen die einzelnen Befehle, die die Prozedur bilden. Ein weiterer Strichpunkt nach dem Wort `end` signalisiert das Ende der Prozedurdefinition.
- Eine Darstellung der Prozedurdefinition (wie für jeden anderen Maple-Befehl) sehen Sie erst, nachdem Sie sie mit einem `end` und einem Strichpunkt beendet haben. Selbst die einzelnen Befehle, die die Prozedur bilden, werden nicht angezeigt, bis Sie die gesamte Prozedur beenden und das letzte Semikolon eingegeben haben.
- Die *Prozedurdefinition*, die als Wert des Bezeichners `f` zurückgegeben wird, ist äquivalent aber nicht identisch mit der von Ihnen eingegebenen Prozedurdefinition.

- Maple hat entschieden, Ihre Variable a als *lokale* Variable festzulegen. Der Abschnitt *Lokal und global* auf Seite 6 behandelt dies detaillierter. local bedeutet, daß die Variable a innerhalb der Prozedur nicht das gleiche bedeutet wie die Variable a außerhalb der Prozedur. Es spielt also keine Rolle, wenn Sie den Namen für etwas anderes verwenden.

Führen Sie die Prozedur f *aus*, d.h. veranlassen Sie durch Eingabe des Prozedurnamens gefolgt von runden Klammern, daß die Anweisungen, die die Prozedur bilden, nacheinander ausgeführt werden. Schließen Sie alle Eingaben der Prozedur, in diesem Fall keine, zwischen den runden Klammern ein.

```
> f();
```

$$1.570796327$$

Die Ausführung einer Prozedur wird auch *Anwendung* oder *Prozeduraufruf* genannt.

Wenn Sie eine Prozedur ausführen, führt Maple die Anweisungen nacheinander aus, die den *Rumpf der Prozedur* bilden. Die Prozedur *liefert* das von der letzten Anweisung berechnete Ergebnis als *Wert* des Prozeduraufrufs zurück.

Wie bei den gewöhnlichen Maple-Ausdrücken, können Sie Prozedurdefinitionen mit einem Höchstmaß an Flexibilität eingeben. Einzelne Anweisungen können in verschiedenen Zeilen vorkommen oder sich über mehrere Zeilen erstrecken. Es steht Ihnen frei, auch mehrere Anweisungen in einer Zeile einzugeben. Sie können problemlos zusätzliche Strichpunkte zwischen den Anweisungen eingeben. In manchen Fällen können Sie Strichpunkte vermeiden.[2]

Möglicherweise möchten Sie manchmal, daß Maple das Ergebnis einer komplizierten Prozedurdefinition nicht anzeigt. Verwenden Sie zur Unterdrückung der Anzeige einen Doppelpunkt (:) anstelle des Strichpunkts (;) am Ende der Definition.

```
> g := proc()
>    a := 103993/33102;
>    evalf(a/2);
> end:

Warning, 'a' is implicitly declared local
```

Die Warnung zu der impliziten Deklaration erscheint noch immer, aber das erneute Anzeigen des Prozedurrumpfes wird unterdrückt.

---

[2]Der Strichpunkt ist zum Beispiel in der Definition einer Prozedur zwischen dem letzten Befehl und dem end optional.

Manchmal ist es notwendig, den Rumpf einer Prozedur lange nach ihrer Erzeugung zu untersuchen. Bei gewöhnlich benannten Objekten, wie das nachfolgend definierte e, können Sie in Maple den aktuellen Wert des Bezeichners einfach durch Ansprechen mit Namen erhalten.

```
> e := 3;
```

$$e := 3$$

```
> e;
```

$$3$$

Falls Sie dies mit der Prozedur g versuchen, zeigt Maple nur den Namen g anstelle seines tatsächlichen Wertes an. Sowohl Prozeduren als auch Tabellen enthalten unter Umständen viele Unterobjekte. Dieses Auswertungsmodell verbirgt die Details und wird als *Auswertung zum letzten Namen* bezeichnet. Um den tatsächlichen Wert des Bezeichners g zu erhalten, verwenden Sie den Befehl eval, der *volle Auswertung* erzwingt.

```
> g;
```

$$g$$

```
> eval(g);
```

$$\textbf{proc}() \textbf{ local } a; \; a := 103993/33102; \; \text{evalf}(1/2\,a) \textbf{ end}$$

Setzen Sie die *Schnittstellenvariable* verboseproc auf 2, um den Rumpf einer Prozedur der Maple-Bibliothek auszugeben. Siehe ?interface für Details über Schnittstellenvariablen.

Lokal und global

Variablen, die Sie auf der interaktiven Ebene von Maple, d.h. nicht innerhalb eines Prozedurrumpfes, verwenden, werden *globale Variablen* genannt.

Vielleicht möchten Sie für Prozeduren Variablen benutzen, deren Wert Maple nur innerhalb der Prozedur kennt. Diese werden *lokale Variablen* genannt. Während der Ausführung einer Prozedur bleibt eine globale Variable gleichen Namens unverändert, unabhängig welchen Wert die lokale Variable annimmt. Dies ermöglicht Ihnen, temporäre Zuweisungen innerhalb einer Prozedur durchzuführen, ohne irgend etwas anderes in Ihrer Sitzung zu beeinflussen.

Der *Gültigkeitsbereich von Variablen* bezieht sich häufig auf die Sammlung von Prozeduren und Anweisungen, die Zugriff auf den Wert einzelner Variablen haben. In Maple existieren nur zwei Möglichkeiten. Der Wert eines Bezeichners ist entweder überall (*global*) verfügbar oder nur für die Anweisungen, die eine einzelne Prozedurdefinition bilden (*lokal*).

Um den Unterschied zwischen lokalen und globalen Namen zu demonstrieren, weisen Sie zunächst einem globalen (d.h. oberster Ebene) Bezeichner b Werte zu.

```
> b := 2;
```

$$b := 2$$

Definieren Sie als nächstes zwei nahezu identische Prozeduren: g verwendet b explizit als lokale Variable, und h verwendet b explizit als globale Variable.

```
> g := proc()
>     local b;
>     b := 103993/33102;
>     evalf(b/2);
> end:
```

und

```
> h := proc()
>     global b;
>     b := 103993/33102;
>     evalf(b/2);
> end:
```

Die Definition der Prozeduren hat keinen Einfluß auf den globalen Wert von b. Sie können in der Tat die Prozedur g (die lokale Variablen benutzt) ausführen, ohne den Wert von b zu beeinflussen.

```
> g();
```

$$1.570796327$$

Der Wert der globalen Variablen b ist daher immer noch 2. Die Prozedur g führte eine Zuweisung an die lokale Variable b aus, die sich von der globalen Variablen mit gleichem Namen unterscheidet.

```
> b;
```

$$2$$

Die Auswirkung der Prozedur h (die *globale* Variablen benutzt) unterscheidet sich deutlich.

```
> h();
```

$$1.570796327$$

h verändert die globale Variable b, so daß sie nicht länger den Wert 2 hat. Wenn Sie h aufrufen, verändert sich als *Seiteneffekt* die globale Variable b.

```
> b;
```

$$\frac{103993}{33102}$$

Falls Sie nicht festlegen, ob eine innerhalb einer Prozedur verwendete Variable lokal oder global ist, entscheidet Maple dies selbst und warnt Sie entsprechend. Sie können jedoch immer die Anweisungen local oder global verwenden, um Maples Wahl abzuändern.

Eingaben, Parameter, Argumente

Eine wichtige Klasse von Variablen, die Sie in Prozedurdefinitionen einsetzen können, ist weder lokal noch global. Diese stellen die *Eingaben* der Prozedur dar. Weitere Bezeichnungen dieser Klasse sind *Parameter* oder *Argumente.*

Die Argumente von Prozeduren sind Platzhalter für die tatsächlichen Datenwerte, die Sie beim Aufruf einer Prozedur, die mehr als ein Argument haben kann, bereitstellen. Die folgende Prozedur h akzeptiert *zwei* Größen p und q und bildet den Ausdruck p/q.

```
> k := proc(p,q)
>    p/q;
> end:
```

Die *Argumente* dieser Prozedur sind p und q, d.h. p und q sind Platzhalter für die tatsächlichen *Eingaben* der Prozedur.

```
> k(103993,33102);
```

$$\frac{103993}{33102}$$

Maple betrachtet Gleitkommawerte eher als Annäherungen statt als exakte Ausdrücke. Wenn Sie an eine Prozedur Gleitkommazahlen übergeben, liefert Sie Gleitkommazahlen zurück.

```
> k( 23, 0.56);
```

$$41.07142857$$

Zusätzlich zur Unterstützung von exakten und approximierten Zahlen und Symbolen stellt Maple direkte Unterstützung von *komplexen* Zahlen bereit. Maple verwendet den großen Buchstaben I zur Bezeichnung der imaginären Einheit $\sqrt{-1}$.

```
> (2 + 3*I)^2;
```

$$-5 + 12\,i$$

```
> k(2 + 3*I, ");
```

$$\frac{2}{13} - \frac{3}{13}\,i$$

```
> k(1.362, 5*I);
```

$$-.2724000000\,i$$

Angenommen Sie wollen eine Prozedur schreiben, die die Norm $\sqrt{a^2 + b^2}$ einer komplexen Zahl $z = a + bi$ berechnet. Solch eine Prozedur können Sie auf verschiedene Weisen erstellen. Die Prozedur abnorm erhält die reellen und imaginären Teile a und b als getrennte Eingaben.

```
> abnorm := proc(a,b)
>     sqrt(a^2+b^2);
> end;
```

$$abnorm := \mathbf{proc}(a, b)\ \text{sqrt}(a^2 + b^2)\ \mathbf{end}$$

Nun kann abnorm die Norm von $2 + 3i$ berechnen.

```
> abnorm(2, 3);
```

$$\sqrt{13}$$

Sie könnten stattdessen die Befehle Re und Im verwenden, um den *reellen* beziehungsweise *imaginären* Teil einer komplexen Zahl zu bestimmen. Daher können Sie die Norm einer komplexen Zahl auch in der folgenden Weise berechnen.

```
> znorm := proc(z)
>     sqrt( Re(z)^2 + Im(z)^2 );
> end;
```

$$znorm := \mathbf{proc}(z)\ \text{sqrt}(\Re(z)^2 + \Im(z)^2)\ \mathbf{end}$$

Die Norm von $2 + 3i$ ist immer noch $\sqrt{13}$.

```
> znorm( 2+3*I );
```

$$\sqrt{13}$$

Schließlich können Sie die Norm auch durch Wiederverwendung der Prozedur abnorm berechnen. Die nachfolgende Prozedur abznorm verwendet Re und Im, um Informationen an abnorm in der erforderlichen Form zu übergeben.

```
> abznorm := proc(z)
>     local r, i;
>     r := Re(z);
>     i := Im(z);
```

```
>    abnorm(r, i);
> end;
```

$$abznorm := \mathbf{proc}(z) \ \mathbf{local} \ r, i; \ r := \Re(z); \ i := \Im(z); \ abnorm(r, i) \ \mathbf{end}$$

Verwenden Sie `abznorm` zur Berechnung der Norm von $2 + 3i$.

```
> abznorm( 2+3*I );
```

$$\sqrt{13}$$

Wenn Sie nicht genügend Informationen zur Berechnung der Norm spezifizieren, liefert `abznorm` die Formel zurück. Hier behandelt Maple x und y als komplexe Zahlen. Wenn sie reelle Zahlen wären, würde Maple $\Re(x+iy)$ zu x vereinfachen.

```
> abznorm( x+y*I );
```

$$\sqrt{\Re(x + i \, y)^2 + \Im(x + i \, y)^2}$$

Viele Maple-Befehle werden in solchen Fällen unausgewertet zurückgeliefert. So könnten Sie `abznorm` ändern, um im obigen Beispiel `abznorm(x+y*I)` zurückzuliefern. Spätere Beispiele in diesem Buch zeigen, wie Sie Ihren eigenen Prozeduren dieses Verhalten geben können.

1.2 Grundlegende Programmkonstrukte

Dieser Abschnitt beschreibt die grundlegenden Programmkonstrukte, die Sie benötigen, um mit wirklichen Programmieraufgaben zu beginnen. Er umfaßt Zuweisungsanweisungen, `for`-Schleifen und `while`-Schleifen, Bedingungsanweisungen (`if`-Anweisungen) und den Einsatz lokaler und globaler Variablen.

Die Zuweisungsanweisung

Verwenden Sie Zuweisungsanweisungen, um Namen mit berechneten Werten zu assoziieren. Sie haben die folgende Form:

$$\boxed{\textit{Variable} \ := \ \textit{Wert} \ ;}$$

Diese Syntax weist dem Namen auf der linken Seite von `:=` den berechneten Wert auf der rechten Seite zu. Sie haben diese Anweisung in vielen der früheren Beispiele gesehen.

Diese Verwendung von `:=` ist der Zuweisungsanweisung in Programmiersprachen wie Pascal ähnlich. Andere Programmiersprachen wie C und

FORTRAN verwenden = für Zuweisungen. Maple benutzt nicht = für Zuweisungen, da es eine natürliche Wahl zur Repräsentation mathematischer Gleichungen ist.

Angenommen Sie wollen eine Prozedur namens plotdiff schreiben, die einen Ausdruck $f(x)$ und seine Ableitung $f'(x)$ im Intervall $[a, b]$ zeichnet. Sie können dieses Ziel erreichen, indem Sie die Ableitung von $f(x)$ mit dem Befehl diff berechnen und danach $f(x)$ und $f'(x)$ in dem gleichen Intervall mit dem Befehl plot zeichnen.

```
> y := x^3 - 2*x + 1;
```

$$y := x^3 - 2x + 1$$

Bestimmen Sie die Ableitung von y nach x.

```
> yp := diff(y, x);
```

$$yp := 3x^2 - 2$$

Zeichnen Sie zusammen y und yp .

```
> plot( [y, yp], x=-1..1 );
```

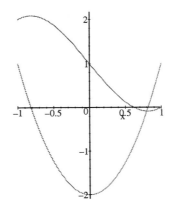

Die folgende Prozedur kombiniert diese Schrittfolge.

```
> plotdiff := proc(y,x,a,b)
>     local yp;
>     yp := diff(y,x);
>     plot( [y, yp], x=a..b );
> end;
```

$plotdiff :=$

   $\mathbf{proc}(y, x, a, b) \, \mathbf{local} \, yp; \; yp := \mathrm{diff}(y, x); \; \mathrm{plot}([y, yp], x = a..b) \, \mathbf{end}$

Der Prozedurname ist `plotdiff`. Sie hat vier Parameter: y, den abzuleitenden Ausdruck, x, den Namen der Variablen, die sie zur Definition des Ausdrucks verwenden wird, und a und b, den Anfang und das Ende des Intervalls, über das sie die Zeichnung generieren wird. Die Prozedur liefert eine Maple-Zeichnung, die Sie anzeigen oder in künftigen Berechnungen verwenden können.

Durch die Angabe, daß yp eine lokale Variable ist, stellen Sie sicher, daß deren Verwendung in der Prozedur nicht mit einer anderen Verwendung der gleichen Variablen, die Sie an anderer Stelle in der aktuellen Sitzung gemacht haben könnten, kollidiert.

Um die Prozedur auszuführen, rufen Sie sie einfach mit den zugehörigen Argumenten auf. Zeichnen Sie $\cos(x)$ und seine Ableitung für x zwischen 0 und 2π.

```
> plotdiff( cos(x), x, 0, 2*Pi );
```

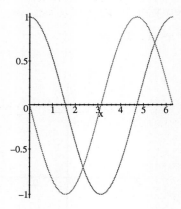

Die `for`-Schleife

Verwenden Sie Schleifenkonstrukte wie die `for`-Schleife, um ähnliche Aktionen mehrmals zu wiederholen. Zum Beispiel können Sie die Summe der ersten fünf natürlichen Zahlen auf folgende Weise berechnen.

```
> total := 0;

> total := total + 1;

> total := total + 2;

> total := total + 3;

> total := total + 4;

> total := total + 5;
```

Die gleiche Berechnung können Sie stattdessen mit Hilfe einer for-Schleife durchführen.

```
> total := 0:
> for i from 1 to 5 do
>     total := total + i;
> od;
```

$$total := 1$$
$$total := 3$$
$$total := 6$$
$$total := 10$$
$$total := 15$$

Für jeden Schleifendurchlauf erhöht Maple den Wert von i um 1 und überprüft, ob i größer als 5 ist. Falls dies nicht der Fall ist, führt Maple den Schleifenrumpf erneut aus. Wenn die Ausführung der Schleife beendet ist, ist der Wert von total 15.

```
> total;
```

$$15$$

Die folgende Prozedur verwendet eine for-Schleife zur Berechnung der Summe der ersten n natürlichen Zahlen.

```
> SUM := proc(n)
>     local i, total;
>     total := 0;
>     for i from 1 to n do
>         total := total+i;
>     od;
>     total;
> end:
```

Die Anweisung total am Ende von SUM stellt sicher, daß SUM den Wert total zurückliefert. Berechnen Sie die Summe der ersten 100 Zahlen.

```
> SUM(100);
```

$$5050$$

Die for-Anweisung ist ein wichtiger Teil der Maple-Sprache, die aber auch viele kürzere und effizientere Schleifenkonstrukte bereitstellt.

```
> add(n, n=1..100);
```

$$5050$$

Die Bedingungsanweisung

Die Schleife ist eine der beiden fundamentalsten Programmkonstrukte. Der andere grundlegende Konstrukt ist die `if`- oder *Bedingungsanweisung*. Sie erscheint in vielen Kontexten. So können Sie zum Beispiel die `if`-Anweisung zur Implementierung einer Betragsfunktion einsetzen.

$$|x| = \begin{cases} x & \text{für } x \geq 0 \\ -x & \text{für } x < 0. \end{cases}$$

Nachfolgend ist eine erste Implementierung von `ABS`. Maple führt die `if`-Anweisung folgendermaßen aus: falls $x < 0$ berechnet Maple $-x$, ansonsten berechnet es x.

Das abschließende Wort `fi` (die Umkehrung von `if`) beendet die `if`-Anweisung. In beiden Fällen ist der Betrag von x das letzte von Maple berechnete Ergebnis und so der Rückgabewert von `ABS`.

```
> ABS := proc(x)
>      if x<0 then
>           -x;
>      else
>           x;
>      fi;
> end;
```

$$ABS := \text{proc}(x) \text{ if } x < 0 \text{ then } -x \text{ else } x \text{ fi end}$$

```
> ABS(3); ABS(-2.3);
```

$$3$$

$$2.3$$

Unausgewertete Rückgabe   Die obige Prozedur `ABS` kann nichtnumerische Eingaben nicht bearbeiten.

```
> ABS( a );
```

```
Error, (in ABS) cannot evaluate boolean
```

Das Problem besteht darin, daß Maple nicht bestimmen kann, ob a kleiner als Null ist, da es nichts über a weiß. In solchen Fällen sollte Ihre Prozedur *unausgewertet zurückkehren*, d.h. `ABS` sollte `ABS(a)` liefern.

```
> 'ABS'(a);
```

$$ABS(a)$$

Die einfachen Anführungszeichen weisen Maple an, `ABS` nicht auszuwerten. Sie können die Prozedur `ABS` abändern, indem Sie den Befehl `type(...,  numeric)` verwenden zum Testen, ob x eine Zahl ist.

```
> ABS := proc(x)
>   if type(x,numeric) then
>       if x<0 then -x else x fi;
>   else
>       'ABS'(x)
>   fi;
> end:
```

Die obige ABS-Prozedur enthält ein Beispiel für eine *geschachtelte* if-An-weisung, d.h. eine if-Anweisung erscheint innerhalb einer anderen. Zur Implementierung der Funktion benötigen Sie eine komplizierter geschach-telte if-Anweisung.

$$\text{hat}(x) = \begin{cases} 0 & \text{if } x \leq 0 \\ x & \text{if } 0 < x \leq 1 \\ 2 - x & \text{if } 1 < x \leq 2 \\ 0 & \text{if } x > 2. \end{cases}$$

Hier ist eine erste Version von HAT.

```
> HAT := proc(x)
>   if type(x, numeric) then
>       if x<=0 then
>           0;
>       else
>         if x<=1 then
>             x;
>         else
>           if x<=2 then
>               2-x;
>           else
>               0;
>           fi;
>         fi;
>       fi;
>   else
>       'HAT'(x);
>   fi;
> end:
```

Das Einrücken erleichtert das Erkennen, welche Anweisungen zu welchen if-Bedingungen gehören. Trotzdem ist die optionale elif-Klausel (else if) in der if-Anweisung der zweiten Verschachtelungstiefe ein besserer Ansatz.

```
> HAT := proc(x)
>   if type(x, numeric) then
>       if x<=0 then 0;
```

```
>          elif x<=1 then x;
>          elif x<=2 then 2-x;
>          else 0;
>          fi;
>      else
>          'HAT'(x);
>      fi;
> end:
```

Sie können soviele `elif`-Abzweigungen einsetzen, wie Sie benötigen.

Symbolische Transformationen   Sie können die Prozedur `ABS` des letzten Absatzes weiter verbessern. Betrachten Sie das Produkt *ab*. Da *ab* eine Unbekannte ist, kehrt `ABS` unausgewertet zurück.

```
> ABS( a*b );
```

$$\mathrm{ABS}(a\,b)$$

Der Betrag eines Produktes ist jedoch das Produkt der Beträge.

$$|ab| \rightarrow |a||b|.$$

Das heißt, `ABS` sollte auf Produkte abbilden.

```
> map( ABS, a*b );
```

$$\mathrm{ABS}(a)\,\mathrm{ABS}(b)$$

Sie können den Befehl `type(..., '*')` verwenden zum Testen, ob ein Ausdruck ein Produkt ist, und den Befehl `map`, um `ABS` auf jeden Operanden des Produktes anzuwenden.

```
> ABS := proc(x)
>     if type(x, numeric) then
>         if x<0 then -x else x fi;
>     elif type(x, '*') then
>         map(ABS, x);
>     else
>         'ABS'(x);
>     fi;
> end:
> ABS( a*b );
```

$$\mathrm{ABS}(a)\,\mathrm{ABS}(b)$$

Diese Eigenschaft ist besonders hilfreich, falls einige der Faktoren Zahlen sind.

```
> ABS( -2*a );
```

$$2\,ABS(a)$$

Vielleicht möchten Sie ABS weiter verbessern, damit es den Betrag einer komplexen Zahl berechnen kann.

Typüberprüfung Manchmal wollen Sie, daß eine Prozedur nur einen bestimmten Eingabetyp bearbeitet. Der Aufruf der Prozedur macht vielleicht mit einem anderen Eingabetyp keinen Sinn. Sie können die Typüberprüfung verwenden, um zu verifizieren, daß die Eingaben Ihrer Prozedur vom korrekten Typ sind. Die Typüberprüfung ist insbesondere für komplizierte Prozeduren wichtig, da sie Ihnen bei der Erkennung von Fehlern hilft.
Betrachten Sie die ursprüngliche Implementierung von SUM.

```
> SUM := proc(n)
>     local i, total;
>     total := 0;
>     for i from 1 to n do
>         total := total+i;
>     od;
>     total;
> end:
```

n sollte eine ganze Zahl sein. Falls Sie versuchen, die Prozedur mit symbolischen Daten aufzurufen, bricht sie ab.

```
> SUM('hello world');

Error, (in SUM) unable to execute for statement
```

Die Fehlermeldung zeigt an, daß während der Ausführung der Prozedur innerhalb der for-Anweisung etwas schiefgegangen ist. Der Test in der for-Schleife ist fehlgeschlagen, weil 'hello world' keine Zahl ist und Maple nicht bestimmen konnte, ob die Schleife ausgeführt werden sollte. Die folgende Implementierung von SUM liefert eine aufschlußreichere Fehlermeldung. Der Befehl type(...,integer) bestimmt, ob *n* eine ganze Zahl ist.

```
> SUM := proc(n)
>     local i,total;
>     if not type(n, integer) then
>         ERROR('Eingabe muss eine ganze Zahl sein');
>     fi;
>     total := 0;
>     for i from 1 to n do  total := total+i  od;
>     total;
> end:
```

Nun ist die Fehlermeldung hilfreicher.

```
> SUM('hello world');

Error, (in SUM) Eingabe muss eine ganze Zahl sein
```

Die Verwendung von Typen zur Überprüfung von Eingaben ist derart gebräuchlich, daß Maple ein einfaches Mittel zur Deklaration des Typs eines Prozedurargumentes bereitstellt. Sie können zum Beispiel die Prozedur SUM auf folgende Weise umschreiben. Eine informative Fehlermeldung hilft Ihnen, einen Fehler schnell zu finden und zu korrigieren.

```
> SUM := proc(n::integer)
>    local i, total;
>    total := 0;
>    for i from 1 to n do  total := total+i od;
>    total;
> end:

> SUM('hello world');

Error, SUM expects its 1st argument, n, to be of type
integer, but received hello world
```

Maple versteht eine große Anzahl von Typen. Zusätzlich können Sie existierende Typen algebraisch kombinieren, um neue Typen zu bilden, oder vollständig neue Typen definieren. Siehe ?type.

Die while-Schleife

Die while-Schleife ist ein wichtiger Strukturtyp. Sie hat die folgende Struktur:

```
while Bedingung do Befehle od;
```

Maple testet die *Bedingung* und führt die *Befehle* der Schleife immer wieder aus, bis die *Bedingung* nicht mehr erfüllt ist.

Sie können die while-Schleife zum Schreiben einer Prozedur verwenden, die eine ganze Zahl n sooft wie möglich durch 2 dividiert. Die Befehle iquo und irem berechnen den Quotienten beziehungsweise den Rest mit Hilfe der Ganzzahldivision.

```
> iquo( 8, 3 );
```

$$2$$

```
> irem( 8, 3 );
```

$$2$$

So können Sie eine Prozedur `divideby2` auf folgende Weise schreiben.

```
> divideby2 := proc(n::posint)
>    local q;
>    q := n;
>    while irem(q, 2) = 0 do
>       q := iquo(q, 2);
>    od;
>    q;
> end:
```

Wenden Sie `divideby2` auf 32 und 48 an.

```
> divideby2(32);
```

$$1$$

```
> divideby2(48);
```

$$3$$

Die `while`- und `for`-Schleifen sind Spezialfälle einer allgemeinen Wiederholungsanweisung; siehe den Abschnitt *Die Wiederholungsanweisung* auf Seite 136.

Modularisierung

Beim Schreiben von Prozeduren ist es vorteilhaft, Unteraufgaben zu bestimmen und sie als getrennte Prozeduren zu entwickeln. Dies macht Ihre Prozedur leserlicher und ermöglicht Ihnen, einige der Unterprozeduren für eine andere Anwendung wiederzuverwenden.

Betrachten Sie das folgende mathematische Problem. Angenommen Sie haben eine positive ganze Zahl, zum Beispiel 40.

```
> 40;
```

$$40$$

Dividieren Sie die ganze Zahl sooft wie möglich durch 2; die obige Prozedur `divideby2` macht genau dies für Sie.

```
> divideby2( " );
```

$$5$$

Multiplizieren Sie das Ergebnis mit 3 und addieren Sie 1.

```
> 3*" + 1;
```

$$16$$

Dividieren Sie erneut durch 2.

```
> divideby2( " );
```

1

Multiplizieren Sie mit 3 und addieren Sie 1.

```
> 3*" + 1;
```

4

Dividieren Sie.

```
> divideby2( " );
```

1

Das Ergebnis ist erneut 1 und so erhalten Sie von nun an 4, 1, 4, 1, ... Mathematiker haben vermutet, daß Sie die Zahl 1 immer auf diese Weise erreichen, unabhängig mit welcher positiven ganzen Zahl Sie beginnen. Sie können diese Vermutung, die als *die $3n + 1$-Vermutung* bekannt ist, genauer untersuchen, indem Sie eine Prozedur schreiben, die die Anzahl der benötigten Iterationen bestimmt, bis die Zahl 1 erreicht wird. Die folgende Prozedur berechnet eine einzige Iteration.

```
> iteration := proc(n::posint)
>    local a;
>    a := 3*n + 1;
>    divideby2( a );
> end:
```

Die Prozedur checkconjecture berechnet die Anzahl von Iterationen.

```
> checkconjecture := proc(x::posint)
>    local count, n;
>    count := 0;
>    n := divideby2(x);
>    while n>1 do
>       n := iteration(n);
>       count := count + 1;
>    od;
>    count;
> end:
```

Sie können nun die Vermutung für verschiedene Werte von x überprüfen.

```
> checkconjecture( 40 );
```

1

```
> checkconjecture( 4387 );
```

49

Sie könnten `checkconjecture` ohne Aufruf von `iteration` oder `divide-by2` als in sich abgeschlossene Prozedur schreiben. Sie müßten dann aber geschachtelte `while`-Anweisungen verwenden und würden so die Prozedur schwerer lesbar machen.

Rekursive Prozeduren

Genau so wie Sie Prozeduren schreiben können, die andere Prozeduren aufrufen, können Sie auch eine Prozedur schreiben, die sich selbst aufruft. Dies wird *rekursives Programmieren* genannt. Betrachten Sie als Beispiel die nachfolgend definierten Fibonacci-Zahlen

$$f_n = f_{n-1} + f_{n-2} \qquad \text{for } n \geq 2,$$

wobei $f_0 = 0$ und $f_1 = 1$. Die folgende Prozedur berechnet f_n für beliebige n.

```
> Fibonacci := proc(n::nonnegint)
>    if n<2 then
>       n;
>    else
>       Fibonacci(n-1)+Fibonacci(n-2);
>    fi;
> end:
```

Hier ist eine Folge der ersten 16 Fibonacci-Zahlen.

```
> seq( Fibonacci(i), i=0..15 );
```

$$0, 1, 1, 2, 3, 5, 8, 13, 21, 34, 55, 89, 144, 233, 377, 610$$

Der Befehl `time` bestimmt die Anzahl der Sekunden, die eine Prozedur zur Ausführung benötigt. `Fibonacci` ist nicht sehr effizient.

```
> time( Fibonacci(20) );
```

$$6.016$$

Die Ursache dafür ist, daß `Fibonacci` die gleichen Ergebnisse immer wieder neu berechnet. Um f_{20} zu bestimmen, muß es f_{19} und f_{18} bestimmen; um f_{19} zu bestimmen, muß es erneut f_{18} und f_{17} bestimmen und so weiter. Eine Lösung dieses Effizienzproblems ist die Erweiterung von `Fibonacci` derart, daß es sich seine Ergebnisse merkt. Auf diese Weise muß `Fibonacci` f_{18} nur einmal berechnen. Die Option `remember` veranlaßt eine Prozedur, ihre Ergebnisse in einer *Merktabelle* zu speichern. Der Abschnitt *Merktabellen* auf Seite 74 führt Merktabellen näher aus.

```
> Fibonacci := proc(n::nonnegint)
>    option remember;
>    if n<2 then
>       n;
>    else
>       Fibonacci(n-1)+Fibonacci(n-2);
>    fi;
> end:
```

Diese Version von `Fibonacci` ist viel schneller.

```
> time( Fibonacci(20) );
```

$$0$$

```
> time( Fibonacci(2000) );
```

$$.133$$

Wenn Sie Merktabellen wahllos verwenden, kann Maple der Speicher überlaufen. Sie können rekursive Prozeduren häufig mit Hilfe einer Schleife umschreiben, aber rekursive Prozeduren sind normalerweise leichter zu lesen. Die nachfolgende Prozedur ist eine Schleifenversion von `Fibonacci`.

```
> Fibonacci := proc(n::nonnegint)
>    local temp, fnew, fold, i;
>    if n<2 then
>       n;
>    else
>       fold := 0;
>       fnew := 1;
>       for i from 2 to n do
>          temp := fnew + fold;
>          fold := fnew;
>          fnew := temp;
>       od;
>       fnew;
>    fi;
> end:
```

```
> time( Fibonacci(2000) );
```

$$.133$$

Wenn Sie rekursive Prozeduren schreiben, müssen Sie die Vorteile der Merktabellen gegen deren Speicherverbrauch abwägen. Außerdem müssen Sie sicherstellen, daß Ihre Rekursion endet.

Der Befehl RETURN Standardmäßig liefert eine Maple-Prozedur das Ergebnis der letzten Berechnung in der Prozedur zurück. Sie können den

Befehl RETURN verwenden, um dieses Verhalten zu ändern. Falls $n < 2$ ist in der folgenden Version von Fibonacci, liefert die Prozedur n zurück und Maple führt den Rest der Prozedur nicht aus.

```
> Fibonacci := proc(n::nonnegint)
>    option remember;
>    if n<2 then
>       RETURN(n);
>    fi;
>    Fibonacci(n-1)+Fibonacci(n-2);
> end:
```

Die Verwendung des Befehls RETURN kann Ihre rekursive Prozedur lesbarer machen; der normalerweise komplizierte Programmtext, der den allgemeinen Rekursionsschritt behandelt, endet nicht innerhalb einer geschachtelten if-Anweisung.

Übung

1. Die Fibonacci-Zahlen erfüllen die folgende Rekurrenz

$$F(2n) = 2F(n-1)F(n) + F(n)^2 \quad \text{wobei } n > 1$$

und

$$F(2n+1) = F(n+1)^2 + F(n)^2 \quad \text{wobei } n > 1$$

Benutzen Sie diese neuen Relationen, um eine rekursive Maple-Prozedur zur Berechnung der Fibonacci-Zahlen zu schreiben. Wie viele wiederholte Berechnungen führt diese Prozedur durch?

1.3   Grundlegende Datenstrukturen

Die bisher in diesem Kapitel entwickelten Programme haben hauptsächlich auf einer einzelnen Zahl oder auf einer einzelnen Formel operiert. Fortgeschrittenere Programme manipulieren häufig kompliziertere Datensammlungen. Eine *Datenstruktur* ist eine systematische Art, Daten zu organisieren. Die Organisation, die Sie für Ihre Daten auswählen, kann direkt den Stil Ihrer Programme und deren Effizienz beeinflussen.

Maple hat eine reiche Auswahl an eingebauten Datenstrukturen. Dieser Abschnitt behandelt *Folgen*, *Listen* und *Mengen*.

Viele Maple-Befehle benötigen Folgen, Listen und Mengen als Eingabe und erzeugen Folgen, Listen und Mengen als Ausgabe. Hier sind einige Beispiele, wie solche Datenstrukturen beim Problemlösen hilfreich sind.

PROBLEM: Schreiben Sie eine Maple-Prozedur, die zu $n > 0$ gegebenen Datenwerten $x_1, x_2, \ldots, x_n$ deren Mittelwert berechnet, wobei folgende Gleichung den Mittelwert von n Zahlen definiert:

$$\mu = \frac{1}{n} \sum_{i=1}^{n} x_i.$$

Sie können die Daten dieses Problems leicht als eine Liste repräsentieren. nops bestimmt die Gesamtzahl der Einträge einer Liste X, während man den i-ten Eintrag der Liste durch X[i] erhält.

```
> X := [1.3, 5.3, 11.2, 2.1, 2.1];
```

$$X := [1.3, 5.3, 11.2, 2.1, 2.1]$$

```
> nops(X);
```

$$5$$

```
> X[2];
```

$$5.3$$

Die effizienteste Art, die Zahlen einer Liste zu summieren, ist die Verwendung des Befehls add.

```
> add( i, i=X );
```

$$22.0$$

Die nachfolgende Prozedur average berechnet den Mittelwert der Einträge einer Liste. Es behandelt leere Listen als Spezialfall.

```
> average := proc(X::list)
>    local n, i, total;
>    n := nops(X);
>    if n=0 then ERROR('leere Liste') fi;
>    total := add(i, i=X);
>    total / n;
> end:
```

Mit Hilfe dieser Prozedur können Sie den Mittelwert der Liste X bestimmen.

```
> average(X);
```

$$4.400000000$$

Die Prozedur arbeitet auch noch, wenn die Liste symbolische Einträge hat.

```
> average( [ a , b , c ] );
```

$$\frac{1}{3}a + \frac{1}{3}b + \frac{1}{3}c$$

Übung

1. Schreiben Sie eine Maple-Prozedur namens `sigma`, die zu $n > 1$ gegebenen Datenwerten $x_1, x_2, \ldots, x_n$ deren Standardabweichung berechnet. Die folgende Gleichung definiert die Standardabweichung von $n > 1$ Zahlen

$$\sigma = \sqrt{\frac{1}{n} \sum_{i=1}^{n} (x_i - \mu)^2}$$

wobei μ der Mittelwert der Datenwerte ist.

Listen und viele andere Objekte erzeugen Sie in Maple aus primitiveren Datenstrukturen, den sogenannten *Folgen*. Die obige Liste X enthält folgende Folge:

```
> Y := X[];
```

$$Y := 1.3, 5.3, 11.2, 2.1, 2.1$$

Sie können Elemente aus einer Folge auf die gleiche Weise auswählen wie Elemente aus einer Liste.

```
> Y[3];
```

$$11.2$$

```
> Y[2..4];
```

$$5.3, 11.2, 2.1$$

Der wichtige Unterschied zwischen Folgen und Listen besteht darin, daß Maple eine Folge von Folgen zu einer einzigen Folge reduziert.

```
> W := a,b,c;
```

$$W := a, b, c$$

```
> Y, W, Y;
```

$$1.3, 5.3, 11.2, 2.1, 2.1, a, b, c, 1.3, 5.3, 11.2, 2.1, 2.1$$

Im Gegensatz dazu bleibt eine Liste von Listen eben eine Liste von Listen.

```
> [ X, [a,b,c], X ];
```

$$[[1.3, 5.3, 11.2, 2.1, 2.1], [a, b, c], [1.3, 5.3, 11.2, 2.1, 2.1]]$$

Wenn Sie eine Folge in ein Paar geschweifte Klammern einschließen, erhalten Sie eine *Menge*.

```
> Z := { Y };
```

$$Z := \{1.3, 5.3, 11.2, 2.1\}$$

Wie in der Mathematik ist eine Menge eine ungeordnete Sammlung unterschiedlicher Objekte. Daher hat Z nur vier Elemente, wie der Befehl nops belegt.

```
> nops(Z);
```

$$4$$

Sie können Elemente aus einer Menge in gleicher Weise auswählen wie Elemente aus einer Liste oder einer Folge, aber die Reihenfolge der Elemente einer Menge ist von der Sitzung abhängig. Machen Sie keine Annahmen über diese Reihenfolge.

Um Folgen aufzubauen, können Sie auch den Befehl seq verwenden.

```
> seq( i^2, i=1..5 );
```

$$1, 4, 9, 16, 25$$

```
> seq( f(i), i=X );
```

$$f(1.3), f(5.3), f(11.2), f(2.1), f(2.1)$$

Sie können Listen oder Mengen erzeugen, indem Sie eine Folge in eckigen beziehungsweise geschweiften Klammern einschließen.

```
> [ seq( { seq( i^j, j=1..3) }, i=-2..2 ) ];
```

$$[\{-2, 4, -8\}, \{-1, 1\}, \{0\}, \{1\}, \{2, 4, 8\}]$$

Eine Folge können Sie auch mit Hilfe einer Schleife erzeugen. NULL ist die leere Folge.

```
> s := NULL;
```

$$s :=$$

```
> for i from 1 to 5 do
>    s := s, i^2;
> od;
```

$$s := 1$$

$$s := 1, 4$$

$$s := 1, 4, 9$$

$$s := 1, 4, 9, 16$$

$$s := 1, 4, 9, 16, 25$$

Die for-Schleife ist jedoch viel ineffizienter, da sie viele Anweisungen ausführen und alle Zwischenfolgen erzeugen muß. Der Befehl seq erzeugt die Folge in einem Schritt.

Übung

1. Schreiben Sie eine Maple-Prozedur, die zu einer Liste von Listen numerischer Daten den Mittelwert μ_i jeder Datenspalte berechnet.

Eine Prozedur MEMBER

Sie möchten vielleicht eine Prozedur schreiben, die entscheidet, ob ein bestimmtes Objekt Element einer Liste oder einer Menge ist. Die nachfolgende Prozedur verwendet den im Abschnitt *Der Befehl* RETURN auf Seite 22 behandelten Befehl RETURN.

```
> MEMBER := proc( a::anything, L::{list, set} )
>    local i;
>    for i from 1 to nops(L) do
>       if a=L[i] then RETURN(true) fi;
>    od;
>    false;
> end:
```

Hier ist 3 ein Element der Liste.

```
> MEMBER( 3, [1,2,3,4,5,6] );
```

true

Der in MEMBER benutzte Schleifentyp tritt derart häufig auf, daß Maple dafür eine Spezialversion der for-Schleife enthält.

```
> MEMBER := proc( a::anything, L::{list, set} )
>    local i;
>    for i in L do
>       if a=i then RETURN(true) fi;
>    od;
>    false;
> end:
```

Das Symbol x ist kein Element der Menge.

```
> MEMBER( x, {1,2,3,4} );
```

$$false$$

Anstelle Ihrer eigenen Prozedur MEMBER können Sie den eingebauten Befehl member verwenden.

Übung

1. Schreiben Sie eine Maple-Prozedur namens POSITION, die die Position i eines Elementes x in einer Liste L bestimmt. Das heißt, POSITION(x,L) sollte eine ganze Zahl $i > 0$ liefern, so daß L[i]=x gilt. Sie soll 0 zurückgeben, falls x nicht in der Liste L ist.

Binärsuche

Eines der grundlegendsten und am besten untersuchten Berechnungsprobleme ist die Suche. Ein typisches Problem behandelt das Suchen eines bestimmten Wortes w in einer Liste von Wörtern (zum Beispiel in einem Wörterbuch).

Mehrere mögliche Lösungen sind verfügbar. Ein Ansatz ist die Suche in der Liste durch Vergleich jedes Wortes mit w, bis Maple entweder w findet oder das Ende der Liste erreicht.

```
> Search := proc(Dictionary::list, w::anything)
>    local x;
>    for x in Dictionary do
>       if x=w then RETURN(true) fi;
>    od;
>    false
> end:
```

Wenn jedoch das Wörterbuch groß ist, zum Beispiel 50.000 Einträge enthält, kann dieser Ansatz viel Zeit beanspruchen.

Durch Sortieren des Wörterbuches können Sie die benötigte Ausführungszeit verkürzen. Wenn Sie das Wörterbuch in aufsteigender Reihenfolge sortieren, können Sie mit der Suche aufhören, sobald Sie auf ein Wort stoßen, das *größer als* w ist. Im Durchschnitt müssen Sie das Wörterbuch nur zur Hälfte durchsuchen.

Die *Binärsuche* stellt einen besseren Ansatz dar. Überprüfen Sie das Wort in der Mitte des Wörterbuches. Da Sie das Wörterbuch bereits sortiert haben, wissen Sie, ob w in der ersten oder in der zweiten Hälfte steht. Wiederholen Sie den Vorgang mit der entsprechenden Hälfte des Wörterbuches. Die nachfolgende Prozedur durchsucht das Wörterbuch D

nach dem Wort w zwischen Position s und Position f von D. Der Befehl `lexorder` bestimmt die lexikographische Ordnung zweier Zeichenketten.

```
> BinarySearch :=
> proc(D::list(string), w::string, s::integer, f::integer)
>     local m;
>     if s>f then RETURN(false) fi; # Eintrag nicht gefunden.
>     m := iquo(s+f+1, 2);  # Mittelpunkt von D.
>     if w=D[m] then
>         true;
>     elif lexorder(w, D[m]) then
>         BinarySearch(D, w, s, m-1);
>     else
>         BinarySearch(D, w, m+1, f);
>     fi;
> end:
```

Hier ist ein kleines Wörterbuch.

```
> Dictionary := [ induna, ion, logarithm, meld ];
```

$$Dictionary := [induna, ion, logarithm, meld]$$

Durchsuchen Sie nun das Wörterbuch nach einigen Wörtern.

```
> BinarySearch( Dictionary, hedgehogs, 1, nops(Dictionary) );
```

false

```
> BinarySearch( Dictionary, logarithm, 1, nops(Dictionary) );
```

true

```
> BinarySearch( Dictionary, melodious, 1, nops(Dictionary) );
```

false

Übungen

1. Können sie zeigen, daß die Prozedur `BinarySearch` immer terminiert? Angenommen das Wörterbuch hat n Einträge. Wie viele Wörter des Wörterbuchs D überprüft `BinarySearch` im schlimmsten Fall?
2. Schreiben Sie `BinarySearch` um, so daß es anstelle eines rekursiven Aufrufs eine `while`-Schleife verwendet.

Zeichnen der Nullstellen eines Polynoms

Sie können Listen von jedem Objekttyp erzeugen, sogar von Listen. Eine Liste von zwei Zahlen repräsentiert häufig einen Punkt in der Ebene. Der

Befehl `plot` verwendet diese Struktur, um Zeichnungen von Punkten und Linien zu generieren.

```
> plot( [ [ 0, 0], [ 1, 2], [-1, 2] ],
>     style=point, color=black );
```

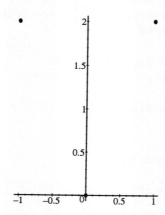

Sie können diesen Ansatz zum Schreiben einer Prozedur verwenden, die die komplexen Nullstellen eines Polynoms zeichnet. Betrachten Sie das Polynom $x^3 - 1$.

```
> y := x^3-1;
```

$$y := x^3 - 1$$

Numerische Lösungen reichen zum Zeichnen aus.

```
> R := [ fsolve(y=0, x, complex) ];
```

$$R := [-.5000000000 - .8660254038\,i,$$
$$- .5000000000 + .8660254038\,i, \quad 1.]$$

Sie müssen diese Liste von komplexen Zahlen in eine Liste von Punkten in der Ebene umwandeln. Die Befehle `Re` und `Im` entnehmen die reellen bzw. imaginären Teile.

```
> points := map( z -> [Re(z), Im(z)], R );
```

$$points := [[-.5000000000, -.8660254038],$$
$$[-.5000000000, .8660254038], \quad [1., 0]]$$

Sie können nun die Punkte zeichnen.

```
> plot( points, style=point);
```

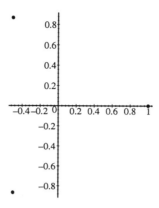

Diese Technik können Sie automatisieren. Die Eingabe sollte ein Polynom in x mit konstanten Koeffizienten sein.

```
> rootplot := proc( p::polynom(constant, x) )
>     local R, points;
>     R := [ fsolve(p, x, complex) ];
>     points := map( z -> [Re(z), Im(z)], R );
>     plot( points, style=point );
> end:
```

Hier ist eine Zeichnung der Nullstellen des Polynoms $x^6 + 3x^5 + 5x + 10$.

```
> rootplot( x^6+3*x^5+5*x+10 );
```

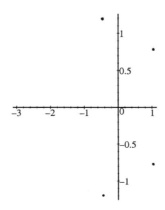

Der Befehl `randpoly` generiert ein Zufallspolynom.

```
> y := randpoly(x, degree=100);
```

$$y := 79\,x^{71} + 56\,x^{63} + 49\,x^{44} + 63\,x^{30} + 57\,x^{24} - 59\,x^{18}$$

```
> rootplot( y );
```

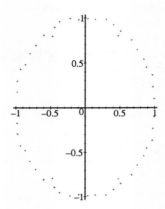

Wenn Sie Prozeduren schreiben, haben Sie oft verschiedene Wahlmöglichkeiten zur Repräsentation der Daten, mit denen Ihre Prozeduren arbeiten. Die Wahl der Datenstruktur kann eine große Auswirkung auf die Einfachheit der Prozedurerstellung und auf die Effizienz der Prozedur haben. *Auswahl einer Datenstruktur: Graphen* auf Seite 69 beschreibt ein Beispiel zur Auswahl einer Datenstruktur.

1.4 Rechnen mit Formeln

Maples eigentliche Stärke beruht auf die Fähigkeit, symbolische Manipulationen auszuführen. Dieser Abschnitt demonstriert einige dieser Möglichkeiten durch Beispielprogramme zum Rechnen mit Polynomen. Während die Beispiele polynomspezifisch sind, sind die Techniken und Methoden auch auf allgemeinere Formeln anwendbar.

In der Mathematik ist ein *Polynom* in einer Variablen x am leichtesten erkennbar in der erweiterten Form

$$\sum_{i=0}^{n} a_i x^i, \qquad \text{wobei falls } n > 0, \text{ dann } a_n \neq 0.$$

a_i sind die *Koeffizienten*. Sie können Zahlen oder sogar Ausdrücke mit Variablen sein. Entscheidend ist, daß jeder Koeffizient unabhängig von (enthält nicht) x ist.

Die Höhe eines Polynoms

Die *Höhe* eines Polynoms ist der Wert (Betrag) des größten Koeffizienten. Die folgende Prozedur bestimmt die Höhe eines Polynoms p in der Variablen x. Der Befehl `degree` bestimmt den Grad eines Polynoms, und der Befehl `coeff` extrahiert einzelne Koeffizienten aus einem Polynom.

```
> HGHT := proc(p::polynom, x::name)
>    local i, c, height;
>    height := 0;
>    for i from 0 to degree(p, x) do
>       c := coeff(p, x, i);
>       height := max(height, abs(c));
>    od;
>    height;
> end:
```

Die Höhe von $32x^6 - 48x^4 + 18x^2 - 1$ ist 48.

```
> p := 32*x^6-48*x^4+18*x^2-1;
```

$$p := 32\,x^6 - 48\,x^4 + 18\,x^2 - 1$$

```
> HGHT(p,x);
```

$$48$$

Eine bedeutende Schwäche der Prozedur `HGHT` ist ihre Ineffizienz bei dünn besetzten Polynomen, d.h. bei Polynomen mit wenigen Termen relativ zu ihrem Grad. Zum Beispiel muß die Prozedur `HGHT` zur Bestimmung der Höhe von $x^{4321} - 1$ 4322 Koeffizienten untersuchen.

Der Befehl `coeffs` liefert die Koeffizientenfolge eines Polynoms.

```
> coeffs( p, x );
```

$$-1, 32, -48, 18$$

Sie können den Befehl `abs` oder irgendeinen anderen nicht auf eine Folge anwenden. Eine Lösung ist die Umwandlung der Folge in eine Liste oder Menge.

```
> S := map( abs, {"} );
```

$$S := \{1, 18, 32, 48\}$$

Der Befehl `max` arbeitet jedoch auf Folgen, so daß Sie nun die Menge in eine Folge zurückwandeln müssen.

```
> max( S[] );
```

$$48$$

Die nachfolgende Version von `HGHT` verwendet diese Technik.

```
> HGHT := proc(p::polynom, x::name)
>    local S;
>    S := { coeffs(p, x) };
>    S := map( abs, S );
>    max( S[] );
> end:
```

Testen Sie die Prozedur mit einem Zufallspolynom.

```
> p := randpoly(x, degree=100 );
```

$$p := 79\,x^{71} + 56\,x^{63} + 49\,x^{44} + 63\,x^{30} + 57\,x^{24} - 59\,x^{18}$$

```
> HGHT(p, x);
```

$$79$$

Wenn das Polynom in erweiterter Form vorliegt, können Sie seine Höhe auch auf folgende Weise bestimmen. Sie können einen Befehl direkt auf ein Polynom anwenden. Der Befehl map wendet den Befehl auf jeden Term des Polynoms an.

```
> map( f, p );
```

$$f(79x^{71}) + f(56x^{63}) + f(49x^{44}) + f(63x^{30}) + f(57x^{24}) + f(-59x^{18})$$

Daher können Sie abs direkt auf das Polynom anwenden.

```
> map( abs, p );
```

$$79\,|x|^{71} + 56\,|x|^{63} + 49\,|x|^{44} + 63\,|x|^{30} + 57\,|x|^{24} + 59\,|x|^{18}$$

Verwenden Sie danach coeffs, um die Koeffizientenfolge des Polynoms zu bestimmen.

```
> coeffs( " );
```

$$79, 56, 49, 63, 57, 59$$

Bestimmen Sie schließlich das Maximum.

```
> max( " );
```

$$79$$

Von jetzt an können Sie die Höhe eines Polynoms mit diesem Einzeiler bestimmen.

```
> p := randpoly(x, degree=50) * randpoly(x, degree=99);
```

$$p := (77\,x^{48} + 66\,x^{44} + 54\,x^{37} - 5\,x^{20} + 99\,x^5 - 61\,x^3)$$
$$(-47\,x^{57} - 91\,x^{33} - 47\,x^{26} - 61\,x^{25} + 41\,x^{18} - 58\,x^8)$$

```
> max( coeffs( map(abs, expand(p)) ) ) );
```

$$9214$$

Übung

1. Schreiben Sie eine Prozedur, die die Euklidsche Norm $\sqrt{\sum_{i=0}^{n} |a_i|^2}$ eines Polynoms berechnet.

Die Tschebyscheff-Polynome $T_n(x)$

Die Tschebyscheff-Polynome $T_n(x)$ erfüllen folgende lineare Rekurrenz:

$$T_n(x) = 2x\,T_{n-1}(x) + T_{n-2}(x), \qquad \text{für } n \geq 2.$$

Die ersten zwei Tschebyscheff-Polynome sind $T_0(x) = 1$ und $T_1(x) = x$. Dieses Beispiel ähnelt dem Fibonacci-Beispiel in *Rekursive Prozeduren* auf Seite 21. Es folgt eine einfache Prozedur T, die $T_n(x)$ berechnet.

```
> T := proc(n::nonnegint, x::name)
>    option remember;
>    if n=0 then
>       RETURN(1);
>    elif n=1 then
>       RETURN(x);
>    fi;
>    2*x*T(n-1,x) - T(n-2,x);
> end:
```

Maple expandiert das Polynom nicht automatisch.

```
> T(4,x);
```

$$2\,x\,(2\,x\,(2\,x^2 - 1) - x) - 2\,x^2 + 1$$

Sie können das Polynom selbst expandieren.

```
> expand(");
```

$$8\,x^4 - 8\,x^2 + 1$$

Sie könnten versucht sein, die Prozedur umzuschreiben, so daß sie das Ergebnis vor der Rückgabe expandiert. Dies könnte jedoch verlorene Mühe sein, da Sie nicht wissen, ob der Benutzer Ihrer Prozedur das Tschebyscheff-Polynom in erweiterter Form erhalten möchte oder nicht. Da die Prozedur T rekursiv ist, würde sie zudem alle Zwischenergebnisse ebenso erweitern.

Übung

1. Die Fibonacci-Polynome $F_n(x)$ erfüllen die lineare Rekurrenz

$$F_n(x) = x F_{n-1}(x) + F_{n-2}(x),$$

wobei $F_0(x) = 0$ und $F_1(x) = 1$ ist. Schreiben Sie eine Maple-Prozedur zur Berechnung und Faktorisierung von $F_n(x)$. Können Sie ein Muster erkennen?

Partielle Integration

Maples Berechnung unbestimmter Integrale ist sehr mächtig. Dieser Abschnitt beschreibt, wie Sie Ihre eigene Prozedur zur Integration von Formeln der Form

$$p(x) f(x)$$

schreiben könnten, wobei $p(x)$ ein Polynom in x und $f(x)$ eine spezielle Funktion ist. Hier ist $p(x) = x^2$ und $f(x) = e^x$.

```
> int( x^2*exp(x), x );
```

$$x^2 e^x - 2 x e^x + 2 e^x$$

Als weiteres Beispiel ist hier $p(x) = x^3$ und $f(x) = \sin^{-1}(x)$.

```
> int( x^3*arcsin(x), x );
```

$$\frac{1}{4} x^4 \arcsin(x) + \frac{1}{16} x^3 \sqrt{1 - x^2} + \frac{3}{32} x \sqrt{1 - x^2} - \frac{3}{32} \arcsin(x)$$

Normalerweise würden Sie *partielle Integration* zur Berechnung von Integralen dieser Form verwenden.

```
> int( u(x)*v(x), x ) = u(x)*int(v(x),x) -
> int( diff(u(x),x) * int(v(x),x), x );
```

$$\int u(x) v(x) \, dx = u(x) \int v(x) \, dx - \int (\frac{\partial}{\partial x} u(x)) \int v(x) \, dx \, dx$$

Diese Formel können Sie durch Differenzieren der beiden Seiten der Gleichung verifizieren.

```
> diff(",x);
```

$$u(x) v(x) = u(x) v(x)$$

```
> evalb(");
```

$$\textit{true}$$

Die Anwendung von partieller Integration auf das erste Beispiel ergibt:

$$\int x^n e^x \, dx = x^n \int e^x \, dx - \int \left(nx^{n-1} \int e^x \, dx \right) dx$$

$$= x^n e^x - n \int x^{n-1} e^x \, dx.$$

Es führt ein neues Integral ein, aber der Grad von x ist im neuen Integral um 1 kleiner als im alten Integral. Durch wiederholtes Anwenden der Formel reduziert sich das Problem eventuell auf die Auswertung von $\int e^x$, was einfach e^x ergibt.

Die folgende Prozedur verwendet partielle Integration zur Berechnung des Integrals

$$\int x^n e^x \, dx$$

durch rekursiven Aufruf bis $n = 0$.

```
> IntExpMonomial := proc(n::nonnegint, x::name)
>    if n=0 then RETURN( exp(x) ) fi;
>    x^n*exp(x) - n*IntExpMonomial(n-1, x);
> end:
```

IntExpMonomial kann $\int x^5 e^x \, dx$ berechnen.

```
> IntExpMonomial(5, x);
```

$$x^5 e^x - 5 x^4 e^x + 20 x^3 e^x - 60 x^2 e^x + 120 x e^x - 120 e^x$$

Sie können diese Antwort durch Aufruf des Befehls collect zum Zusammenfassen der Terme, die exp(x) enthalten, vereinfachen.

```
> collect(", exp(x));
```

$$(x^5 - 5 x^4 + 20 x^3 - 60 x^2 + 120 x - 120) e^x$$

Sie können nun eine Prozedur schreiben, die für jedes Polynom p $\int p(x) e^x \, dx$ berechnet. Die Idee besteht darin, daß die Integration linear ist:

$$\int a f(x) + g(x) \, dx = a \int f(x) \, dx + \int g(x) \, dx.$$

Die nachfolgende Prozedur IntExpPolynomial benutzt coeff, um die Koeffizienten von p nacheinander zu extrahieren.

```
> IntExpPolynomial := proc(p::polynom, x::name)
>    local i, result;
>    result := add( coeff(p, x, i)*IntExpMonomial(i, x),
>                   i=0..degree(p, x) );
>    collect(result, exp(x));
> end:
```

Hier berechnet `IntExpPolynomial` $\int (x^2 + 1)(1 - 3x)e^x\, dx$.

```
> IntExpPolynomial( (x^2+1)*(1-3*x), x );
```

$$(21 + 10\,x^2 - 20\,x - 3\,x^3)\,e^x$$

Übung

1. Modifizieren Sie die Prozedur `IntExpPolynomial`, damit sie effizienter wird, indem sie nur die Koeffizienten von $p(x)$ ungleich Null bearbeitet.

Rechnen mit symbolischen Parametern

Das Polynom $2x^5 + 1$ ist ein Beispiel für ein *explizites Polynom* in x. Außer x sind alle Elemente des Polynoms explizite Zahlen. Andererseits sind Polynome wie $3x^n + 2$, wobei n eine unspezifizierte ganze Zahl ist, oder $a + x^5$, wobei a eine von x unabhängige Unbekannte ist, Beispiele für *symbolische Polynome*. Sie enthalten zusätzliche unspezifizierte symbolische Parameter.

Die Prozedur `IntExpPolynomial` in *Partielle Integration* auf Seite 36 berechnet das Integral $\int p(x)e^x\, dx$, wobei p ein explizites Polynom ist. In der aktuellen Version kann `IntExpPolynomial` symbolische Polynome nicht bearbeiten.

```
> IntExpPolynomial( a*x^n, x );

Error, IntExpPolynomial expects its 1st argument, p,
to be of type polynom, but received a*x^n
```

Möglicherweise möchten Sie `IntExpPolynomial` erweitern, so daß es $p(x)e^x$ auch für symbolische Polynome integrieren kann. Das erste Problem ist das Bestimmen einer Formel für $\int x^n e^x\, dx$ für eine beliebige natürliche Zahl n. Häufig können Sie solch eine Formel durch sorgfältige Untersuchung der Muster bestimmter Ergebnisse finden. Hier sind die ersten wenigen Ergebnisse für explizite Werte von n.

```
> IntExpPolynomial(x, x);
```

$$(x - 1)\,e^x$$

```
> IntExpPolynomial(x^2, x);
```

$$(x^2 - 2\,x + 2)\,e^x$$

```
> IntExpPolynomial(x^3, x);
```

$$(x^3 - 3\,x^2 + 6\,x - 6)\,e^x$$

Mit genügend Zeit und Scharfsinn würden Sie die Formel

$$\int x^n e^x\,dx = n!\,e^x \sum_{i=0}^{n} \frac{(-1)^{n-i} x^i}{i!}$$

finden. Diese Formel ist nur für nichtnegative ganze Zahlen n gültig. Verwenden Sie die Möglichkeit, Annahmen zu setzen, um Maple mitzuteilen, daß die Unbekannte n bestimmte Eigenschaften erfüllt.

```
> assume(n, integer);
> additionally(n >= 0);
```

Beachten Sie, daß eine einfache Typüberprüfung nicht ausreicht, um festzustellen, ob n eine ganze Zahl ist.

```
> type(n, integer);
```

false

Sie müssen den Befehl is verwenden, der Teil der Einrichtung zum Setzen von Annahmen ist.

```
> is(n, integer), is(n >= 0);
```

true, true

Somit können Sie die Prozedur IntExpMonomial aus *Partielle Integration* auf Seite 36 auf folgende Art umschreiben:

```
> IntExpMonomial := proc(n::anything, x::name)
>    local i;
>    if is(n, integer) and is(n >= 0) then
>       n! * exp(x) * sum( ( (-1)^(n-i)*x^i )/i!, i=0..n );
>    else
>       ERROR('Nichtnegative ganze Zahl erwartet; erhalten', n);
>    fi;
> end:
```

Diese Version von IntExpMonomial akzeptiert sowohl explizite als auch symbolische Eingaben.

```
> IntExpMonomial(4, x);
```

$$24\,e^x\left(1 - x + \frac{1}{2}x^2 - \frac{1}{6}x^3 + \frac{1}{24}x^4\right)$$

Im nächsten Beispiel wertet Maple die Summe in Abhängigkeit von der Gamma-Funktion aus. Die Tilde (~) über n zeigt an, daß n eine Annahme trägt.

```
> IntExpMonomial(n, x);
```

$$n\tilde{}\,!\,e^x\big((-1)^{n\tilde{}}\,e^{(-x)}$$
$$+\frac{x^{(n\tilde{}+1)}\,(n\tilde{}+1)\,(-x)^{(-1-n\tilde{})}\,e^{(-x)}\,(\Gamma(n\tilde{}+1)-\Gamma(n\tilde{}+1,-x))}{(n\tilde{}+1)!}\big)$$

Sie können die Antwort überprüfen, indem Sie sie nach x ableiten. Der Befehl simplify liefert wie erwartet $x^n e^x$.

```
> diff(", x);
```

$$n\tilde{}\,!\,e^x\left((-1)^{n\tilde{}}\,e^{(-x)}+\frac{x^{(n\tilde{}+1)}\,(n\tilde{}+1)\,(-x)^{(-1-n\tilde{})}\,e^{(-x)}\,\%1}{(n\tilde{}+1)!}\right)+n\tilde{}\,!\,e^x$$

$$\left(-(-1)^{n\tilde{}}\,e^{(-x)}+\frac{x^{(n\tilde{}+1)}\,(n\tilde{}+1)^2\,(-x)^{(-1-n\tilde{})}\,e^{(-x)}\,\%1}{x\,(n\tilde{}+1)!}\right.$$

$$+\frac{x^{(n\tilde{}+1)}\,(n\tilde{}+1)\,(-x)^{(-1-n\tilde{})}\,(-1-n\tilde{})\,e^{(-x)}\,\%1}{(n\tilde{}+1)!\,x}$$

$$-\frac{x^{(n\tilde{}+1)}\,(n\tilde{}+1)\,(-x)^{(-1-n\tilde{})}\,e^{(-x)}\,\%1}{(n\tilde{}+1)!}$$

$$\left.-\frac{x^{(n\tilde{}+1)}\,(n\tilde{}+1)\,(-x)^{(-1-n\tilde{})}\,e^{(-x)}\,(-x)^{n\tilde{}}\,e^x}{(n\tilde{}+1)!}\right)$$

$$\%1 := \Gamma(n\tilde{}+1)-\Gamma(n\tilde{}+1,-x)$$

```
> simplify(");
```

$$e^x\,x^{n\tilde{}}$$

Offensichtlich erweitert der Einsatz symbolischer Konstanten in dieser Weise deutlich die Mächtigkeit des Systems.

Übung

1. Erweitern Sie die obige Einrichtung, um $\int x^n e^{ax+b}\,dx$ zu berechnen, wobei n eine ganze Zahl und a und b Konstanten sind. Den Fall $n=-1$

müssen Sie separat behandeln, da

$$\int \frac{e^x}{x}\,dx = -\mathrm{Ei}(1, -x)\,.$$

Benutzen Sie den Befehl `ispoly` aus derMaple-Bibliothek zur Überprüfung des Ausdrucks $ax + b$, der linearen in x ist.

Grundlagen

Mittlerweile haben Sie ohne Zweifel einige Prozeduren geschrieben und herausgefunden, daß Maples Programmiersprache den Aufgabenbereich, den Sie angehen können, weit übertrifft. Kapitel 1 führte einige einfache Beispiele ein, die Sie hoffentlich als Vorlage zum Erstellen vieler eigener Beispiele intuitiv und hilfreich fanden.

An der einen oder anderen Stelle stoßen Sie jedoch womöglich auf seltsam erscheinende Situationen. Sie können zum Beispiel eine Befehlsfolge entwickeln, die zuverlässig und korrekt arbeitet, solange Sie sie interaktiv ausführen, aber dann nicht länger funktioniert, wenn Sie sie durch Einschließen zwischen proc() und dem Befehl end in eine Prozedur einbinden.

Auch wenn Ihnen dieses Szenario nicht vertraut erscheint, werden Sie ihm früher oder später begegnen, falls Sie genügend Prozeduren schreiben. Glücklicherweise ist die Lösung fast immer einfach. Einige Grundregeln schreiben vor, wie Maple Ihre Eingabe einliest. Das Verständnis dieser grundlegenden Prinzipien ist besonders innerhalb von Prozeduren wichtig, in denen Sie anderen Typen von Objekten begegnen, als Ihnen womöglich bekannt sind.

Das Erlernen der Grundlagen ist nicht schwierig, insbesondere wenn Sie fünf besonders wichtige Bereiche verstehen:

1. Maples Auswertungsregeln;
2. geschachtelte Prozeduren, bei denen Maple entscheidet, welche Variablen lokal, global und Parameter sind;
3. einige besonders hilfreiche Details über Typen: Typen, die Maples Auswertungsregeln modifizieren, strukturierte Typen und Typvergleich;
4. Datenstrukturen: Verständnis ihres effektiven Einsatzes, um ein Problem bestmöglich zu lösen;

5. und Merktabellen die, wie Sie in Kapitel 1 erfahren haben, die Effizienz Ihrer Prozeduren deutlich steigern können.

Kurzum, dieses Kapitel stattet Sie mit den Grundlagen der Programmierung mit Maple aus und ermöglicht Ihnen dadurch, nichttrivialen Maple-Code zu verstehen und zu schreiben.

2.1 Auswertungsregeln

Maple wertet Programmzeilen von Prozeduren nicht in der gleichen Weise aus wie bei der Eingabe der gleichen Zeilen in einer interaktiven Sitzung. Wie dieser Abschnitt zeigt, sind die Regeln zur Auswertung einfach.

Die Auswertungsregeln sind innerhalb einer Prozedur natürlich aus guten Gründen, zum Beispiel Effizienz, verschieden. In einer interaktiven Sitzung wertet Maple die meisten Namen und Ausdrücke vollständig aus. Angenommen Sie weisen a den Wert b und b den Wert c zu. Wenn Sie anschließend a eingeben, verfolgt Maple automatisch Ihre Liste von Zuweisungen, um zu bestimmen, daß der letzte Wert von a c ist.

```
> a := b;
```

$$a := b$$

```
> b := c;
```

$$b := c$$

```
> a + 1;
```

$$c + 1$$

In einer interaktiven Sitzung verfolgt Maple unermüdlich Ihre Zuweisungskette, unabhängig davon, wie lang die Liste ist. Innerhalb einer Prozedur ist Maple jedoch manchmal nicht so fleißig.

Das Einsetzen von zugewiesenen Werten für einen Namen heißt *Auswertung* und jeder Schritt dieses Vorgangs ist bekannt als eine *Auswertungsebene*. Mit Hilfe des Befehls eval können Sie Maple explizit auffordern, Auswertung zu bestimmten Ebenen durchzuführen.

```
> eval(a, 1);
```

$$b$$

```
> eval(a, 2);
```

$$c$$

Falls Sie keine Anzahl von Ebenen spezifizieren, wertet Maple den Namen zu so vielen Ebenen aus wie vorhanden.

```
> eval(a);
```

$$c$$

Wenn Sie Befehle nach dem Eingabezeichen eingeben, wertet Maple die Namen normalerweise so aus, als ob Sie jeden einzelnen in ein `eval()` eingeschlossen hätten. Die wichtigste Ausnahme ist, daß die Auswertung anhält, wenn Auswerten um eine weitere Ebene den Namen in eine Tabelle, Feld oder Prozedur umwandeln würde. Der obige Befehl `a + 1` ist fast identisch zu `eval(a) + 1`.

In den Prozeduren sind einige Regeln verschieden. Wenn Sie die obigen Zuweisungen innerhalb einer Prozedur verwenden, könnte Sie das Ergebnis überraschen.

```
> f := proc()
>       local a,b;
>       a := b;
>       b := c;
>       a + 1;
> end;
```

$$f := \mathbf{proc}()\ \mathbf{local}\ a, b;\ a := b;\ b := c;\ a + 1\ \mathbf{end}$$

```
> f();
```

$$b + 1$$

Die Antwort ist `b + 1` statt `c + 1`, weil `a` eine lokale Variable ist und Maple lokale Variablen nur zu einer Ebene auswertet. Die Prozedur verhält sich so, als ob die letzte Zeile `eval(a,1) + 1` wäre. Die vollständige Auswertung lokaler Variablen ist ineffizient bezüglich Zeit und Speicher. Um eine Variable vollständig auszuwerten, müßte Maple womöglich eine lange Liste von Zuweisungen verfolgen, was einen großen Ausdruck ergeben könnte.

Die folgenden Abschnitte führen Maples Auswertungsregeln systematisch ein. Sie untersuchen, welche Variablentypen innerhalb einer Prozedur vorkommen können, und die jeweiligen auf sie angewendeten Auswertungsregeln.

Parameter

Kapitel 1 führt Sie in lokale und globale Variablen ein, aber Prozeduren haben einen grundlegenderen Variablentyp: die Parameter. Parameter sind Variablen, deren Namen zwischen den runden Klammern einer `proc()`-Anweisung erscheinen. Diese spielen eine gesonderte Rolle innerhalb von Prozeduren, da Maple sie bei der Ausführung der Prozedur mit Argumenten ersetzt.

Untersuchen Sie die folgende Prozedur, die ihr erstes Argument quadriert und das Ergebnis dem zweiten Argument zuweist, welches ein Name sein muß.

```
> square := proc(x::anything, y::name)
>           y := x^2;
> end;
```

$$square := \mathbf{proc}(x::anything, y::name)\ y := x^2\ \mathbf{end}$$

```
> square(d, ans);
```

$$d^2$$

```
> ans;
```

$$d^2$$

Die Prozedur quadriert den Wert von d und weist das Ergebnis dem Namen ans zu. führen Sie die Prozedur erneut aus, aber verwenden Sie diesmal den Namen a, dem Maple vorher den Wert b zugewiesen hat. Vergessen Sie nicht, ans zuerst auf einen Namen zurücksetzen.

```
> ans := 'ans';
```

$$ans := ans$$

```
> square(a, ans);
```

$$c^2$$

```
> ans;
```

$$c^2$$

Aus der Antwort ist deutlich ersichtlich, daß Maple sich an Ihre Zuweisung von b zu dem Namen a und c zu dem Namen b erinnert. Wann ist diese Auswertung erfolgt?

Um den Zeitpunkt zu bestimmen, müssen Sie den Wert von x untersuchen, sobald Maple die Prozedur betritt. Verwenden Sie den Debugger, um Maple zum Anhalten zu veranlassen, sobald es square betritt.

```
> stopat(square);
```

$$[square]$$

```
> ans := 'ans':
> square(a, ans);

square:
   1*   y := x^2
```

Der Wert des formalen Parameters x ist c.

```
DBG> x

c
square:
    1*   y := x^2

DBG> cont
```

$$c^2$$

```
> unstopat(square):
```

Maple wertet die Argumente tatsächlich *vor* Aufruf der Prozedur aus.

Die von Maple benötigten Schritte betrachtet man am besten folgendermaßen: Wenn Sie eine Prozedur aufrufen, wertet Maple die Argumente entsprechend des Kontextes, in dem der Aufruf erfolgt, aus. Wenn Sie zum Beispiel square aus einer Prozedur heraus aufrufen, wertet Maple a um eine Ebene aus. Daher wertet Maple in der nachfolgenden Prozedur g a zu b anstatt zu c aus.

```
> g := proc()
>       local a,b,ans;
>       a := b;
>       b := c;
>       square(a,ans);
> end;
```

$$g := \mathbf{proc}() \ \mathbf{local} \ a, b, ans; \ a := b; \ b := c; \ \text{square}(a, ans) \ \mathbf{end}$$

```
> g();
```

$$b^2$$

Unabhängig davon, ob Sie eine Prozedur aus der interaktiven Ebene oder aus einer Prozedur heraus aufrufen, wertet Maple die Argumente vor Aufruf der Prozedur aus. Sobald Maple die Argumente auswertet, ersetzt es alle Vorkommen der formalen Parameter der Prozedur mit den aktuellen Argumenten. Danach ruft Maple die Prozedur auf.

Da Maple Parameter nur einmal auswertet, können Sie sie nicht wie lokale Parameter benutzen. Der Entwickler der folgenden Prozedur cube hat vergessen, daß Maple Parameter nicht erneut auswertet.

```
> cube := proc(x::anything, y::name)
>           y := x^3;
>           y;
> end:
```

Wenn Sie cube wie nachfolgend aufrufen, weist Maple ans den Wert 2^3 zu, aber die Prozedur liefert den Namen ans anstelle des Wertes.

```
> ans := 'ans';;
```

$$ans := ans$$

```
> cube(2, ans);
```

$$ans$$

```
> ans;
```

$$8$$

Maple ersetzt jedes y mit `ans`, aber es wertet diese Vorkommen von `ans` nicht erneut aus. Deshalb liefert die letzte Zeile von `cube` den Namen `ans` und nicht den Wert, den Maple `ans` zugewiesen hat.

Benutzen Sie Parameter für zwei Zwecke: um der Prozedur Informationen zu übermitteln und um Informationen von ihr zurückzugeben. Sie können Parameter als eine Auswertung um *null* Ebenen betrachten.

Lokale Variablen

Lokale Variablen sind temporäre Speicherplätze innerhalb einer Prozedur. Sie können lokale Variablen mit Hilfe der Deklarationsanweisung `local` am Anfang einer Prozedur erzeugen. Falls Sie nicht deklarieren, ob eine Variable lokal oder global ist, entscheidet Maple für Sie. Wenn Sie eine Zuweisung an eine Variable in einer Prozedur vornehmen, nimmt Maple an, daß sie lokal sein sollte. Eine lokale Variable unterscheidet sich von jeder anderen Variablen, ob global oder lokal zu einer anderen Prozedur, selbst wenn sie den gleichen Namen haben.

Maple wertet nur lokale Variablen um eine Ebene aus.

```
> f := proc()
>       local a,b;
>       a := b;
>       b := c;
>       a + 1;
> end;
```

$$f := \textbf{proc}()\ \textbf{local}\ a, b;\ a := b;\ b := c;\ a + 1\ \textbf{end}$$

Wenn Sie f aufrufen, wertet Maple das `a` in `a+1` um eine Ebene zu `b` aus.

```
> f();
```

$$b + 1$$

Maple verwendet für Tabellen, Felder und Prozeduren immer die Auswertung zum letzten Namen. Wenn Sie einer Tabelle, einem Feld oder einer Prozedur eine lokale Variable zuweisen, wertet Maple deshalb die Variable nicht aus, es sei denn, Sie benutzen `eval`. Maple erzeugt die lokalen Variablen einer Prozedur bei jedem Prozeduraufruf. Somit sind lokale Variablen lokal in einem bestimmten Aufruf einer Prozedur.

Wenn Sie noch nicht viele Programme erstellt haben, könnten Sie denken, daß Auswertung um eine Ebene eine ernsthafte Einschränkung darstellt, aber Programmtext, der weitere Auswertung lokaler Variablen erfordert, ist schwer verständlich und unnötig. Da Maple keine weiteren Auswertungen versucht, erspart dies zudem viele Schritte und bewirkt, daß Prozeduren schneller laufen.

Globale Variablen

Globale Variablen sind in Maple aus allen Prozeduren heraus verfügbar, ebenso wie auf der interaktiven Ebene. Tatsächlich ist jeder Name, den Sie auf der interaktiven Ebene benutzen, eine globale Variable und ermöglicht Ihnen, eine Prozedur zu schreiben, die einen Wert einer Variablen zuweist, die später erneut aus einer anderen Prozedur heraus, aus der gleichen Prozedur oder auf der interaktiven Ebene zugreifbar ist.

```
> h := proc()
>       global x;
>       x := 5;
> end:
> h();
```

$$5$$

```
> x;
```

$$5$$

Verwenden Sie globale Variablen innerhalb von Prozeduren mit Vorsicht. Die Prozedur h weist der globalen Variablen x einen Wert zu, hinterläßt aber keine Warnung in Ihrem Arbeitsblatt. Falls Sie dann x in dem Glauben verwenden, es sein eine Unbekannte, können Sie verwirrende Fehlermeldungen erhalten.

```
> diff( x^2, x);

Error,
wrong number (or type) of parameters in function diff
```

Falls Sie zudem noch eine andere Prozedur schreiben, welche die globale Variable x benutzt, könnten beide Prozeduren das gleiche x in unverträglicher Weise benutzen.

Ob innerhalb einer Prozedur oder auf der interaktiven Ebene, Maple wendet immer die gleichen Auswertungsregeln auf die globalen Variablen an. Es wertet alle globalen Namen vollständig aus, es sei denn, der Wert solch einer Variablen ist eine Tabelle, ein Feld oder eine Prozedur. In diesem Fall hält Maple die Auswertung am letzten Namen in der Zuweisungskette an. Diese Auswertungsregel heißt *Auswertung zum letzten Namen*.

Folglich *wertet Maple Parameter um null Ebenen aus, lokale Variablen um eine Ebene und globale Variablen vollständig*, ausgenommen bei Auswertung zum letzten Namen.

Ausnahmen

Dieser Abschnitt beschreibt zwei Ausnahmen mit besonderer Bedeutung für die Auswertungsregeln.

Der Wiederholungsoperator Der *Wiederholungsoperator* ", der auf das letzte Ergebnis zurückgreift, ist in Prozeduren lokal, aber Maple wertet ihn *vollständig* aus. Wenn Sie eine Prozedur aufrufen, initialisiert Maple die lokale Version von " mit NULL.

```
> f := proc()
>    local a,b;
>    print( 'Der initiale Wert von ["] ist', ["] );
>    a := b;
>    b := c;
>    a + 1;
>    print( 'Nun hat ["] den Wert', ["] );
> end:
> f();
```

$$\textit{Der initiale Wert von } ["] \textit{ ist}, []$$

$$\textit{Nun hat } ["] \textit{ den Wert}, [c + 1]$$

Die gleichen Sonderregeln gelten für die Operatoren "" und """. Durch den Einsatz lokaler Variablen anstelle der Wiederholungsoperatoren werden Ihre Prozeduren leichter lesbar und korrigierbar.

Umgebungsvariablen Die Variable `Digits`, die die Anzahl von Nachkommastellen bestimmt, die Maple beim Rechnen mit Gleitkommazahlen verwendet, ist ein Beispiel für eine *Umgebungsvariable*. Maple wertet Umgebungsvariablen in der gleichen Weise wie globale Variablen aus, d.h. Maple wertet Umgebungsvariablen mit Ausnahme der Auswertung zum letzten Namen vollständig aus. Wenn eine Prozedur beendet ist, setzt Maple alle Umgebungsvariablen auf die Werte zurück, die sie vor Aufruf der Prozedur hatten.

```
> f := proc()
>     print( 'Eintritt in f.  Digits ist', Digits );
>     Digits := Digits + 13;
>     print( 'Addieren von 13 zu Digits ergibt', Digits );
> end:
> g := proc()
>     print( 'Eintritt in g.  Digits ist', Digits );
>     Digits := 77;
>     print( 'Aufruf von f aus g.  Digits ist', Digits );
>     f();
>     print( 'Zurueck in g aus f.  Digits ist', Digits );
> end:
```

Der Standardwert von Digits ist 10.

```
> Digits;
```

$$10$$

```
> g();
```

Eintritt in g. Digits ist, 10

Aufruf von f aus g. Digits ist, 77

Eintritt in f. Digits ist, 77

Addieren von 13 zu Digits ergibt, 90

Zurueck in g aus f. Digits ist, 77

Nach der Rückkehr aus g setzt Maple Digits auf 10 zurück.

```
> Digits;
```

$$10$$

Siehe ?environment für eine Liste der Umgebungsvariablen. Sie können auch Ihre eigenen Umgebungsvariablen erzeugen: Maple betrachtet jede Variable, deren Name mit den vier Buchstaben _Env beginnt, als Umgebungsvariable.

2.2 Geschachtelte Prozeduren

Sie können eine Maple-Prozedur innerhalb einer anderen Maple-Prozedur definieren. Sie können solche Prozeduren üblicherweise erstellen, ohne zu erkennen, daß Sie geschachtelte Prozeduren schreiben. In interaktiven Sitzungen sind Sie ganz sicher mit dem Einsatz des Befehls map vertraut, um Operationen auf die Elemente einiger Strukturtypen anzuwenden. Sie möchten zum Beispiel jedes Element einer Liste durch eine Zahl, z.B. 8, dividieren.

```
> lst := [8, 4, 2, 16]:
> map( x->x/8, lst);
```

$$[1, \frac{1}{2}, \frac{1}{4}, 2]$$

Der Befehl map ist auch in einer Prozedur sehr hilfreich. Betrachten Sie eine andere Variante dieses Befehl, die in der nächsten Prozedur vorkommt. Der Entwickler dieser Prozedur beabsichtigte, jedes Element einer Liste durch das erste Element zu dividiert, aber in der folgenden Form leistet Sie dies nicht.

```
> try := proc(x::list)
>    local v;
>    v := x[1];
>    map( y -> y/v, x );
> end:
> try(lst);
```

$$[\frac{8}{v}, \frac{4}{v}, \frac{2}{v}, \frac{16}{v}]$$

Der folgende Abschnitt erläutert, warum die Prozedur try nicht funktioniert und wie Sie sie umschreiben können. Sie werden lernen, wie Maple entscheidet, welche Variablen in einer Prozedur lokal und welche global sind. Das Verständnis von Maples Auswertungsregeln für Parameter und lokale und globale Variablen ermöglicht Ihnen, die Sprache von Maple voll auszuschöpfen.

Lokal oder global?

Wann immer Sie eine Prozedur schreiben, sollten Sie explizit deklarieren, welche Variablen global und welche lokal sind. Die Deklaration des Gültigkeitsbereiches der Variablen macht Ihre Prozedur leichter lesbar und korrigierbar. Die Deklaration der Variablen ist jedoch manchmal nicht vorteilhaft. In der obigen Prozedur try erzeugt der Pfeil-Operator innerhalb des Befehls map eine neue Prozedur. Wenn Sie die Variablen in dieser inneren Prozedur deklarieren wollen, können Sie die Pfeil-Notation nicht verwenden, sondern müssen proc und end benutzen. Im Fall der Prozedur try macht das Vermeiden der Pfeil-Notation die Prozedur schwerer lesbar, aber es hilft Ihnen zu verstehen, warum sie nicht funktioniert.

```
> try2 := proc(x::list)
>    local v;
>    v := x[1];
>    map( proc(y) global v; y/v; end, x );
> end:
```

Die Prozedur `try2` verhält sich genau wie `try`.

```
> try2(lst);
```

$$[\frac{8}{v}, \frac{4}{v}, \frac{2}{v}, \frac{16}{v}]$$

Der Grund, weshalb `try` nicht funktioniert, ist Maples Entscheidung, daß die Variable v in der inneren Prozedur global und daher von der lokalen Variablen v in `try` verschieden ist.

Es existieren nur zwei Möglichkeiten: Entweder ist eine Variable lokal in der Prozedur, in der sie unmittelbar vorkommt, oder sie ist global für die gesamte Maple-Sitzung. Lokale Variablen sind *nur* in ihrer eigenen Prozedur lokal. Sie sind in anderen Prozeduren unbekannt, sogar in Prozeduren, die innerhalb der Prozedur erscheinen, die sie definiert.

Wenn Sie die zwei Befehle, die den Rumpf der Prozedur `try` bilden, in einer interaktiven Sitzung ausführen, verweisen beide v auf die gleiche `global`e Variable, so daß die Befehle wie gewünscht funktionieren.

```
> v := lst[1];
```

$$v := 8$$

```
> map( y -> y/v, lst );
```

$$[1, \frac{1}{2}, \frac{1}{4}, 2]$$

Wenn Sie nun `try` aufrufen, *scheint* sie zu funktionieren.

```
> try(lst);
```

$$[1, \frac{1}{2}, \frac{1}{4}, 2]$$

Der Wert der globalen Variablen v ist jedoch zufälligerweise der gleiche wie der Wert der lokalen Variablen v in `try`. Wenn Sie das globale v ändern, erhalten Sie ein unterschiedliches Ergebnis von `try`.

```
> v := Pi;
```

$$v := \pi$$

```
> try(lst);
```

$$[\frac{8}{\pi}, \frac{4}{\pi}, \frac{2}{\pi}, \frac{16}{\pi}]$$

Falls Sie Ihre Variablen nicht als global oder lokal deklarieren, entscheidet Maple für Sie. *Wenn eine Variable auf der linken Seite einer expliziten Zuweisung erscheint, nimmt Maple an, daß die Variable lokal sein soll.* Ansonsten nimmt Maple an, daß die Variable global für die ganze Sitzung ist. Insbesondere nimmt Maple standardmäßig an, daß die Variablen global sind, die Sie als Argumente an andere Prozeduren übergeben, welche deren Werte setzen können.

Da Sie in der inneren Prozedur y->y/v von try v keinen Wert zuweisen, entscheidet Maple, daß v eine globale Variable ist. Die nächsten drei Abschnitte stellen Ihnen Möglichkeiten der Variablenübergabe an Prozeduren vor.

Übergeben von Variablen als Parameter   Eine Möglichkeit, die vorherige Prozedur try umzuschreiben, ist die Änderung des Pfeil-Operators in dem Befehl map, damit er *zwei* Argumente anstelle von einem akzeptiert. Benutzen Sie den zweiten Parameter zur Übergabe der zusätzlichen Variablen an die innere Prozedur. In der folgenden Prozedur try3 übergibt der Befehl map sein drittes Argument v als zweites Argument an die innere Prozedur (y,z)->y/z.

```
> try3 := proc(x::list)
>    local v;
>    v := x[1];
>    map( (y,z) -> y/z, x, v );
> end:
```

Die Prozedur try3 arbeitet wie gewünscht.

```
> try3(lst);
```

$$[1, \frac{1}{2}, \frac{1}{4}, 2]$$

Diese Methode der Übergabe von lokalen Variablen als Parameter an Unterprozeduren ist recht leicht verständlich. Wenn Sie jedoch viele Variablen übergeben müssen, kann Ihre Prozedur schwer lesbar werden.

Anwenden des Befehls unapply   Der Befehl unapply erzeugt einfache Prozeduren aus Ausdrücken.

```
> unapply(y/v, y);
```

$$y \to \frac{y}{v}$$

In der nächsten Version von try erkennt Maple die zwei Variablen v und y in dem Ausdruck y/v als das gleiche wie die lokalen Variablen v und y in `try4`. Sie müssen y lokal deklarieren, um sicherzustellen, daß das y in y/v nicht mit der globalen Variablen y kollidiert.

```
> try4 := proc(x::list)
>    local v, y;
>    v := x[1];
>    map( unapply(y/v, y), x );
> end:
> try4(lst);
```

$$[1, \frac{1}{2}, \frac{1}{4}, 2]$$

Diese Methode zum Erzeugen von Unterprozeduren aus Ausdrücken mit unapply ist kurz, praktisch und leicht verständlich. Sie sollten den Einsatz von unapply immer in Betracht ziehen, wenn sie eine Unterprozedur benötigen. Die Prozedur `dropshadowplot` in *Eine Schattenwurfprojektion* auf Seite 304 verwendet diese Technik.

Anwenden der Substitution   Manchmal ist keine der obigen Methoden – Übergeben von Variablen als Parameter oder Anwenden von unapply – praktikabel oder tatsächlich möglich. In solchen Fällen müssen Sie die Substitution benutzen. Die nachfolgend erläuterte Substitutionsmethode ist allgemein anwendbar, aber die ersten beiden Methoden sind leichter verständlich.

Der Befehl subs kann genauso in einer Prozedur wie in jedem anderen Maple-Objekt substituieren.

```
> f := x -> x/cat;
```

$$f := x \rightarrow \frac{x}{cat}$$

```
> g := subs( cat=dog, x->x/cat );
```

$$g := x \rightarrow \frac{x}{dog}$$

Falls Sie in einer Prozedur mit Namen substituieren wollen, müssen Sie eval verwenden, um den Namen zum Prozedurobjekt auszuwerten; ansonsten übergibt Maple an subs aufgrund der Auswertung zum letzten Namen nur den Prozedurnamen und nicht die gesamte Prozedur.

```
> subs( cat=dog, eval(f) );
```

$$x \rightarrow \frac{x}{dog}$$

Die nachfolgende Version von `try` setzt die Substitutionsmethode ein. Die innere Prozedur ist y->y/w. Hier ist y der Parameter und w eine global Variable, da Sie w in y->y/w nicht explizit einen Wert zuweisen. Die Variable w ist in try5 explizit global, so daß sich beide w auf das gleiche Objekt beziehen. Die einfachen Anführungszeichen um das w stellen sicher, daß Sie sich auf den globalen *Namen* w beziehen, selbst wenn die globale Variable w einen Wert hat. Maple wertet den Rumpf y/w der Prozedur y->y/w nicht aus, bis es diese Prozedur aufruft und der Befehl subs inzwischen v für w in y/w eingesetzt hat. Auf diese Weise funktioniert try5, auch wenn die globale Variable w einen Wert hat.

```
> try5 := proc(x::list)
>    local v;
>    global w;
>    v := x[1];
>    map( subs('w'=v, y->y/w), x);
> end:
> try5(lst);
```

$$[1, \frac{1}{2}, \frac{1}{4}, 2]$$

Sie können selbstverständlich mehrere Variablen in Prozeduren substituieren.

Die Substitution in Prozeduren macht Ihre Programme unter Umständen länger und schwerer lesbar. Sie sollten die Substitutionsmethode nur dann einsetzen, wenn die intuitiveren Methoden wie Anwenden von unapply oder Übergeben von Variablen als Parameter nicht anwendbar sind.

Der Quicksort-Algorithmus

Sortieralgorithmen bilden einen der wichtigsten Routinetypen, der für Informatiker von Interesse ist. Selbst falls Sie sie nie formal untersucht haben, können Sie erkennen, daß häufig sortiert werden muß. Das Sortieren einiger Zahlen ist unabhängig von dem verwendeten Ansatz schnell und leicht. Das Sortieren großer Datenmengen kann aber sehr zeitintensiv sein, so daß die Bestimmung effizienter Methoden sehr wichtig ist.

Der folgende Quicksort-Algorithmus ist ein klassischer Algorithmus. Der Schlüssel zum Verständnis dieses Algorithmus ist das Verstehen der Partitionierungsoperation. Dies beinhaltet die Auswahl einer Zahl aus dem zu sortierenden Feld. Danach verschieben Sie diejenige Zahlen des Feldes, die kleiner als die ausgewählte Zahl sind, an das eine Ende des Feldes und Zahlen, die größer sind, an das andere Ende. Zuletzt fügen Sie die ausgewählte Zahl zwischen diese beiden Gruppen ein.

Am Ende der Partitionierung haben Sie das Feld noch nicht vollständig sortiert, da die Zahlen, die kleiner oder größer als die ausgewählte sind, immer noch in der ursprünglichen Reihenfolge sein können. Diese Prozedur unterteilt das Feld in zwei kleinere Felder, die leichter sortierbar sind als das ursprüngliche größere. Die Partitionierungsoperation hat so das Sortieren wesentlich erleichtert. Besser noch, Sie können das Feld im Sortierprozeß einen Schritt weiterbringen, indem Sie jedes der zwei kleineren Felder partitionieren. Diese Operation erzeugt vier kleinere Felder. Sie sortieren das gesamte Feld durch wiederholte Partitionierung der kleineren Felder.

Die Prozedur partition benutzt ein Feld zur Speicherung der Liste, da Sie die Elemente eines Feldes direkt ändern können. So können Sie das Feld an an Ort und Stelle sortieren und verschwenden keinen Platz durch Generierung zusätzlicher Kopien.

Die Prozedur quicksort ist verständlicher, wenn Sie die Prozedur partition zunächst separat betrachten. Diese Prozedur akzeptiert ein Feld von Zahlen und zwei ganze Zahlen. Die zwei ganzen Zahlen zeigen den zu partitionierenden Teil des Feldes an. Während Sie jede Zahl des Feldes wählen könnten, um um sie herum zu partitionieren, wählt diese Prozedur das letzte Element des Feldabschnitts, nämlich A[n], für diesen Zweck aus. Das absichtliche Weglassen der Anweisungen global und local soll zeigen, welche Variablen Maple standardmäßig als lokal und welche als global betrachtet.

```
> partition := proc(A::array(1, numeric),
>                    m::integer, n::integer)
>    i := m;
>    j := n;
>    x := A[j];
>    while i<j do
>       if A[i]>x then
>          A[j] := A[i];
>          j := j-1;
>          A[i] := A[j];
>       else
>          i := i+1;
>       fi;
>    od;
>    A[j] := x;
>    eval(A);
> end:

Warning, 'i' is implicitly declared local
Warning, 'j' is implicitly declared local
Warning, 'x' is implicitly declared local
```

Maple deklariert i, j und x lokal, da die Prozedur partition explizite Zuweisungen an diese Variablen enthält. partition weist auch A explizit zu, aber A ist ein Parameter und keine lokale Variable. Da Sie dem Namen nicht eval zuweisen, behandelt ihn Maple als globalen Namen, der auf den Befehl eval verweist.

Nach der Partitionierung des unteren Feldes a, stehen alle Elemente kleiner als 3 vor der 3, aber sie sind in keiner festgelegten Reihenfolge; analog folgen die Elemente größer als 3 nach der 3.

```
> a := array( [2,4,1,5,3] );
```

$$a := [2, 4, 1, 5, 3]$$

```
> partition( a, 1, 5);
```

$$[2, 1, 3, 5, 4]$$

Die Prozedur partition modifiziert ihr erstes Argument und verändert auf diese Weise a.

```
> eval(a);
```

$$[2, 1, 3, 5, 4]$$

Der letzte Schritt in der Zusammenstellung der Prozedur quicksort besteht aus dem Einfügen der Prozedur partition in eine äußere Prozedur. Diese äußere Prozedur definiert zunächst die Unterprozedur partition und partitioniert danach das Feld. Üblicherweise möchten Sie vielleicht das Einfügen einer Prozedur in eine andere vermeiden. Sie werden jedoch in Kapitel 3 auf Situationen treffen, in denen Sie dies notwendig erachten werden. Da der nächste Schritt die Partitionierung der zwei Teilfelder durch rekursiven Aufruf von quicksort ist, muß partition die Stelle des Elementes liefern, der die Partition teilt. Nachfolgend erfolgt ein Versuch, diese Prozedur zu schreiben; sie enthält einen Fehler. Sie sollten in der Lage sein, den Fehler schnell zu lokalisieren, indem Sie die vorher diskutierten Regeln anwenden.

```
> quicksort := proc(A::array(1, numeric),
>                  m::integer, n::integer)
>    local partition, p;
>
>    partition := proc(m,n)
>       i := m;
>       j := n;
>       x := A[j];
>       while i<j do
>          if A[i]>x then
>             A[j] := A[i];
>             j := j-1;
>             A[i] := A[j];
>          else
```

```
>                 i := i+1;
>             fi;
>         od;
>         A[j] := x;
>         p := j;
>     end:
>
>     if m<n then       # Falls m>=n ist, gibt es nichts zu tun.
>         partition(m, n);
>         quicksort(A, m, p-1);
>         quicksort(A, p+1, n);
>     fi;
> end:
Warning, 'i' is implicitly declared local
Warning, 'j' is implicitly declared local
Warning, 'x' is implicitly declared local
Warning, 'A' is implicitly declared local
Warning, 'p' is implicitly declared local

> a := array( [2,4,1,5,3] );
```

$$a := [2, 4, 1, 5, 3]$$

```
> quicksort( a, 1, 5);

Error, (in partition) cannot evaluate boolean
```

Das Problem ist, daß Maple A und p für die Unterprozedur partition lokal deklariert, da Sie an A und p in dieser Prozedur explizite Zuweisungen machen. Von nun an unterscheidet sich A aus partition von dem Parameter A aus quicksort, und p aus partition unterscheidet sich von der lokalen Variablen p aus quicksort.

Die nächste Version von quicksort korrigiert diese Probleme. Sie übergibt das Feld A als Parameter an partition, wie es *Parameter* auf Seite 44 beschreibt. Die letzte Anweisung der nachfolgenden Unterprozedur partition ist j, so daß partition die neue Position des Partitionselementes als deren Wert liefert. So kann die Prozedur quicksort der lokalen Variablen p diesen Wert zuweisen.

```
> quicksort := proc(A::array(1, numeric),
>                    m::integer, n::integer)
>     local partition, p;
>
>     partition := proc(A, m, n)
>         local i, j, x;
>         i := m;
>         j := n;
```

```
>          x := A[j];
>          while i<j do
>             if A[i]>x then
>                 A[j] := A[i];
>                 j := j-1;
>                 A[i] := A[j];
>             else
>                 i := i+1;
>             fi;
>          od;
>          A[j] := x;
>          j;
>       end;
>
>       if m<n then    # Falls m>=n ist, gibt es nichts zu tun.
>          p := partition(A, m, n);
>          quicksort(A, m, p-1);
>          quicksort(A, p+1, n);
>       fi;
>
>       eval(A);
> end:
```

Die Prozedur `quicksort` leistet nun das gewünschte. Sie sortiert das Feld an Ort und Stelle, indem es das vorhandene Feld verändert, statt eine neue, sortierte Kopie anzulegen.

```
> a := array( [2,4,1,5,3] );
```

$$a := [2, 4, 1, 5, 3]$$

```
> quicksort( a, 1, 5);
```

$$[1, 2, 3, 4, 5]$$

```
> eval(a);
```

$$[1, 2, 3, 4, 5]$$

Erzeugen eines gleichmäßigen Zufallszahlengenerators

Falls Sie Maple zur Simulation physikalischer Experimente einsetzen möchten, brauchen Sie wahrscheinlich einen Zufallszahlengenerator. Die Gleichverteilung ist besonders einfach: Jede reelle Zahl eines gegebenen Bereichs ist gleichwahrscheinlich. Daher ist ein *gleichmäßiger Zufallszahlengenerator* eine Prozedur, die eine zufällige Gleitkommazahl innerhalb eines bestimmten Bereichs liefert. Dieser Abschnitt entwickelt die Prozedur `uniform`, die gleichmäßige Zufallszahlengeneratoren erzeugt.

Der Befehl rand generiert eine Prozedur, die zufällige *ganze Zahlen*
liefert. rand(4..7) generiert zum Beispiel eine Prozedur, die zufällige ganze
Zahlen zwischen 4 und 7 einschließlich liefert.

```
> f := rand(4..7):
> seq( f(), i=1..20 );
```

$$5, 6, 5, 7, 4, 6, 5, 4, 5, 5, 7, 7, 5, 4, 6, 5, 4, 5, 7, 5$$

Die Prozedur uniform sollte rand ähnlich sein, aber sie sollte anstelle von
ganzen Zahlen Gleitkommazahlen liefern. Sie können rand verwenden, um
zufällige Gleitkommazahlen zwischen 4 und 7 durch Multiplikation und
Division durch 10^Digits zu generieren.

```
> f := rand( 4*10^Digits..7*10^Digits ) / 10^Digits:
> f();
```

$$\frac{12210706011}{2000000000}$$

Die Prozedur f liefert Brüche anstelle von Gleitkommazahlen, so daß Sie sie
mit evalf verknüpfen müssen, d.h. verwenden Sie evalf(f()). Diese Operation können Sie mit Maples Kompositionsoperator @ besser durchführen.

```
> (evalf @ f)();
```

$$6.648630719$$

Die nachfolgende Prozedur uniform benutzt evalf, um die Konstanten
der Bereichsspezifikation r zu Gleitkommazahlen auszuwerten, den Befehl
map, um beide Randpunkte des Bereichs mit 10^Digits zu multiplizieren,
und round, um die Ergebnisse zu ganzen Zahlen zu runden.

```
> uniform := proc( r::constant..constant )
>    local intrange, f;
>    intrange := map( x -> round(x*10^Digits), evalf(r) );
>    f := rand( intrange );
>    (evalf @ eval(f)) / 10^Digits;
> end:
```

Sie können nun zufällige Gleitkommazahlen zwischen 4 und 7 generieren.

```
> U := uniform(4..7):
> seq( U(), i=1..20 );
```

$$4.559076346, 4.939267370, 5.542851096, 4.260060897,$$

$$4.976009937, 5.598293374, 4.547350945, 5.647078832,$$

$$5.133877918, 5.249590037, 4.120953928, 6.836344299,$$

5.374608653, 4.586266491, 5.481365622, 5.384244382,

5.190575456, 5.207535837, 5.553710879, 4.163815544

Die Prozedur uniform leidet unter einem schwerwiegenden Fehler:
uniform benutzt zum Erzeugen von intrange den aktuellen Wert von
Digits; daher ist U bei der Erzeugung durch uniform vom Wert von Digits
abhängig. Andererseits benutzt der Befehl evalf in U denjenigen Wert von
Digits, der bei Aufruf von U aktuell ist. Diese beiden Werte sind nicht
immer identisch. Das geeignete Entwurfskriterium ist hier, daß U nur vom
Wert von Digits abhängen sollte, wenn Sie U aufrufen. Die nächste Version von uniform führt dies aus, indem sie alle Berechnungen in die Prozedur legt, die uniform liefert. Sie müssen die Substitution einsetzen, wie
sie *Anwenden der Substitution* auf Seite 54 beschreibt, um den Wert des
Parameters r an die Unterprozedur zu übergeben.

```
> uniform := proc( r::constant..constant )
>    global R;
>    subs( 'R'=r, proc()
>       local intrange, f;
>       intrange := map( x -> round(x*10^Digits),
>                        evalf(R) );
>       f := rand( intrange );
>       evalf( f()/10^Digits );
>    end );
> end:
```

Sie führen in der inneren Prozedur keine expliziten Zuweisungen an R aus,
so daß Maple es global deklariert. Die Variable R ist in uniform explizit
global, so daß beide R auf das gleiche Objekt verweisen. Maple wertet normalerweise globale Variablen vollständig aus. Also müssen Sie in uniform
R in einfachen Anführungszeichen einschließen, um dessen Auswertung bei
Aufruf von uniform zu vermeiden. Maple wertet den Rumpf einer Prozedur
nicht aus, bis Sie die Prozedur aufrufen, und wenn Sie die innere Prozedur
aufrufen, hat der Befehl subs bereits den Bereich r für R eingesetzt.

Die von uniform generierte Prozedur ist nun vom Wert von Digits
zum Zeitpunkt des Aufrufs von uniform unabhängig.

```
> U := uniform( cos(2)..sin(1) ):
> Digits := 5:
> seq( U(), i=1..8 );
```

−.17503, −.11221, −.15794, −.18007,

.38662, −.40436, .094310, .17760

In diesem Abschnitt wurden Ihnen die Regeln vorgestellt, die Maple zur
Entscheidung einsetzt, welche Variablen global oder lokal sind. Sie haben

auch die wichtigsten Folgerungen aus diesen Regeln gesehen. Insbesondere hat er Sie mit den Hilfsmitteln zum Schreiben geschachtelter Prozeduren bekanntgemacht.

2.3 Typen

Typen zur Modifikation von Auswertungsregeln

Auswertungsregeln auf Seite 43 führt detailliert ein, wie Maple verschiedene Arten von Variablen in einer Prozedur auswertet: Maple wertet globale Variablen vollständig (mit Ausnahme der Auswertung zum letzten Namen) und lokale Variablen um eine Ebene aus. Es wertet die Argumente einer Prozedur abhängig von den Umständen *vor* Aufruf der Prozedur aus, und es setzt dann einfach die aktuellen Parameter für die formalen Parameter in der Prozedur ohne weitere Auswertung ein. All diese Regeln scheinen zu besagen, daß nichts innerhalb der Prozedur in irgendeiner Form die Auswertung der Parameter beeinflußt, die erfolgt, *bevor* Maple die Prozedur aufruft. In Wirklichkeit stellen die Ausnahmen passende Methoden zur Kontrolle der Argumentauswertung bereit, die das Verhalten Ihrer Prozeduren für Sie intuitiver machen. Sie verhindern auch die Auswertung, die den Verlust der Informationen zur Folge haben würde, die Sie innerhalb Ihrer Prozedur verfügbar machen möchten.

Maple verwendet verschiedene Auswertungsregeln für einige seiner eigenen Befehle, zum Beispiel für den Befehl `evaln`. Sie haben diesen Befehl zweifelsohne zum Löschen zuvor definierter Variablen eingesetzt. Wenn dieser Befehl sein Argument normal auswerten würde, wäre er für diesen Zweck nutzlos. Wenn Sie zum Beispiel x den Wert π zuweisen, wertet Maple x zu π aus, sooft Sie die Variable x verwenden.

```
> x := Pi;
```

$$x := \pi$$

```
> cos(x);
```

$$-1$$

Wenn sich Maple bei Eingabe von `evaln(x)` ebenso verhalten würde, würde Maple den Wert π an `evaln` übergeben und alle Referenzen auf den Namen x verlieren. Deshalb wertet Maple das Argument von `evaln` in besonderer Weise aus: Es wertet das Argument zu einem Namen und nicht zu dem Wert aus, den der Name haben könnte.

```
> x := evaln(x);
```

$$x := x$$

```
> cos(x);
```

$$\cos(x)$$

Sie werden es als hilfreich betrachten, eigene Prozedur zu schreiben, die dieses Verhalten aufweisen. Sie möchten vielleicht eine Prozedur schreiben, die einen Wert liefert, indem sie ihn einem der Argumente zuweist. *Parameter* auf Seite 44 beschreibt solch eine Prozedur `square`, aber Sie müssen bei jedem Aufruf von `square` darauf achten, ihr einen freien Namen zu übergeben.

```
> square := proc(x::anything, y::name)
>    y := x^2;
> end:
```

Diese Prozedur leistet beim ersten Aufruf das gewünschte. Sie müssen jedoch sicherstellen, daß das zweite Argument tatsächlich ein Name ist, ansonsten erfolgt ein Fehler. Im folgenden Beispiel tritt der Fehler auf, da `ans` beim zweiten Versuch den Wert 9 hat.

```
> ans;
```

$$ans$$

```
> square(3, ans);
```

$$9$$

```
> ans;
```

$$9$$

```
> square(4, ans);
```

```
Error, square expects its 2nd argument, y,
to be of type name, but received 9
```

Sie haben zwei Möglichkeiten zur Behebung dieses Problems. Die erste ist entweder einfache Anführungszeichen oder den Befehl `evaln` zu verwenden, um sicherzustellen, daß Maple einen Namen und nicht einen Wert übergibt. Die zweite besteht darin, den Parameter vom Typ `evaln` zu deklarieren.

Genau wie der Befehl `evaln` veranlaßt die Deklaration eines Parameters vom Typ `evaln`, daß Maple dieses Argument zu einem Namen auswertet, so daß Sie sich beim Einsatz der Prozedur nicht um die Auswertung sorgen müssen.

```
> cube := proc(x::anything, y::evaln)
>    y := x^3;
```

```
> end:
> ans;
```

$$9$$

```
> cube(5, ans);
```

$$125$$

```
> ans;
```

$$125$$

Im obigen Fall übergibt Maple den Namen ans an die Prozedur cube anstelle des Wertes 9.

Die Deklaration evaln ist im allgemeinen eine gute Idee. Sie stellt sicher,
daß Ihre Prozeduren das gewünschte leisten, statt kryptische Fehlermel-
dungen zu liefern. Einige Maple-Programmierer möchten jedoch einfache
Anführungszeichen benutzen. Wenn der Aufruf der Prozedur selbst inner-
halb einer Prozedur erfolgt, erinnert Sie das Vorkommen der einfachen
Anführungszeichen, daß Sie einem Parameter einen Wert zuweisen. Falls
Sie aber die interaktive Verwendung Ihrer Prozedur beabsichtigen, werden
Sie den Einsatz von evaln viel vorteilhafter finden.

Ein zweiter Typ, der Maples Auswertungsregeln ändert, ist uneval.
Wenn evaln Maple veranlaßt, das Argument zu einem Namen auszuwerten, läßt uneval das Argument unausgewertet. Dieser Typ ist aus zwei
Gründen nützlich. Einerseits möchten Sie manchmal eine Prozedur erstellen, die eine Struktur als Objekt behandelt und kein Wissen über die Details
erfordert. Andererseits ist manchmal die Expansion der Argumente innerhalb der Prozedur hilfreich. Sie möchten vielleicht eine Version des Befehls
map schreiben, die von Folgen abbilden kann. Der in Maple eingebaute
Befehl map kann dies nicht, da er sein zweites Argument auswertet. Falls
das zweite Argument der Name einer Folge ist, wertet Maple den Namen
vor Aufruf von map zur Folge aus. Da Maple Folgen von Folgen abflacht,
übergibt es nur das erste Element der Folge als zweites Argument an map,
und die anderen Elemente werden zusätzliche Argumente.

Die nächste Prozedur smap benutzt eine uneval-Deklaration, um Maple
anzuweisen, ihr zweites Argument nicht auszuwerten. Sobald er innerhalb
der Prozedur auftritt, wertet der Befehl eval S vollständig aus. Der Befehl
whattype liefert exprseq, falls Sie ihm eine Folge übergeben.

```
> whattype( a, b, c );
```

exprseq

Falls S keine Folge ist, ruft smap einfach map auf. args[3..-1] ist die
Argumentfolge von smap nach S. Wenn S eine Folge ist, erzeugt ihr Ein-

schließen in eckigen Klammern eine Liste. Sie können dann *f* auf die Liste abbilden und den Selektionsoperator [] verwenden, um die Ergebnisliste in eine Folge zurückzuwandeln.

```
> smap := proc( f::anything, S::uneval )
>    local s;
>    s := eval(S);
>    if whattype(s) = 'exprseq' then
>       map( f, [s], args[3..-1] )[];
>    else
>       map( f, s, args[3..-1] );
>    fi;
> end:
```

Sie können nun über Folgen ebenso wie über Listen, Mengen und anderen Ausdrücken abbilden.

```
> S := 1,2,3,4;
```

$$S := 1, 2, 3, 4$$

```
> smap(f, S, x, y);
```

$$f(1, x, y), f(2, x, y), f(3, x, y), f(4, x, y)$$

```
> smap(f, [a,b,c], x, y);
```

$$[f(a, x, y), f(b, x, y), f(c, x, y)]$$

Sowohl `evaln` als auch `uneval` erweitern die Flexibilität der Maple-Programmiersprache und die Typen von Prozeduren, die Sie schreiben können, erheblich.

Strukturierte Typen

Manchmal liefert eine einfache Typüberprüfung durch deklarierte formale Parameter oder explizit mit dem Befehl `type` nicht genügend Informationen. Eine einfache Überprüfung stellt fest, daß 2^x eine Potenz ist, unterscheidet aber nicht zwischen 2^x und x^2.

```
> type( 2^x, '^' );
```

true

```
> type( x^2, '^' );
```

true

Für solche Unterscheidungen brauchen Sie *strukturierte Typen*. Beispielsweise ist 2 vom Typ `constant` und *x* vom Typ `name`, also ist 2^x vom Typ `constant^name`, x^2 ist es aber nicht.

```
> type( 2^x, constant^name );
```

true

```
> type( x^2, constant^name );
```

false

Angenommen Sie wollen eine Menge von Gleichungen lösen. Bevor Sie fortfahren, möchten Sie alle Gleichungen löschen, die trivialerweise wahr sind, zum Beispiel $4 = 4$. Also müssen Sie eine Prozedur schreiben, die eine Menge von Gleichungen als Eingabe akzeptiert. Die nachfolgende Prozedur nontrivial benutzt automatische Typüberprüfung, um sicherzustellen, daß das Argument tatsächlich eine Menge von Gleichungen ist.

```
> nontrivial := proc( S::set( '=' ) )
>    remove( evalb, S );
> end:
> nontrivial( { x^2+2*x+1=0, y=y, z=2/x } );
```

$$\{x^2 + 2\,x + 1 = 0, z = \frac{2}{x}\}$$

Sie können nontrivial leicht erweitern, so daß sie allgemeine Relationen statt Gleichungen akzeptiert oder Mengen und Listen von Relationen erlaubt. Ein Ausdruck paßt zu einer Menge von Typen, falls es zu einem der Typen aus der Menge paßt.

```
> nontrivial := proc( S::{ set(relation), list(relation) } )
>    remove( evalb, S );
> end:
> nontrivial( [ 2<=78, 1/x=9 ] );
```

$$[\frac{1}{x} = 9]$$

Sie können nontrivial sogar weiter erweitern: Wenn ein Element aus S keine Relation sondern ein algebraischer Ausdruck f ist, sollte ihn nontrivial wie die Gleichung $f = 0$ behandeln.

```
> nontrivial := proc( S::{ set( {relation, algebraic} ),
>                          list( {relation, algebraic} ) } )
>    local istrivial;
>    istrivial := proc(x)
>       if type(x, relation) then evalb(x);
>       else evalb( x=0 );
>       fi;
>    end;
>    remove( istrivial, S );
> end:
```

```
> nontrivial( [ x^2+2*x+1, 23>2, x=-1, y-y ] );
```

$$[x^2 + 2\,x + 1, x = -1]$$

Die automatische Typüberprüfung ist ein sehr mächtiges Werkzeug. Sie ermöglicht Ihnen, eine Vielzahl von Überprüfungen auf ungültige Argumente automatisch durchzuführen. Sie sollten sie sich zur Gewohnheit machen. Strukturierte Typen erlauben eine Überprüfung, sogar wenn Sie eine Prozedur entwerfen, die eine Menge von Eingaben akzeptiert oder eine bestimmte Struktur in ihren Argumenten voraussetzt.

Die automatische Typüberprüfung hat zwei Schwächen. Zum einen kann der Code für die Typüberprüfung beschwerlich werden, wenn die Struktur des Typs kompliziert ist und verschiedene Strukturen erlaubt. Zum anderen speichert Maple keine Informationen über die Struktur der Argumente. Es zerteilt und überprüft sie, aber danach ist die Struktur verloren. Wenn Sie eine bestimmte Komponente der Struktur extrahieren möchten, müssen Sie dafür mehr Code schreiben.

Die Komplexität von Typen ist in der Praxis selten von Bedeutung. Eine Prozedur, die auf Argumenten mit komplizierter Struktur beruht, ist normalerweise schwer zu verwenden. Der Befehl typematch vermeidet die Verdoppelung der Anstrengungen beim Akzeptieren der Argumente. Dieser Befehl stellt eine flexiblere Alternative zur Typüberprüfung bereit.

Typerkennung

Partielle Integration auf Seite 36 beschreibt die folgenden beiden Prozeduren, welche die unbestimmte Integration aller Polynome multipliziert mit e^x implementieren.

```
> IntExpMonomial := proc(n::nonnegint, x::name)
>    if n=0 then RETURN( exp(x) ) fi;
>    x^n*exp(x) - n*IntExpMonomial(n-1, x);
> end:
> IntExpPolynomial := proc(p::polynom, x::name)
>    local i, result;
>    result := add( coeff(p, x, i)*IntExpMonomial(i, x),
>                   i=0..degree(p, x) );
>    collect(result, exp(x));
> end:
```

Vielleicht möchten Sie IntExpPolynomial modifizieren, damit es auch bestimmte Integrationen ausführen kann. Die neue Version von IntExpPolynomial sollte zulassen, daß ihr zweites Argument ein Name ist. In diesem Fall sollte IntExpPolynomial unbestimmte Integration oder die Version mit *name=range* ausführen. Sie könnten dafür den Befehl type und die `if`-Anweisung benutzen, die Prozedur wird dann aber schwer lesbar.

```
> IntExpPolynomial := proc(p::polynom, xx::{name, name=range})
>    local i, result, x, a, b;
>    if type(xx, name) then
>       x:=xx;
>    else
>       x := lhs(xx);
>       a := lhs(rhs(xx));
>       b := rhs(rhs(xx));
>    fi;
>    result := add( coeff(p, x, i)*IntExpMonomial(i, x),
>                   i=0..degree(p, x) );
>    if type(xx, name) then
>       collect(result, exp(x));
>    else
>       subs(x=b, result) - subs(x=a, result);
>    fi;
> end:
```

Der Einsatz des Befehls `typematch` macht Ihre Prozedur viel übersichtlicher. Der Befehl `typematch` testet nicht nur , ob ein auf Ausdruck einen bestimmten Typ paßt, sondern er kann auch Variablen an Teile des Ausdrucks binden. Nachfolgend überprüft `typematch`, ob `expr` von der Form `name=integer..integer` ist, *und* es weist den Namen an y, den Grenzwert der linken Seite an a und den Grenzwert der rechten Seite an b zu.

```
> expr := myvar=1..6;
```

$$expr := myvar = 1..6$$

```
> typematch( expr, y::name=a::integer..b::integer );
```

true

```
> y, a, b;
```

$$myvar, 1, 6$$

Die nächste Version von `IntExpPolynomial` benutzt den Befehl `typematch`.

```
> IntExpPolynomial := proc(p::polynom, expr::anything )
> local i, result, x, a, b;
> if not typematch( expr, {x::name,
>     x::name=a::anything..b::anything} ) then
>   ERROR( 'Erwartet name oder name=range, erhalten', expr );
> fi;
```

```
> result := add( coeff(p, x, i)*IntExpMonomial(i, x),
>                i=0..degree(p, x) );
> if type(expr, name) then
>   collect(result, exp(x));
> else
>   subs(x=b, result) - subs(x=a, result);
> fi;
> end:
```

Nun kann `IntExpPolynomial` sowohl bestimmte als auch unbestimmte Integrale berechnen.

```
> IntExpPolynomial( x^2+x^5*(1-x), x=1..2 );
```

$$-118\,e^2 + 308\,e$$

```
> IntExpPolynomial( x^2*(x-1), x);
```

$$(-4\,x^2 + 8\,x - 8 + x^3)\,e^x$$

2.4 Auswahl einer Datenstruktur: Graphen

Beim Erstellen von Programmen müssen Sie entscheiden, wie die Daten repräsentiert werden sollen. Manchmal ergibt sich die Auswahl direkt, aber häufig erfordert es beträchtliches Überlegen und Planen. Einige Auswahlmöglichkeiten von Datenstrukturen könnten Ihre Prozeduren effizienter machen oder leichter erstellbar und korrigierbar. Ohne Zweifel sind Sie mit vielen von Maples verfügbaren Datenstrukturen, zum Beispiel Folgen, Listen, Tabellen und Mengen, vertraut.

Dieser Abschnitt stellt Ihnen einige Strukturen und deren Vorteile vor. Darüber hinaus illustriert dieser Abschnitt anhand eines Beispiels das Problem der Auswahl einer Datenstruktur. Angenommen Sie haben eine Anzahl von Städten, die durch Straßen verbunden sind. Schreiben Sie eine Prozedur, die bestimmt, ob Sie zwischen zwei beliebigen Städten reisen können.

Dieses Problem können Sie mit Hilfe der Graphentheorie ausdrücken. Maple hat ein Paket `networks`, daß Ihnen beim Arbeiten mit Graphen und allgemeineren Strukturen behilflich ist. Sie müssen keine Graphentheorie oder das Paket `networks` verstehen, um aus den Beispielen dieses Abschnitts zu lernen; diese Beispiele verwenden in erster Linie das Paket `networks` als Kurzschreibweise zum Erzeugen von G.

```
> with(networks):
```

Erzeugen Sie einen neuen Graphen G und fügen Sie einige Städte hinzu, die in der Terminologie der Graphentheorie *Knoten* genannt werden.

```
> new(G):
> cities := {Basel, Rom, Paris, Berlin, Wien};
```

$$cities := \{Basel, Rom, Paris, Wien, Berlin\}$$

```
> addvertex(cities, G);
```

$$Basel, Rom, Paris, Wien, Berlin$$

Fügen Sie jeweils Straßen zwischen Basel und Paris, Berlin und Wien hinzu. Der Befehl connect bezeichnet die Straßen $e1$, $e2$ und $e3$.

```
> connect( {Basel}, {Paris, Berlin, Wien}, G );
```

$$e1, e2, e3$$

Fügen Sie Straßen zwischen Rom und Basel und zwischen Berlin und Paris und Berlin und Wien hinzu.

```
> connect( {Rom}, {Basel}, G);
```

$$e4$$

```
> connect( {Berlin}, {Wien, Paris}, G);
```

$$e5, e6$$

Zeichnen Sie nun den Graphen von G.

```
> draw(G);
```

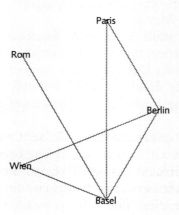

Wenn Sie die obige Zeichnung betrachten, können Sie sich selbst überzeugen, daß Sie in diesem speziellen Fall, zwischen zwei beliebigen Städten reisen könnten. Statt der visuellen Überprüfung können Sie auch den Befehl connectivity anwenden.

```
> evalb( connectivity(G) > 0 );
```

true

Die Datenstrukturen, die das Paket `networks` verwendet, sind recht kompliziert, weil dieses Paket allgemeinere Strukturen als die in diesem Beispiel benötigten unterstützt. Die Frage lautet nun: Wie würden *Sie* die Städte und Straßen repräsentieren? Da Städte unterschiedliche Namen haben und ihre Reihenfolge irrelevant ist, könnten Sie die Sädte als eine Menge von Namen repräsentieren.

```
> vertices(G);
```

{*Basel, Rom, Paris, Wien, Berlin*}

Das Paket `networks` weist den Straßen unterschiedliche Namen zu, so daß es sie auch als Menge von Namen repräsentieren kann.

```
> edges(G);
```

{*e1, e2, e3, e4, e5, e6*}

Sie können eine Straße auch als eine Menge bestehend aus den zwei Städten, die die Straße verbindet, repräsentieren.

```
> ends(e2, G);
```

{*Basel, Wien*}

Also können Sie die Straßen als eine Menge von Mengen repräsentieren.

```
> roads := map( ends, edges(G), G);
```

roads := {{*Basel, Rom*}, {*Basel, Paris*}, {*Basel, Wien*},

{*Basel, Berlin*}, {*Paris, Berlin*}, {*Wien, Berlin*}}

Leider müssen Sie die ganze Menge von Straßen durchsuchen, wenn Sie zum Beispiel wissen möchten, welche Städte direkt mit Rom verbunden sind. Deswegen ist die Repräsentation der Daten als eine Menge von Städten und eine Menge von Straßen zur Berechnung, ob Sie zwischen zwei beliebigen Städten reisen können, ineffizient.

Sie können die Daten stattdessen als eine *Adjazenzmatrix* repräsentieren: eine quadratische Matrix mit einer Zeile für jede Stadt. Der (i, j)-te Eintrag der Matrix ist 1, falls die i-te und j-te Stadt durch eine Straße verbunden sind, ansonsten 0. Es folgt die Adjazenzmatrix für den Graphen G.

```
> adjacency(G);
```

$$\begin{bmatrix} 0 & 1 & 0 & 1 & 1 \\ 1 & 0 & 0 & 0 & 1 \\ 0 & 0 & 0 & 0 & 1 \\ 1 & 0 & 0 & 0 & 1 \\ 1 & 1 & 1 & 1 & 0 \end{bmatrix}$$

Die Adjazenzmatrix ist eine ineffiziente Repräsentation, wenn wenige Straßen relativ zur Anzahl der Städte existieren. In diesem Fall enthält die Matrix viele Nullen und repräsentiert insgesamt einen Mangel an Straßen. Obwohl jede Zeile der Matrix einer Stadt entspricht, können Sie zudem nicht sagen, welche Zeile welcher Stadt entspricht.

Hier ist noch eine weitere Methode, die Städte und Straßen zu repräsentieren. Paris ist durch jeweils eine Straße mit Basel und Berlin verbunden, also sind Berlin und Basel die Nachbarn von Paris.

```
> neighbors(Paris, G);
```

$$\{Basel, Berlin\}$$

Sie können die Daten als eine Tabelle von Nachbarn repräsentieren; die Tabelle sollte einen Eintrag für jede Stadt enthalten.

```
> T := table( map( v -> (v)=neighbors(v,G), cities ) );
```

$$T := \text{table}([$$
$$Rom = \{Basel\}$$
$$Paris = \{Basel, Berlin\}$$
$$Wien = \{Basel, Berlin\}$$
$$Berlin = \{Basel, Paris, Wien\}$$
$$Basel = \{Rom, Paris, Wien, Berlin\}$$
$$])$$

Die Repräsentation eines Systems von Städten und Straßen als Tabelle von Nachbarn eignet sich ideal zur Beantwortung der Frage, ob es möglich ist, zwischen zwei beliebigen Städten zu reisen. Sie können mit einer Stadt beginnen. Die Tabelle ermöglicht Ihnen, die erreichbaren Nachbarstädte effizient zu ermitteln. Ähnlich können Sie die Nachbarn der Nachbarn finden und auf diese Weise schnell bestimmen, wie weit Sie reisen können.

Die nachfolgende Prozedur connected ermittelt, ob Sie zwischen zwei beliebigen Städten reisen können. Sie setzt den Befehl indices ein, um die Menge von Städten aus der Tabelle zu extrahieren.

```
> indices(T);
```

$$[Rom], [Paris], [Wien], [Berlin], [Basel]$$

Da der Befehl `indices` eine Listenfolge liefert, müssen Sie zur Generierung der Menge die Befehle op und `map` benutzen.

```
> map( op, {"} );
```

$$\{Basel, Rom, Paris, Wien, Berlin\}$$

Die Prozedur `connected` besucht zuerst die erste Stadt v. Danach fügt `connected` v in die Menge von Städten, die sie bereits besucht hat, ein und die Nachbarn von v in die Menge von Städten, zu denen sie reisen kann. Solange `connected` in weitere Städte reisen kann, tut sie es. Wenn `connected` keine weiteren neue Städte hat, in die sie reisen kann, ermittelt sie, ob sie alle Städte gesehen hat.

```
> connected := proc( T::table )
>    local canvisit, seen, v, V;
>    V := map( op, { indices(T) } );
>    seen := {};
>    canvisit := { V[1] };
>    while canvisit <> {} do
>       v := canvisit[1];
>       seen := seen union {v};
>       canvisit := ( canvisit union T[v] ) minus seen;
>    od;
>    evalb( seen = V );
> end:
> connected(T);
```

$$true$$

Sie können die Städte Montreal, Toronto und Waterloo und die sie verbindende Straße hinzufügen.

```
> T[Waterloo] := {Toronto};
```

$$T_{Waterloo} := \{Toronto\}$$

```
> T[Toronto] := {Waterloo, Montreal};
```

$$T_{Toronto} := \{Montreal, Waterloo\}$$

```
> T[Montreal] := {Toronto};
```

$$T_{Montreal} := \{Toronto\}$$

Nun können Sie nicht mehr zwischen zwei beliebigen Städten reisen; Sie können zum Beispiel nicht von Paris nach Waterloo reisen.

```
> connected(T);
```

false

Übungen

1. Das obige System von Städten und Straßen spaltet sich natürlich in zwei Komponenten: die kanadischen Städte und die sie verbindenden Straßen und die europäischen Städte und die sie verbindenden Straßen. In jeder Komponente können Sie zwischen zwei beliebigen Städten reisen, aber Sie können nicht zwischen den zwei Komponenten reisen. Schreiben Sie eine Prozedur, die für eine gegebene Tabelle von Nachbarn das System in solche Komponenten spaltet. Sie sollten vielleicht über die Form des zurückzuliefernden Ergebnisses nachdenken.

2. Die obige Prozedur `connected` kann eine leere Tabelle von Nachbarn nicht bearbeiten.

```
> connected( table() );

Error, (in connected) invalid subscript selector
```

Korrigieren Sie diesen Mangel.

Die Bedeutung dieses Beispiels besteht nicht darin, Sie über Netzwerke zu unterrichten, sondern hervorzuheben, wie die Wahl geeigneter Datenstrukturen Ihnen ermöglicht, eine effiziente und kurze Version der Prozedur `connected` zu erstellen. Mengen und Tabellen waren hier die beste Wahl. Für ein Problem, das Sie in Angriff nehmen möchten, kann die beste Wahl sehr verschieden sein. Nehmen Sie sich Zeit zum Überlegen, welche Strukturen Ihren Bedürfnissen am besten entsprechen, bevor Sie Programmtext zur Durchführung einer Aufgabe schreiben. Ein guter Programmentwurf beginnt mit der Auswahl der Strukturen und Methoden, welche die Daten und Aufgaben wiederspiegeln.

2.5 Merktabellen

Manchmal werden Prozeduren so entworfen, daß sie wiederholt mit den gleichen Argumenten aufgerufen werden. Maple muß jedesmal die Antwort neu berechnen, es sei denn, Sie nutzen Maples Konzept der *Merktabellen*.

Jede Maple-Prozedur kann eine Merktabelle enthalten. Merktabellen haben den Zweck, die Effizienz einer Prozedur durch Speicherung vorheriger Ergebnisse zu erhöhen. Maple kann die Ergebnisse aus der Tabelle zurückladen, anstatt sie neu zu berechnen.

Eine Merktabelle benutzt die Folge der aktuellen Parameter der Prozeduraufrufe als Tabellenindex und die Ergebnisse der Prozeduraufrufe als

Tabellenwerte. Wenn Sie eine Prozedur, die eine Merktabelle hat, aufrufen, durchsucht Maple die Tabelle nach einem Index, der die Folge der aktuellen Parameter ist. Falls solch ein Index gefunden wird, liefert Maple den zugehörigen Wert in der Tabelle als Ergebnis des Prozeduraufrufs zurück, ansonsten führt es den Prozedurrumpf aus.

Maple-Tabellen sind Hashtabellen, so daß das Auffinden früher berechneter Ergebnisse sehr schnell ist. Der Zweck der Merktabellen ist es, vom schnellen Nachschlagen in der Tabelle Gebrauch zu machen, um das erneute Berechnen von Ergebnissen zu vermeiden. Da Merktabellen groß werden können, sind sie am nützlichsten, wenn Prozeduren das gleiche Ergebnis häufig benötigen und wenn das erneute Berechnen der Ergebnisse kostenintensiv ist.

Die Option remember

Benutzen Sie die Option remember, um Maple anzuweisen, daß es das Ergebnis eines Prozeduraufrufs in einer Merktabelle speichern soll. Die Prozedur Fibonacci aus dem Abschnitt *Der Befehl* RETURN auf Seite 22 ist ein Beispiel einer rekursiven Prozedur mit der Option remember.

```
> Fibonacci := proc(n::nonnegint)
>    option remember;
>    if n<2 then RETURN(n) fi;
>    Fibonacci(n-1) + Fibonacci(n-2);
> end:
```

Rekursive Prozeduren auf Seite 21 zeigt, daß die Prozedur Fibonacci ohne die Option remember sehr langsam ist, da sie die niedrigeren Fibonacci-Zahlen sehr oft berechnen muß.

Wenn Sie Fibonacci auffordern, die dritte Fibonacci-Zahl zu berechnen, fügt sie vier Einträge in ihre Merktabelle ein. Die Merktabelle ist der vierte Operand einer Prozedur.

```
> Fibonacci(3);
```

$$2$$

```
> op(4, eval(Fibonacci));
```

$$\text{table([}$$
$$3 = 2$$
$$0 = 0$$
$$1 = 1$$
$$2 = 1$$
$$\text{])}$$

Explizites Hinzufügen von Einträgen

Sie können Einträge in Merktabellen von Prozeduren auch selbst definieren.
Verwenden Sie dafür folgende Syntax.

$$f(x) := Ergebnis:$$

Es folgt eine weitere Prozedur zur Generierung der Fibonacci-Zahlen.
Die Prozedur fib benutzt zwei Einträge in ihrer Merktabelle an der Stelle,
wo Fibonacci eine if-Anweisung verwendet.

```
> fib := proc(n::nonnegint)
>    option remember;
>    fib(n-1) + fib(n-2);
> end:
> fib(0) := 0:
> fib(1) := 1:
```

Einträge in die Merktabelle müssen Sie *nach dem* Erzeugen der Prozedur
einfügen. Die Anweisung option remember erzeugt die Merktabelle *nicht*,
sondern fordert Maple auf, automatisch Einträge in die Tabelle *einzufügen*.
Die Prozedur arbeitet auch ohne diese Option, aber weniger effizient.

Sie könnten sogar eine Prozedur schreiben, die aussucht, welche Werte
in ihre Merktabelle eingefügt werden sollen. Die nächste Version von fib
fügt nur Einträge in ihre Merktabelle ein, falls Sie sie mit einem ungeraden
Argument aufrufen.

```
> fib := proc(n::nonnegint)
>    if type(n,odd) then
>        fib(n) := fib(n-1) + fib(n-2);
>    else
>        fib(n-1) + fib(n-2);
>    fi;
> end:
> fib(0) := 0:
> fib(1) := 1:
> fib(9);
```

$$34$$

```
> op(4, eval(fib));
```

$$table([$$
$$3 = 2$$
$$7 = 13$$
$$0 = 0$$

$$1 = 1$$
$$5 = 5$$
$$9 = 34$$
$$])$$

Wie in diesem Fall können Sie manchmal die Effizienz einer Prozedur bereits drastisch verbessern, indem Sie sich einige der Werte statt keinem merken.

Löschen von Einträgen aus einer Merktabelle

Die Einträge einer Merktabelle können Sie auf gleiche Weise entfernen wie bei jeder anderen Tabelle: Weisen Sie einem Tabelleneintrag seinen eigenen Namen zu. Der Befehl evaln wertet ein Objekt zu seinem Namen aus.

```
> T := op(4, eval(fib) );
```

$$T := \text{table}([$$
$$3 = 2$$
$$7 = 13$$
$$0 = 0$$
$$1 = 1$$
$$5 = 5$$
$$9 = 34$$
$$])$$

```
> T[7] := evaln( T[7] );
```

$$T_7 := T_7$$

Nun hat die Merktabelle der Prozedur fib nur fünf Einträge.

```
> op(4, eval(fib) );
```

$$\text{table}([$$
$$3 = 2$$
$$0 = 0$$
$$1 = 1$$
$$5 = 5$$
$$9 = 34$$
$$])$$

Maple kann Einträge aus Merktabellen auch automatisch entfernen. Falls Sie Ihre Prozedur mit der Option `system` versehen, kann Maple Einträge aus der Merktabelle der Prozedur löschen, wenn es eine Speicherbereinigung durchführt. Also sollten Sie in Prozeduren wie `fib`, die zur Terminierung auf Einträge in ihrer Merktabelle angewiesen sind, *niemals* die Option `system` eintragen.

Sie können die gesamte Merktabelle einer Prozedur löschen, indem Sie den vierten Operanden der Prozedur durch `NULL` ersetzen.

```
> subsop( 4=NULL, eval(Fibonacci) ):
> op(4, eval(Fibonacci));
```

Merktabellen sollten Sie nur mit Prozeduren verwenden, deren Ergebnisse ausschließlich von Parametern abhängen. Die nächste Prozedur hängt von dem Wert der Umgebungsvariable `Digits` ab.

```
> f := proc(x::constant)
>    option remember;
>    evalf(x);
> end:
> f(Pi);
```

$$3.141592654$$

Selbst wenn Sie den Wert von `Digits` verändern, bleibt `f(Pi)` unverändert, weil Maple den Wert aus der Merktabelle liest.

```
> Digits := Digits + 34;
```

$$Digits := 44$$

```
> f(Pi);
```

$$3.141592654$$

2.6 Zusammenfassung

Das gründliche Verständnis der Konzepte dieses Kapitels stattet Sie mit einer exzellenten Grundlage zum Verständnis der Sprache von Maple aus. Die Zeit, die Sie mit dem Studium dieses Kapitels verbringen, erspart Ihnen Stunden des Rätselns über triviale Probleme in Unterroutinen und Prozeduren, die sich scheinbar unvorhersehbar verhalten. Mit dem hier erhaltenen Wissen sollten Sie nun die Quelle solcher Probleme klar erkennen. Genauso wie sie es vielleicht nach Beenden des Kapitels 1 getan haben, möchten Sie dieses Buch vielleicht für eine Weile beiseite legen und das Erstellen eigener Prozeduren üben.

Kapitel 3 stellt Ihnen fortgeschrittenere Techniken der Maple-Programmierung vor. Es behandelt zum Beispiel Prozeduren, die Prozeduren zurückgeben, Prozeduren, die den Benutzer nach Eingaben fragen, und Pakete, die Sie selbst entwerfen können.

Lesen Sie die restlichen Kapitel dieses Buches in beliebiger Reihenfolge. Fühlen Sie sich frei, zu einem Kapitel überzugehen, das ein für Sie interessantes Thema behandelt – vielleicht Maples Debugger oder Programmieren mit Maples Graphik. Wenn Sie eine formalere Präsentation der Sprache von Maple wünschen, dann sehen Sie sich die Kapitel 4 und 5 an.

KAPITEL

3

Fortgeschrittenes Programmieren

Je weiter Sie beim Erlernen der Programmiersprache von Maple und beim Angehen herausfordernderer Projekte fortschreiten, entdecken Sie vielleicht, daß Sie detailliertere Informationen haben möchten. Die Themen dieses Kapitels sind fortgeschrittener als jene der vorherigen Kapitel und einige sind ohne ein tiefes Verständnis von Maples Auswertungsregeln, Gültigkeitsbereichsregeln und anderen wesentlichen Konzepten schwer nachvollziehbar.

Die ersten beiden Abschnitte dieses Kapitels beginnen, wo *Geschachtelte Prozeduren* auf Seite 50 aufgehört hat, mit Anwenden und Zurückgeben von Prozeduren innerhalb der gleichen Prozedur. Ausgerüstet mit einem Grundwissen über Maples Auswertungsregeln werden Sie entdecken, daß solche Prozeduren nicht schwer zu erstellen sind, aber daß einige Bereiche besondere Aufmerksamkeit erfordern.

Überraschenderweise können lokale Variablen noch lange nach Beenden der sie erzeugenden Prozedur existieren. Diese Eigenschaft kann besonders nützlich sein, wenn eine Prozedur eine Prozedur zurückliefern soll, aber die neue Prozedur einen eindeutigen Platz zum Speichern von Informationen benötigt. Maples Annahme-Einrichtung verwendet zum Beispiel solche Variablen. Der zweite Abschnitt erklärt und demonstriert, wie man diese effizient einsetzt.

Drei besondere Themen beenden dieses Kapitel: interaktive Eingabe, Erweiterung von Maple und Erstellen eigener Pakete. Die Interaktive Eingabe ermöglicht Ihnen das Schreiben interaktiver Prozeduren und macht diese durch Anfragen nach fehlenden Informationen beim Benutzer intuitiver. Vielleicht möchten Sie eine interaktive Übung oder einen Test schreiben. Sie sind sich bereits der Beeinflussungsmöglichkeiten bewußt, die Sie durch die Fähigkeit der Prozedurerstellung erwerben. Maple stellt außerdem einige besonders nützliche Mechanismen zur Modifikation und Erweiterung von Maples Funktionalität zur Verfügung, die über Schreiben einer vollständig separaten Befehlsgruppe hinausgehen. Der letzte Abschnitt beschreibt, wie man ein Paket von Prozeduren erstellt, das wie Maples eigene Pakete, zum Beispiel `plots` oder `linalg`, operiert. In Verbindung mit den Themen, die sie in den spezialisierten Kapiteln im Rest dieses Buches finden, werden Sie die folgenden Themen zum vollständigen Einsatz von Maple ausstatten.

3.1 Prozeduren liefern Prozeduren

Von allen Prozedurtypen, die Sie schreiben möchten, werden Prozeduren, die Prozeduren zurückliefern, wahrscheinlich den meisten Ärger verursachen. Das Erstellen dieser Prozeduren zeigt, ob Sie die in Kapitel 2 vorgestellten Auswertungs- und Gültigkeitsbereichsregeln von Maple verstehen, die Sie über Prozeduren innerhalb von Prozeduren, Maples Auswertung von Parametern, lokale und globale Varibalen gelernt haben. Sie haben zum Beispiel auch gelernt, daß eine innere Prozedur die Parameter und lokalen Variablen einer äußeren Prozedur nicht kennt.

Einige von Maples Standardbefehlen geben Prozeduren zurück. `rand` liefert zum Beispiel eine Prozedur, die zufällig gewählte ganze Zahlen aus einem spezifizierten Bereich generiert. `fsolve` liefert eine Prozedur zurück, die eine numerische Abschätzung der Lösung zu einer vorgegebenen Gleichung bestimmt.

Sie möchten vielleicht solche Eigenschaften in Ihren eigenen Programmen aufnehmen. Die Gebiete, die Ihre besondere Aufmerksamkeit erfordern, sind die Übertragung von Werten von der äußeren zur inneren Prozedur und die Verwendung von lokalen Variablen zur Speicherung der zugehörigen Informationen einer zurückgelieferten Prozedur. Dieser Abschnitt behandelt ersteres. Das letztere ist Thema des nächsten Abschnitts *Wenn lokale Variablen ihr Zuhause verlassen* auf Seite 86.

Erzeugen einer Newton-Iteration

Newtons Methode ist ein Ansatz, die Nullstellen einer Funktion zu lokalisieren. Zunächst suchen Sie einen Punkt auf der x-Achse, der Ihrer Meinung nach nah an einer Nullstelle sein könnte. Als nächstes bestimmen Sie die Steigung der Kurve im ausgewählten Punkt. Zeichnen Sie die Tangente der Kurve in diesem Punkt, und beobachten Sie, wo die Tangente die x-Achse schneidet. Für die meisten Funktionen ist dieser zweite Punkt näher an der tatsächlichen Nullstelle als Ihre ursprüngliche Wahl. Alles was Sie zur Bestimmung der Nullstelle also tun müssen, ist den neuen Punkt als neue

Vermutung zu nehmen, weitere Tangenten zu zeichnen und neue Punkte zu bestimmen. Um eine numerische Lösung für die Gleichung $f(x) = 0$ zu bestimmen, können Sie Newtons Methode anwenden.

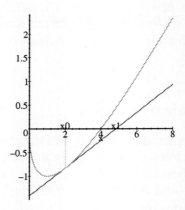

Erraten Sie eine Approximation der Lösung x_0 und verwenden Sie folgende Formel, die obigen Prozeß mathematisch beschreibt, um bessere Approximationen zu generieren.

$$x_{k+1} = x_k - \frac{f(x_k)}{f'(x_k)}$$

Diesen Algorithmus können Sie auf einem Rechner auf unterschiedliche Art und Weise implementieren. Das nächste Programm erhält eine Funktion und erzeugt eine neue Prozedur, die dann eine anfängliche Vermutung erhält und für diese spezielle Funktion die nächste Vermutung generiert. Selbstverständlich wird die neue Prozedur für andere Funktionen nicht funktionieren. Zur Bestimmung der Nullstelle einer neuen Funktion nehmen Sie MakeIteration, um eine neue Prozedur zur Erzeugung einer Vermutung zu generieren. Der Befehl unapply wandelt einen Ausdruck in eine Prozedur um.

```
> MakeIteration := proc( expr::algebraic, x::name )
>    local iteration;
>    iteration := x - expr/diff(expr, x);
>    unapply(iteration, x);
> end:
```

Testen Sie die Prozedur mit dem Ausdruck $x - 2\sqrt{x}$.

```
> expr := x - 2*sqrt(x);
```

$$expr := x - 2\sqrt{x}$$

```
> Newton := MakeIteration( expr, x);
```

$$Newton := x \to x - \frac{x - 2\sqrt{x}}{1 - \frac{1}{\sqrt{x}}}$$

Newton benötigt nur einige Iterationen, um die Lösung $x = 4$ zu finden.

```
> x0 := 2.0;
```

$$x0 := 2.0$$

```
> to 4 do x0 := Newton(x0); od;
```

$$x0 := 4.828427124$$
$$x0 := 4.032533198$$
$$x0 := 4.000065353$$
$$x0 := 4.000000000$$

Die obige Prozedur MakeIteration erwartet einen algebraischen Ausdruck als erstes Argument. Sie können auch eine Version von MakeIteration schreiben, die auf Funktionen operiert. Da die nachfolgende Prozedur MakeIteration davon ausgeht, daß der Parameter f eine Prozedur ist, müssen Sie für seine vollständige Auswertung den Befehl eval benutzen.

```
> MakeIteration := proc( f::procedure )
>    (x->x) - eval(f) / D(eval(f));
> end:
> g := x -> x - cos(x);
```

$$g := x \to x - \cos(x)$$

```
> SirIsaac := MakeIteration( g );
```

$$SirIsaac := (x \to x) - \frac{x \to x - \cos(x)}{x \to 1 + \sin(x)}$$

Beachten Sie, daß SirIsaac keine Referenzen auf den Namen g enthält; Sie können also g ändern, ohne SirIsaac zu verwerfen. Nach einigen Iterationsschritten können Sie eine gute Approximationslösung für $x - \cos(x) = 0$ finden.

```
> x0 := 1.0;
```

$$x0 := 1.0$$

```
> to 4 do x0 := SirIsaac(x0) od;
```

$$x0 := .7503638679$$

$$x0 := .7391128909$$
$$x0 := .7390851334$$
$$x0 := .7390851332$$

Ein Verschiebungsoperator

Betrachten Sie das Problem einer Prozedur, die eine Funktion f als Eingabe erhält und eine Funktion g liefert, so daß $g(x) = f(x+1)$ gilt. Sie könnten versuchen, solch eine Prozedur in der folgenden Weise zu schreiben.

```
> shift := (f::procedure) -> ( x->f(x+1) ):
```

Diese Version funktioniert aber nicht.

```
> shift(sin);
```

$$x \rightarrow f(x+1)$$

In der inneren Prozedur x->f(x+1) weisen Sie f keinen Wert zu, also entscheidet Maple, daß f eine globale Variable und nicht der Parameter f in shift ist. Der Parameter f der äußeren Prozedur ist innerhalb der inneren Prozedur unbekannt.

Sie können leicht eine Prozedur shift schreiben, die den Befehl unapply verwendet, wie dies der Abschnitt *Anwenden des Befehls* unapply auf Seite 53 zeigt.

```
> shift := proc(f::procedure)
>    local x;
>    unapply( f(x+1), x );
> end:
> shift(sin);
```

$$x \rightarrow \sin(x+1)$$

Die obige Version von shift arbeitet mit univariaten Funktionen, aber nicht mit Funktionen in zwei oder mehr Variablen.

```
> h := (x,y) -> x*y;
```

$$h := (x, y) \rightarrow x\,y$$

```
> shift(h);
```

```
Error, (in h) h uses a 2nd argument, y,
which is missing
```

Wenn shift mit multivariaten Funktionen arbeiten soll, können Sie den Befehl unapply in keiner offensichtlichen Art und Weise verwenden, da Sie nicht wissen können, wie viele Parameter f hat. Sie können aber eine Prozedur `shift` schreiben, die die Substitution verwendet. In einer Prozedur ist `args` die Folge der aktuellen Parameter und `args[2..-1]` die Folge der aktuellen Parameter außer dem ersten; siehe den Abschnitt *Auswahloperation* auf Seite 158. Daraus folgt, daß die Prozedur `x->F(x+1,args[2..-1])` all ihre Argumente mit Ausnahme des ersten direkt an F übergibt.

```
> shift := proc( f::procedure )
>    global F;
>    subs( 'F'=f, x -> F(x+1, args[2..-1]) );
> end:
> shift(sin);
```

$$x \rightarrow \sin(x + 1, \text{args}_{2..-1})$$

```
> hh := shift(h);
```

$$hh := x \rightarrow \mathrm{h}(x + 1, \text{args}_{2..-1})$$

```
> hh(x,y);
```

$$(x + 1)\, y$$

Die Funktion hh ist von h abhängig. Falls Sie h ändern, ändern Sie implizit hh.

```
> h := (x,y,z) -> y*z^2/x;
```

$$h := (x, y, z) \rightarrow \frac{y\, z^2}{x}$$

```
> hh(x,y,z);
```

$$\frac{y\, z^2}{x + 1}$$

Die Wahl dieses Verhaltens ist eine Entwurfsentscheidung. Wenn Sie die von `shift` zurückgelieferte Prozedur bevorzugen, um unabhängig von Änderungen der Eingabeprozedur zu sein, ersetzen Sie F durch die Prozedur `eval(f)` anstelle des Namens f.

```
> shift := proc( f::procedure )
>    global F;
>    subs( 'F'=eval(f), x -> F(x+1, args[2..-1]) );
> end:
> H := shift(h);
```

$$H := x \rightarrow ((x, y, z) \rightarrow \frac{y\, z^2}{x})(x + 1, \text{args}_{2..-1})$$

```
> h := 45;
```

$$h := 45$$

```
> H(x,y,z);
```

$$\frac{y\,z^2}{x+1}$$

Kapitel 2 stellte bereits die Anwendung der Befehle unapply oder subs zur Substitution eines Namens oder eines Wertes durch eine Prozedur vor, aber Sie werden sie besonders dann hilfreich finden, wenn Sie Prozeduren zurückliefern.

Übung

1. Alle vorherigen shift-Prozeduren verschieben die erste Variable der Eingabefunktion. Schreiben Sie eine Version von shift, die die n-te Variable der Eingabefunktion verschiebt; wählen Sie n als zweiten Parameter von shift.

3.2 Wenn lokale Variablen ihr Zuhause verlassen

Lokal oder global? auf Seite 51 stellt fest, daß lokale Variablen nicht nur in einer Prozedur lokal sind, sondern auch in einem Aufruf dieser Prozedur. Einfach gesagt erzeugt und verwendet das Aufrufen einer Prozedur jedesmal neue lokale Variablen. Wenn Sie die gleiche Prozedur zweimal aufrufen, sind die lokalen Variablen des zweiten Aufrufs von jenen des ersten Aufrufs verschieden.

Es könnte Sie überraschen, daß die lokalen Variablen nicht notwendigerweise verschwinden, wenn die Prozedur beendet ist. Sie können Prozeduren schreiben, die eine lokale Variable explizit oder implizit an die interaktive Sitzung zuückgeben, wo sie unbeschränkt überleben könnte. Sie finden diese losgelösten lokalen Variablen vielleicht verwirrend, insbesondere da sie den gleichen Namen wie einige globale Variablen haben können oder sogar wie andere lokale Variablen, die durch eine andere Prozedur oder einen weiteren Aufruf der gleichen Prozedur erzeugt wurden. Sie können tatsächlich so viele verschiedene Variablen mit dem gleichen Namen erzeugen, wie Sie wünschen.

Die nächste Prozedur erzeugt eine neue lokale Variable a und liefert dann diese neue Variable zurück.

```
> make_a := proc()
>        local a;
>        a;
> end;
```

$$make\_a := \textbf{proc}()\ \textbf{local}\ a;\ a\ \textbf{end}$$

Da eine Menge in Maple *eindeutige* Elemente enthält, können Sie leicht überprüfen, daß jedes von `make_a` zurückgelieferte a eindeutig ist.

```
> test := { a, a, a };
```

$$test := \{a\}$$

```
> test := test union { make_a() };
```

$$test := \{a, a\}$$

```
> test := test union { 'make_a'()$5 };
```

$$test := \{a, a, a, a, a, a, a\}$$

Offensichtlich identifiziert Maple Variablen durch mehr als nur ihre Namen.

Erinnern Sie sich, daß Maple den Namen, den sie in einer interaktiven Sitzung eingeben, als *globale* Variable interpretiert, unabhängig davon, wie viele Variablen Sie mit dem gleichen Namen erzeugen. Sie können das globale a in der obigen Menge `test` leicht finden.

```
> seq( evalb(i=a), i=test);
```

$$true, false, false, false, false, false, false$$

Sie können lokale Variablen verwenden, um Maple zu veranlassen, etwas auszugeben, das es gewöhnlicherweise nicht anzeigen könnte. Die obige Menge `test` ist ein Beispiel. Ein weiteres Beispiel sind Ausdrücke, die Maple gewöhnlich automatisch vereinfachen würde. Maple vereinfacht zum Beispiel automatisch den Ausdruck $a+a$ zu $2a$, so daß es nicht einfach ist, die Gleichung $a + a = 2a$ anzuzeigen. Mit Hilfe der obigen Prozedur `make_a` können Sie die Illusion erzeugen, daß Ihnen Maple diese Schritte zeigt.

```
> a + make_a() = 2*a;
```

$$a + a = 2\,a$$

Für Maple sind diese beiden Variablen verschieden, auch wenn sie den gleichen Namen teilen.

Es ist nicht einfach, solchen Ausbrechern einen Wert zuzuweisen. Sooft Sie einen Namen in einer interaktiven Sitzung eingeben, geht Maple davon aus, daß Sie die globale Variable mit diesem Namen meinen. Während Sie das davon abhält, die *Zuweisungsanweisung* zu benutzen, hindert es Sie nicht daran, den *Zuweisungsbefehl* zu verwenden. Der Trick besteht darin, einen Maple-Ausdruck zu schreiben, der die gewünschte Variable extrahiert. Sie können zum Beispiel in der obigen Gleichung das lokale a extrahieren, indem Sie das globale a aus der linken Seite der Gleichung entfernen.

```
> eqn := ";
```

$$eqn := a + a = 2a$$

```
> another_a := remove( x->evalb(x=a), lhs(eqn) );
```

$$another\_a := a$$

Danach können Sie dieser extrahierten Variablen den globalen Namen a zuweisen und so die Gleichung verifizieren.

```
> assign(another_a = a);
> eqn;
```

$$2a = 2a$$

```
> evalb(");
```

$$true$$

Sollte Ihr Ausdruck komplizierter sein, brauchen Sie einen ausgefalleneren Befehl zur Extraktion der gewünschten Variablen.

Vielleicht sind Sie dieser Situation, ohne es zu erkennen, schon begegnet, als Sie die Annahme-Einrichtung verwendet haben und eine Annahme löschen wollten. Die Möglichkeit zum Setzen von Annahmen setzt verschiedene Definitionen über die spezifizierte Variable mit dem Ergebnis, daß der Name anschließend als ein *lokaler* Name mit einer angehängten Tilde erscheint. Maple versteht ihn nicht, wenn Sie den Namen mit der Tilde eingeben, weil keine Beziehung zu dem *globalen* Variablennamen existiert, der eine Tilde enthält.

```
> assume(b>0);
> x := b + 1;
```

$$x := b\tilde{} + 1$$

```
> subs( 'b~'=c, x);
```

$$b\tilde{} + 1$$

Wenn Sie die Definition der belegten Variablen löschen, ist die Assoziation zwischen dem Namen und dem lokalen Namen mit Tilde verloren, aber Ausdrücke, die mit dem lokalen Namen erzeugt wurden, enthalten die Definition immer noch.

```
> b := evaln(b);
```

$$b := b$$

```
> x;
```

$$b\tilde{} + 1$$

Falls Sie später Ihren Ausdruck wiederverwenden möchten, müssen Sie entweder eine Substitution vor Löschen der Annahme durchführen oder einige umständliche Manipulationen Ihrer Ausdrücke ähnlich der obigen Gleichung eqn.

Erzeugen des kartesischen Produktes von Mengen

Ein wichtige Anwendung der Rückgabe lokaler Objekte entsteht, wenn das zurückgelieferte Objekt eine Prozedur ist. Wenn Sie eine Prozedur schreiben, die eine Prozedur liefert, werden Sie es häufig handlich finden, zusätzlich eine Variable zu erzeugen, die Informationen enthält, die nur mit der zurückgegebenen Prozedur Bezug haben. Da die zurückgelieferte Prozedur spezifisch zu den Argumenten des sie erzeugenden Befehls ist, muß die Variable von der zurückgelieferten Prozedur abhängig sein.

Das nächste Programm verwendet diese Idee. Wenn Sie der Prozedur eine Folge von Mengen übergeben, konstruiert Sie eine neue Prozedur. Die neue Prozedur liefert bei jedem Aufruf den nächsten Term des kartesischen Produktes. Maple erzeugt die lokalen Variablen zusammen mit der Prozedur, so daß es laufend weiß, welcher Term als nächstes zurückgeliefert werden muß. Die Prozedur muß wissen, welche lokalen Variablen deren Informationen speichern, und so setzt Maple die lokalen Variablen genau vor Rückgabe der Prozedur in die neue Prozedur mit Hilfe der Methoden ein, die der Abschnitt *Anwenden der Substitution* auf Seite 54 vorstellt.

Das *kartesische Produkt* einer Folge von Mengen ist die Menge aller Listen, deren i-te Eintrag ein Element der i-ten Menge ist. Also ist das kartesische Produkt von $\{\alpha, \beta, \gamma\}$ und $\{x, y\}$

$$\{\alpha, \beta, \gamma\} \times \{x, y\} = \{[\alpha, x], [\beta, x], [\gamma, x], [\alpha, y], [\beta, y], [\gamma, y]\}.$$

Die Anzahl der Elemente des kartesischen Produkts einer Folge von Mengen wächst sehr schnell, wenn die Folge länger oder die Mengen größer werden. Es erfordert deswegen eine große Menge an Speicher, um alle Elemente des kartesischen Produktes zu speichern. Eine Möglichkeit, dies zu vermeiden, ist das Erstellen einer Prozedur, die bei jedem Aufruf ein neues Element des kartesischen Produktes liefert. Durch wiederholten Aufruf dieser Prozedur, können Sie alle Elemente des kartesischen Produktes bearbeiten, ohne jemals alle Elemente gleichzeitig zu speichern.

Die nachfolgende Prozedur liefert das nächste Element des kartesischen Produktes der Liste s von Mengen. Sie benutzt ein Feld c von Zählern, um mitzuführen, welches Element als nächstes kommt. c[1]=3 und c[2]=1 entsprechen zum Beispiel dem dritten Element der ersten Menge und dem ersten Element der zweiten Menge.

```
> s := [ {alpha, beta, gamma}, {x, y} ];
```

$$s := [\{\gamma, \alpha, \beta\}, \{x, y\}]$$

```
> c := array( 1..2, [3, 1] );
```

$$c := [3, 1]$$

```
> [ seq( s[j][c[j]], j=1..2 ) ];
```

$$[\beta, x]$$

Bevor Sie die Prozedur `element` aufrufen, müssen Sie alle Zähler auf 1 initialisieren, mit Ausnahme des ersten, der 0 sein sollte.

```
> c := array( [0, 1] );
```

$$c := [0, 1]$$

In der nächsten Prozedur `element` ist `nops(s)` die Anzahl der Mengen und `nops(s[i])` die Anzahl der Elemente der i-ten Menge. Wenn Sie alle Elemente gesehen haben, initialisiert die Prozedur das Feld von Zählern neu und liefert `FAIL`. Deswegen können Sie durch erneuten Aufruf von `element` durch das kartesische Produkt erneut durchlaufen.

```
> element := proc(s::list(set), c::array(1, nonnegint))
>     local i, j;
>     for i to nops(s) do
>         c[i] := c[i] + 1;
>         if c[i] <= nops( s[i] ) then
>             RETURN( [ seq(s[j][c[j]], j=1..nops(s)) ] );
>         fi;
>         c[i] := 1;
>     od;
>     c[1] := 0;
>     FAIL;
> end:
```

```
> element(s, c); element(s, c); element(s, c);
```

$$[\gamma, x]$$
$$[\alpha, x]$$
$$[\beta, x]$$

```
> element(s, c); element(s, c); element(s, c);
```

$$[\gamma, y]$$
$$[\alpha, y]$$
$$[\beta, y]$$

```
> element(s, c);
```

FAIL

Anstatt eine neue Prozedur für jedes kartesische Produkt zu schreiben, das Sie untersuchen wollen, können Sie eine Prozedur namens CartesianProduct schreiben, die solch eine Prozedur erzeugt. CartesianProduct erzeugt nachfolgend zunächst eine Liste s ihrer Argumente, die alle eine Menge sein sollten. Danach initialisiert sie das Feld c von Zählern und definiert die Unterprozedur element. Zuletzt wendet CartesianProduct die im Abschnitt *Anwenden der Substitution* auf Seite 54 beschriebene Substitutionsmethode an, um die Prozedur zu erzeugen, die sie zurückliefert. Da die Prozedur element den Zähler c modifiziert, müssen Sie sicherstellen, daß Sie den Namen von c und nicht etwa seinen Wert durch die von CartesianProduct zurückgelieferte Prozedur ersetzen.

```
> CartesianProduct := proc()
>     local s, c, element;
>     global S, C, ELEMENT;
>     s := [args];
>     if not type(s, list(set)) then
>         ERROR( 'Eine Folge von Mengen erwartet, erhalten',
>                 args );
>     fi;
>     c := array( [0, 1$(nops(s)-1)] );
>
>     element := proc(s::list(set), c::array(1, nonnegint))
>         local i, j;
>         for i to nops(s) do
>             c[i] := c[i] + 1;
>             if c[i] <= nops( s[i] ) then
>                 RETURN( [ seq(s[j][c[j]], j=1..nops(s)) ] );
>             fi;
>             c[i] := 1;
>         od;
>         c[1] := 0;
>         FAIL;
>     end;
>
>     subs( 'S'=s, 'C'=evaln(c), 'ELEMENT'=element,
>         proc()
>             ELEMENT(S, C);
>         end );
> end:
```

Sie können erneut alle sechs Elemente von $\{\alpha, \beta, \gamma\} \times \{x, y\}$ bestimmen.

```
> f := CartesianProduct( {alpha, beta, gamma}, {x,y} );
```

$$f := \mathbf{proc}() \, element([\{\gamma, \alpha, \beta\}, \{x, y\}], c) \, \mathbf{end}$$

```
> to 7 do f() od;
```

$$[\gamma, x]$$
$$[\alpha, x]$$
$$[\beta, x]$$
$$[\gamma, y]$$
$$[\alpha, y]$$
$$[\beta, y]$$
$$FAIL$$

Sie können `CartesianProduct` einsetzen, um verschiedene Produkte gleichzeitig zu untersuchen.

```
> g := CartesianProduct( {x, y}, {N, Z, R},
>                        {56, 23, 68, 92} );
```

$$g := \mathbf{proc}() \, element([\{x, y\}, \{N, R, Z\}, \{23, 56, 68, 92\}], c) \, \mathbf{end}$$

Die folgenden sind die ersten wenigen Elementen von $\{x, y\} \times \{NZR\} \times \{56, 23, 68, 92\}$.

```
> to 5 do g() od;
```

$$[x, N, 23]$$
$$[y, N, 23]$$
$$[x, R, 23]$$
$$[y, R, 23]$$
$$[x, Z, 23]$$

Obwohl beide Variablen s in f und g lokale Variablen in `CartesianProduct` sind, sind sie lokal in verschiedenen *Aufrufen* von `CartesianProduct` und somit verschieden. Ähnlich sind die Variablen c in f und g verschieden. Durch weitere Aufrufe von f und g können Sie sehen, daß die zwei Felder von Zählern verschieden sind.

```
> to 5 do f(), g() od;
```

$$[\gamma, x], [y, Z, 23]$$
$$[\alpha, x], [x, N, 56]$$
$$[\beta, x], [y, N, 56]$$
$$[\gamma, y], [x, R, 56]$$

$$[\alpha, y], [y, R, 56]$$

Die Prozedur `element` in g ist auch lokal in `CartesianProduct`. Daher können Sie den Wert der globalen Variablen `element` verändern, ohne g zu zerstören.

```
> element := 45;
```

$$element := 45$$

```
> g();
```

$$[x, Z, 56]$$

Da die von `CartesianProduct` generierten Prozeduren nur `element` aufrufen, sind Sie vielleicht versucht, direkt durch `Elements` zu substituieren.

```
> CartesianProduct2 := proc()
>     local s, c, element;
>     global S, C, ELEMENT;
>     s := [args];
>     if not type(s, list(set)) then
>        ERROR( 'Eine Folge von Mengen erwartet, aber erhalten',
>               args );
>     fi;
>     c := array( [0, 1$(nops(s)-1)] );
>     subs( 'S'=s, 'C'='c',
>        proc()
>           local i, j;
>           for i to nops(S) do
>              C[i] := C[i] + 1;
>              if C[i] <= nops(S[i]) then
>                 RETURN( [ seq( S[j][C[j]], j=1..nops(S) ) ] );
>              fi;
>              C[i] := 1;
>           od;
>           C[1] := 0;
>           FAIL;
>        end );
> end:
```

```
Warning, 'C' is implicitly declared local
```

Diese Version von `CartesianProduct` funktioniert jedoch nicht.

```
> f := CartesianProduct2( {alpha, beta, gamma}, {x, y} );
```

$f := \mathbf{proc}()$

  $\mathbf{local}\ i, j, c;$

    $\mathbf{for}\ i\ \mathbf{to}\ \text{nops}([\{\gamma, \alpha, \beta\}, \{x, y\}])\ \mathbf{do}$

      $c_i := c_i + 1;$

      $\mathbf{if}\ c_i \leq \text{nops}([\{\gamma, \alpha, \beta\}, \{x, y\}]_i)\ \mathbf{then}\ \text{RETURN}($

        $[\text{seq}([\{\gamma, \alpha, \beta\}, \{x, y\}]_{j_{c_j}}, j = 1..\text{nops}([\{\gamma, \alpha, \beta\}, \{x, y\}]))])$

      $\mathbf{fi};$

      $c_i := 1$

    $\mathbf{od};$

    $c_1 := 0;$

    $FAIL$

  $\mathbf{end}$

Da f c einen Wert zuweist, deklariert Maple c als lokale Variable von f, so daß c in f verschieden von dem c in `CartesianProduct2` ist.

Diese Beispiele demonstrieren nicht nur, daß lokale Variablen den Grenzen der sie erzeugenden Prozeduren entgehen können, sondern daß dieser Mechanismus Ihnen das Schreiben von Prozeduren ermöglicht, die spezialisierte Prozeduren erzeugen. Einige von Maples eigenen Befehlen, wie zum Beispiel `rand` und `fsolve`, verwenden ähnliche Mechanismen.

Übungen

1. Die von `CartesianProduct` generierte Prozedur funktioniert nicht, falls eine der Mengen leer ist.

   ```
   > f := CartesianProduct( {}, {x,y} );
   ```

   $$f := \mathbf{proc}()\ \text{element}([\{\}, \{x, y\}], c)\ \mathbf{end}$$

   ```
   > f();
   ```

   ```
   Error, (in element) invalid subscript selector
   ```

   Verbessern Sie die Typüberprüfung in `CartesianProduct`, so daß sie in jedem dieser Fälle eine informative Fehlermeldung generiert.

2. Eine *Partition* einer positiven ganzen Zahl *n* ist eine Liste von positiven ganzen Zahlen, deren Summe *n* ist. Die gleiche ganze Zahl kann mehrere Male in der Partition vorkommen, aber die Reihenfolge der ganzen

Zahlen in der Partition ist irrelevant. Also sind alle folgenden Listen Partitionen von 5:

$$[1, 1, 1, 1, 1], [1, 1, 1, 2], [1, 1, 3], [1, 4], [5].$$

Schreiben Sie eine Prozedur, die eine Prozedur generiert, die bei jedem ihrer Aufrufe eine neue Partition von n generiert.

3.3 Interaktive Eingabe

Normalerweise übergeben Sie Maple-Prozeduren die Eingabe als Parameter. Manchmal möchten Sie jedoch eine Prozedur schreiben, die den Benutzer direkt nach einer Eingabe fragt. Sie könnten zum Beispiel eine Prozedur schreiben, die Studenten auf ein Thema drillt. Die Prozedur könnte zufällige Probleme generieren und die Antworten der Studenten überprüfen. Die Eingabe könnte der Wert eines bestimmten Parameters oder die Antwort zu einer Frage sein, zum Beispiel, ob ein Parameter positiv ist oder nicht. Die zwei Befehle zum Einlesen einer Eingabe von der Tastatur sind in Maple die Befehle `readline` und `readstat`.

Lesen von Zeichenketten von der Tastatur

Der Befehl `readline` liest eine Textzeile aus einer Datei oder von der Tastatur. Den Befehl `readline` können Sie folgendermaßen verwenden:

```
readline( Dateiname )
```

Falls *Dateiname* die spezielle Zeichenkette `terminal` ist, liest `readline` eine Zeile Text von der Tastatur. `readline` gibt den Text als Zeichenkette zurück.

```
> s := readline( terminal );
```

Waterloo Maple, Inc.

$$s := Waterloo\ Maple,\ Inc.$$

Hier ist eine einfache Anwendung, die den Benutzer zur Antwort auf eine Frage auffordert.

```
> DetermineSign := proc(a::algebraic) local s;
>    printf('Ist das Vorzeichen von %a positiv?  Ja oder Nein: ',a);
>    s := readline(terminal);
>    evalb( s='Ja' or s = 'ja' );
```

```
> end:

> DetermineSign(u-1);

Ist das Vorzeichen von u-1 positiv?  Ja oder Nein: Ja
```

$$true$$

Der Abschnitt *Lesen von Textzeilen aus einer Datei* auf Seite 358 gibt weitere Details zu dem Befehl `readline`.

Lesen von Ausdrücken von der Tastatur

Vielleicht möchten Sie Prozeduren schreiben, die den Benutzer auffordern, einen Ausdruck statt einer Zeichenkette einzugeben. Der Befehl `readstat` liest einen Ausdruck von der Tastatur.

```
readstat( Aufforderung )
```

Aufforderung ist eine optionale Zeichenkette.

```
> readstat('Geben Sie den Grad an: ');

Geben Sie den Grad an: n-1;
```

$$n - 1$$

Beachten Sie, daß der Befehl `readstat` auf einen abschließenden Strichpunkt (oder Doppelpunkt) besteht. Anders als der Befehl `readline`, der nur eine Zeile liest, arbeitet der Befehl `readstat` wie der Rest von Maple: Er erlaubt Ihnen, einen großen Ausdruck über mehrere Zeilen zu verteilen. Ein weiterer Vorteil des Befehls `readstat` ist, daß er den Benutzer automatisch erneut zu einer Eingabe auffordert, falls der Benutzer einen Fehler in der Eingabe gemacht hat, und ihm so eine Möglichkeit zur Korrektur des Fehlers gibt.

```
> readstat('Geben Sie eine Zahl ein: ');

Geben Sie eine Zahl ein: 5^^8;
syntax error, '^' unexpected:
5^^8;
   ^

Geben Sie eine Zahl ein: 5^8;
```

$$390625$$

Es folgt eine Anwendung des Befehls `readstat` zur Implementierung einer Benutzerschnittstelle für den Befehl `limit`. Die Idee ist folgende: Gegeben sei eine Funktion $f(x)$ mit x als Variable, falls nur eine Variable vorkommt; ansonsten fragen Sie den Benutzer, welches die Variable ist, und fragen Sie ihn auch nach der Grenzstelle.

```
> GetLimitInput := proc(f::algebraic)
>    local x, a, I;
>    # Waehlen Sie alle Variablen in f.
>    I := select(type, indets(f), name);
>
>    if nops(I) = 1 then
>        x := I[1];
>    else
>            x := readstat('Grenzwertvariable eingeben: ');
>            while not type(x, name) do
>                printf('Variable benoetigt, erhalten %a\n', x);
>                x := readstat('Grenzwertvariable erneut eingeben: ');
>            od;
>    fi;
>    a := readstat('Geben Sie die Grenzstelle ein: ');
>    x = a;
> end:
```

Der Ausdruck $\sin(x)/x$ ist nur von einer Variablen abhängig, also fragt GetLimitInput nicht nach einer Variablen für die Grenzwertberechnung.

```
> GetLimitInput( sin(x)/x );
```

Geben Sie die Grenzstelle ein: 0;

$$x = 0$$

Im folgenden versucht der Benutzer, die Zahl 1 als Grenzwertvariable einzugeben. Da 1 kein Name ist, fragt GetLimitInput nach einer anderen Variablen.

```
> GetLimitInput( exp(u*x) );
```

Grenzwertvariable eingeben: 1;
Variable benoetigt, erhalten 1
Grenzwertvariable erneut eingeben: x;
Geben Sie die Grenzstelle ein: infinity;

$$x = \infty$$

Sie können zu readstat eine Anzahl von Optionen angeben; siehe Abschnitt *Lesen von Maple-Anweisungen* auf Seite 362.

Konvertieren von Zeichenketten in Ausdrücke

Manchmal benötigen Sie mehr Kontrolle über die Art und den Zeitpunkt, wie und wann Maple die Benutzereingabe Ihrer Prozedur auswertet, als der

Befehl readstat erlaubt. In solchen Fällen können Sie den Befehl readline einsetzen, um die Eingabe als eine Zeichenkette einzulesen, und den Befehl parse, um die Zeichenkette in einen Ausdruck zu konvertieren. Die Zeichenkette muß einen vollständigen Ausdruck darstellen.

```
> s := 'a*x^2 + 1';
```

$$s := a*x\hat{}2 + 1$$

```
> y := parse( s );
```

$$y := a\,x^2 + 1$$

Wenn Sie die Zeichenkette s akzeptieren, erhalten Sie einen Ausdruck. In diesem Fall erhalten Sie eine Summe.

```
> type(s, string), type(y, '+');
```

$$true,\ true$$

Der Befehl parse wertet den zurückgelieferten Ausdruck nicht aus. Zur expliziten Auswertung des Ausdrucks müssen Sie eval benutzen. Auf diese Weise können Sie kontrollieren, wann und inwieweit Maple den Ausdruck auswertet. Nachfolgend wertet Maple die Variable a nicht zu ihrem Wert 2 aus, bis Sie den Befehl eval explizit verwenden.

```
> a := 2;
```

$$a := 2$$

```
> z := parse( s );
```

$$z := a\,x^2 + 1$$

```
> eval(z, 1);
```

$$a\,x^2 + 1$$

```
> eval(z, 2);
```

$$2\,x^2 + 1$$

Siehe *Übersetzen von Maple-Ausdrücken und -Anweisungen* auf Seite 379 zu weiteren Details über den Befehl parse.

Alle in diesem Abschnitt vorgestellten Techniken sind sehr einfach, aber Sie können sie zum Erstellen umfangreicher Anwendungen wie Maple-Tutorien, Übungsprozeduren für Studenten und interaktive Aufgaben einsetzen.

3.4 Erweiterung von Maple

Auch wenn Sie es nützlich finden, Ihre eigenen Prozeduren zur Durchführung neuer Aufgaben zu schreiben, ist es manchmal am günstigsten, die Fähigkeiten von Maples eigenen Befehlen zu erweitern. Viele von Maples existierenden Befehle stellen diesen Dienst bereit. Dieser Abschnitt macht Sie mit den hilfreichsten Methoden vertraut, einschließlich dem Erzeugen eigener Typen und Operatoren, der Modifikation von Maples Anzeigemöglichkeit von Ausdrücken und der Erweiterung der Fähigkeiten solch nützlicher Befehle wie `simplify` und `expand`.

Definition neuer Typen

Wenn Sie einen kompliziert strukturierten Typ verwenden, ist es vielleicht einfacher, den strukturierten Typ einer Variablen der Form `'type/Name'` zuzuweisen. Auf diese Weise müssen Sie die Struktur nur einmal schreiben und reduzieren so die Gefahr von Fehlern. Wenn Sie die Variable `'type/Name'` definiert haben, können Sie *Name* als einen Typ verwenden.

```
> 'type/Variables' := {name, list(name), set(name)}:
> type( x, Variables );
```

$$true$$

```
> type( { x[1], x[2] }, Variables );
```

$$true$$

Falls der strukturierte Typmechanismus nicht mächtig genug ist, können Sie einen neuen Typ definieren, indem Sie einer Variablen der Form `'type/Name'` eine Prozedur zuweisen. Wenn Sie überprüfen, ob eine Ausdruck vom Typ *Name* ist, ruft Maple die Prozedur `'type/Name'` mit dem Ausdruck auf, falls solch eine Prozedur existiert. Ihre Prozedur sollte `true` oder `false` liefern. Die folgende Prozedur `'type/permutation'` bestimmt, ob *p* eine Permutation der ersten *n* positiven ganzen Zahlen ist. Das heißt, *p* sollte genau eine Kopie von jeder ganzen Zahl von 1 bis *n* enthalten.

```
> 'type/permutation' := proc(p)
>    local i;
>    type(p,list) and { op(p) } = { seq(i, i=1..nops(p)) };
> end:
> type( [1,5,2,3], permutation );
```

$$false$$

```
> type( [1,4,2,3], permutation );
```

$$true$$

Ihre Prozedur zur Typüberprüfung kann mehr als einen Parameter haben. Beim Überprüfen, ob ein Ausdruck vom Typ *Name(Parameter)* ist, ruft Maple

> 'type/*Name*'(*Ausdruck*, *Parameter*)

auf, falls solch eine Prozedur existiert. Die nächste Prozedur 'type/LINEAR' bestimmt, ob *f* ein Polynom in *V* vom Grad 1 ist.

```
> 'type/LINEAR' := proc(f, V::name)
>    type( f, polynom(anything, V) ) and degree(f, V) = 1;
> end:

> type( a*x+b, LINEAR(x) );
```

$$true$$

```
> type( x^2, LINEAR(x) );
```

$$false$$

```
> type( a, LINEAR(x) );
```

$$false$$

Übungen

1. Modifizieren Sie die Prozedur 'type/LINEAR', damit Sie sie zum Testen einsetzen können, ob ein Ausdruck linear in einer Menge von Variablen ist. Zum Beispiel ist $x + ay + 1$ linear in x und y, aber $xy + a + 1$ ist es nicht.
2. Definieren Sie den Typ POLYNOM(X), der überprüft, ob ein algebraischer Ausdruck ein Polynom in *X* ist, wobei *X* ein Name, eine Liste von Namen oder eine Menge von Namen sein kann.

Formatiertes Ausgeben und die Alias-Einrichtung

Maple zeigt mathematische Funktionen nicht immer in der gewohnten Form an. Sie können die Art, in der Maple eine Funktion *f* darstellt, durch Definition einer Prozedur der Form 'print/*f*' ändern. Maple verwendet dann 'print/*f*'(*Parameter*), um *f*(*Parameter*) anzuzeigen.

Maple benutzt zum Beispiel die Notation HankelH1(v,x) für die Hankel-Funktion, die Mathematiker üblicherweise $H_v^{(1)}(x)$ bezeichnen. Die nachfolgende Prozedur benutzt den Selektionsoperator [] für Indizes und

den multiplen Kompositionsoperator `@@` für in runden Klammern einge-
schlossene Zahlen. Sie müssen einfache Anführungszeichen verwenden, um
sicherzustellen, daß Maple `(H[v]@@1)(x)` nicht auswertet.

```
> 'print/HankelH1' := proc(v,x) '(H[v]@@1)(x)' end:
> HankelH1(u, z);
```

$$H_u{}^{(1)}(z)$$

Angenommen Sie wollen als zweites Beispiel ein Polynom
$a_n x^n + a_{n-1} x^{n-1} + \cdots + a_1 x + a_0$ mit Hilfe der Datenstruktur

```
POLYNOM( x, a_0, a_1, ..., a_n )
```

repräsentieren. Die nächste Prozedur veranlaßt Maple, Ihre Datenstruktur
POLYNOM in Maples üblicher Darstellungsart von Polynomen anzuzeigen.

```
> 'print/POLYNOM' := proc(x::name)
>     local i;
>     sort( add(args[i+2]*x^i, i=0..nargs-2), x )
> end:
> POLYNOM(x,1,y-1,2);
```

$$2\,x^2 + (y-1)\,x + 1$$

Prozeduren der Form `'print/f'` beeinflussen nur, wie Maple die Funktionen anzeigt. Sie müssen den vollen Funktionsnamen angeben, wenn Sie
sie verwenden. Die *Alias-Einrichtung* ermöglicht Ihnen die Definition von
Abkürzungen für die Ein- und Ausgabe. Wenn Sie zum Beispiel mit Bessels
J und Y Funktionen arbeiten, möchten Sie vielleicht Aliase für `BesselJ`
und `BesselY` definieren. Der Befehl `alias` liefert die Folge von Namen, die
als Aliase definiert wurden; Maple benutzt I als Alias für $\sqrt{-1}$.

```
> alias( J=BesselJ, Y=BesselY );
```

$$i, J, Y$$

Nun können Sie J für `BesselJ` eingeben.

```
> diff( J(0,x), x );
```

$$-J(1, x)$$

Sie können Aliase und formatierte Ausgabe gleichzeitig einsetzen. Wenn
Sie zum Beispiel H als Alias für `HankelH1` definieren, können Sie die erste
Hankel-Funktion als $H(v, x)$ eingeben.

```
> alias( H=HankelH1 );
```

$$i, J, Y, H$$

Die Prozedur `print/HankelH1` zeigt immer noch `HankelH1(v,x)` (oder `H(v,x)`) als $H_v^{(1)}(x)$ an.

```
> H(v,x) - J(v,x);
```

$$H_v^{(1)}(x) - \mathrm{J}(v, x)$$

```
> convert(", Bessel);
```

$$i\, \mathrm{Y}(v, x)$$

Sie können ein Alias von einem Namen löschen, indem Sie den Namen als Alias auf sich selbst definieren.

```
> alias( H=H, J=J, Y=Y );
```

$$i$$

Neutrale Operatoren

Maple kennt viele Operatoren, zum Beispiel +, *, ^, and, not und union. All diese Operatoren haben für Maple eine besondere Bedeutung: Sie repräsentieren algebraische Operatoren wie Addition oder Multiplikation, logische Operationen oder Operationen auf Mengen. Maple hat auch eine spezielle Klasse von Operatoren, die *neutralen Operatoren*, mit denen es keine Bedeutung verbindet. Stattdessen erlaubt *Ihnen* Maple, die Bedeutung jedes neutralen Operators zu definieren. Der Name eines neutralen Operators beginnt mit dem Zeichen &. Der Abschnitt *Die neutralen Operatoren* auf Seite 170 beschreibt die Namengebungskonventionen für neutrale Operatoren.

```
> 7 &% 8 &% 9;
```

$$(7\,\&\%\,8)\,\&\%\,9$$

```
> evalb( 7 &% 8 = 8 &% 7 );
```

false

```
> evalb( (7&%8)&%9 = 7&%(8&%9) );
```

false

Maple repräsentiert intern neutrale Operatoren als Prozeduraufrufe; so ist 7&%8 nur eine vorteilhafte Schreibweise für &%(7,8).

```
> &%(7, 8);
```

$$7\,\&\%\,8$$

Maple verwendet die Infixnotation nur dann, wenn Ihr neutraler Operator genau zwei Argumente hat.

```
> &%(4),  &%(5, 6), &%(7, 8, 9);
```

$$\&\%(4), 5\,\&\%\,6, \&\%(7, 8, 9)$$

Die Aktionen eines neutralen Operators können Sie durch Zuweisung einer Prozedur zu deren Namen definieren. Das nachfolgende Beispiel implementiert die Hamiltonschen Zahlen, indem sie zwei von ihnen mit einem neutralen Operator während der Zuweisung einer Prozedur multipliziert. Alles, was Sie über die Hamiltonschen Zahlen zum Verständnis des Beispiels wissen müssen, wird im nächsten Paragraphen erläutert.

Die *Hamiltonschen Zahlen* oder *Quarternionen* erweitern die komplexen Zahlen in gleicher Weise, wie die komplexen Zahlen die reellen erweitern. Jede Hamiltonsche Zahl hat die Form $a + bi + cj + dk$, wobei a, b, c und d reelle Zahlen sind. Die speziellen Symbole i, j und k erfüllen folgende Multiplikationsregeln: $i^2 = -1$, $j^2 = -1$, $k^2 = -1$, $ij = k$, $ji = -k$, $ik = -j$, $ki = j$, $jk = i$ und $kj = -i$.

Die nachfolgende Prozedur '&%' verwendet I, J und K als die drei speziellen Symbole. Deswegen sollten Sie das Alias von I löschen, damit sie nicht länger die *komplexe* imaginäre Einheit bezeichnet.

```
> alias( I=I );
```

Sie können viele Typen von Ausdrücken mit Hilfe von '&%' multiplizieren, was die Definition eines neuen Typs Hamiltonian vereinfacht, indem Sie dem Namen 'type/Hamiltonian' einen strukturierten Typ zuweisen.

```
> 'type/Hamiltonian' := { '+', '*', name, realcons,
>    specfunc(anything, '&%') };
```

$$type/Hamiltonian := \{*, +, name, \text{specfunc}(anything, \&\%), realcons\}$$

Die Prozedur '&%' multipliziert zwei Hamiltonsche Zahlen x und y. Falls entweder x oder y eine reelle Zahl oder Variable ist, ist ihr Produkt das übliche in Maple durch $*$ bezeichnete Produkt. Falls x oder y eine Summe ist, bildet '&%' das Produkt auf die Summe ab, d.h. '&%' wendet die Distributivgesetze $x(u + v) = xu + xv$ und $(u + v)x = ux + vx$ an. Falls x oder y ein Produkt ist, extrahiert '&%' alle reellen Faktoren. Sie müssen besonders darauf achten, unendliche Rekursionen zu vermeiden, wenn x oder y ein Produkt ist, das keine reellen Faktoren enthält. Wenn keine der Multiplikationsregeln anwendbar sind, liefert '&%' das Produkt unausgewertet zurück.

```
> '&%' := proc( x::Hamiltonian, y::Hamiltonian )
>    local Real, unReal, isReal;
>    isReal := z -> evalb( is(z, real) = true );
>
>    if isReal(x) or isReal(y) then
```

```
>         x * y;
>
>    elif type(x, '+') then
>        # x ist eine Summe u+v, so ist x&%y = u&%y + v&%y.
>        map('&%', x, y);
>
>    elif type(y, '+') then
>        # y ist eine Summe u+v, so ist s&%y = x&%u + x&%v.
>        map2('&%', x, y);
>
>    elif type(x, '*') then
>        # Bestimmt die reellen Faktoren von x.
>        Real := select(isReal, x);
>        unReal := remove(isReal, x);
>        # Nun ist x&%y = Real * (unReal&%y).
>        if Real=1 then
>            if type(y, '*') then
>                Real := select(isReal, y);
>                unReal := remove(isReal, y);
>                Real * ''&%''(x, unReal);
>            else
>                ''&%''(x, y);
>            fi;
>        else
>            Real * '&%'(unReal, y);
>        fi;
>
>    elif type(y, '*') then
>        # Aehnlich dem  x-Fall, aber einfacher,
>        # da x hier kein Produkt sein kann.
>        Real := select(isReal, y);
>        unReal := remove(isReal, y);
>        if Real=1 then
>            ''&%''(x, y);
>        else
>            Real * '&%'(x, unReal);
>        fi;
>
>    else
>        ''&%''(x,y);
>    fi;
> end:
```

Sie können alle speziellen Multiplikationsregeln für die Symbole *I*, *J* und *K* in die Merktabelle von '&%' eintragen. Siehe Abschnitt *Merktabellen* auf Seite 74.

```
> '&%'(I,I) := -1: '&%'(J,J) := -1: '&%'(K,K) := -1:
> '&%'(I,J) := K: '&%'(J,I) := -K:
> '&%'(I,K) := -J: '&%'(K,I) := J:
> '&%'(J,K) := I: '&%'(K,J) := -I:
```

Da `'&%'` ein neutraler Operator ist, können Sie Produkte von Hamiltonschen Zahlen mit &% als Multiplikationszeichen schreiben.

```
> (1 + 2*I + 3*J + 4*K) &% (5 + 3*I - 7*J);
```

$$20 + 41\,I + 20\,J - 3\,K$$

```
> (5 + 3*I - 7*J) &% (1 + 2*I + 3*J + 4*K);
```

$$20 - 15\,I - 4\,J + 43\,K$$

```
> 56 &% I;
```

$$56\,I$$

Nachfolgend ist a eine unbekannte Hamiltonsche Zahl, bis Sie Maple mitteilen, daß a eine unbekannte reelle Zahl ist.

```
> a &% J;
```

$$a\,\&\%\,J$$

```
> assume(a, real);
> a &% J;
```

$$\tilde{a}\,J$$

Übung

1. Die Inverse einer Hamiltonschen Zahl $a + bi + cj + dk$ ist $(a - bi - cj - dk)/(a^2 + b^2 + c^2 + d^2)$. Sie können diese Tatsache wie folgt zeigen: Angenommen a, b, c und d sind reell und definieren eine allgemeine Hamiltonsche Zahl h.

```
> assume(a, real); assume(b, real);
> assume(c, real); assume(d, real);
> h := a + b*I + c*J + d*K;
```

$$h := \tilde{a} + \tilde{b}\,I + \tilde{c}\,J + \tilde{d}\,K$$

Gemäß obiger Formel sollte folgendes die Inverse von h sein:

```
> hinv := (a-b*I-c*J-d*K) / (a^2+b^2+c^2+d^2);
```

$$hinv := \frac{\tilde{a} - \tilde{b}\,I - \tilde{c}\,J - \tilde{d}\,K}{\tilde{a}^2 + \tilde{b}^2 + \tilde{c}^2 + \tilde{d}^2}$$

Nun müssen Sie nur noch überprüfen, ob `h &% hinv` und `hinv &% h` zu 1 vereinfacht werden können.

```
> h &% hinv;
```

$$\frac{\tilde{a}\,(\tilde{a} - \tilde{b}\,I - \tilde{c}\,J - \tilde{d}\,K)}{\%1} + \frac{\tilde{b}\,(I\,\tilde{a} + \tilde{b} - \tilde{c}\,K + \tilde{d}\,J)}{\%1}$$

$$+ \frac{\tilde{c}\,(J\,\tilde{a} + \tilde{b}\,K + \tilde{c} - \tilde{d}\,I)}{\%1} + \frac{\tilde{d}\,(K\,\tilde{a} - \tilde{b}\,J + \tilde{c}\,I + \tilde{d})}{\%1}$$

$$\%1 := \tilde{a}^2 + \tilde{b}^2 + \tilde{c}^2 + \tilde{d}^2$$

```
> simplify(");
```

$$1$$

```
> hinv &% h;
```

$$\frac{\tilde{a}\,(\tilde{a} - \tilde{b}\,I - \tilde{c}\,J - \tilde{d}\,K)}{\%1} + \frac{\tilde{a}\,\tilde{b}\,I + \tilde{b}^2 + \tilde{b}\,\tilde{c}\,K - \tilde{b}\,\tilde{d}\,J}{\%1}$$

$$+ \frac{\tilde{a}\,\tilde{c}\,J - \tilde{b}\,\tilde{c}\,K + \tilde{c}^2 + \tilde{c}\,\tilde{d}\,I}{\%1}$$

$$+ \frac{\tilde{a}\,\tilde{d}\,K + \tilde{b}\,\tilde{d}\,J - \tilde{c}\,\tilde{d}\,I + \tilde{d}^2}{\%1}$$

$$\%1 := \tilde{a}^2 + \tilde{b}^2 + \tilde{c}^2 + \tilde{d}^2$$

```
> simplify(");
```

$$1$$

Schreiben Sie eine Prozedur namens '&/', die die Inverse einer Hamiltonschen Zahl berechnet. Vielleicht möchten Sie die folgenden Regeln implementieren.

```
&/( &/x ) = x,   &/(x&%y) = (&/x) &% (&/y),
         x &% (&/x) = 1 = (&/x) &% x.
```

Erweitern bestimmter Befehle

Wenn Sie Ihre eigenen Datenstrukturen einführen, weiß Maple nicht, wie sie manipuliert werden sollen. In den meisten Fällen entwerfen Sie neue Datenstrukturen, weil Sie spezielle Prozeduren zu deren Manipulation schreiben möchten, aber manchmal ist die Erweiterung der Fähigkeiten eines oder mehrerer vordefinierter Maple-Befehle intuitiver. Sie können verschiedene Maple-Befehle erweitern, unter anderem expand, simplify, diff, series und evalf.

Angenommen Sie wollen ein Polynom $a_n u^n + a_{n-1} u^{n-1} + \cdots + a_1 u + a_0$ mit Hilfe der Datenstruktur

```
POLYNOM( u, a_0, a_1, ..., a_n )
```

darstellen. Sie können dann den Befehl diff erweitern, damit Sie in dieser Weise repräsentierte Polynome differenzieren können. Falls Sie eine Prozedur mit einem Namen der Form 'diff/F' schreiben, ruft sie diff bei jedem unausgewerteten Aufruf von F auf. Falls Sie diff zum Differenzieren von F(*Argumente*) nach x anwenden, ruft diff 'diff/F' folgendermaßen auf:

```
'diff/F'( Argumente, x )
```

Die nächste Prozedur differenziert ein Polynom in u mit konstanten Koeffizienten nach x.

```
> 'diff/POLYNOM' := proc(u)
>    local i, s, x;
>    x := args[-1];
>    s := seq( i*args[i+2], i=1..nargs-3 );
>    'POLYNOM'(u, s) * diff(u, x);
> end:
> diff( POLYNOM(x, 1, 1, 1, 1, 1, 1, 1, 1, 1, 1), x );
```

$$\text{POLYNOM}(x, 1, 2, 3, 4, 5, 6, 7, 8, 9)$$

```
> diff( POLYNOM(x*y, 34, 12, 876, 11, 76), x );
```

$$\text{POLYNOM}(x\,y, 12, 1752, 33, 304)\, y$$

Die in *Neutrale Operatoren* auf Seite 102 beschriebene Implementierung der Hamiltonschen Zahlen verwendet nicht die Tatsache, daß die Multiplikation der Hamiltonschen Zahlen assoziativ ist, d.h. es gilt $(xy)z = x(yz)$. Manchmal vereinfacht die Assoziativität ein Ergebnis. Vergessen Sie nicht, daß I hier *nicht* die komplexe imaginäre Einheit bezeichnet, sondern eines der speziellen Symbole I, J und K ist, welche Teil der Definition der Hamiltonschen Zahlen sind.

```
> x &% I &% J;
```

$$(x \,\&\% \, I) \,\&\% \, J$$

```
> x &% ( I &% J );
```

$$x \,\&\% \, K$$

Sie können den Befehl `simplify` erweitern, so daß er das Assoziativgesetz auf unausgewertete Produkte von Hamiltonschen Zahlen anwendet. Falls Sie eine Prozedur mit einem Namen der Form `simplify/F` schreiben, ruft sie `simplify` bei jedem unausgewerteten Funktionsaufruf von *F* auf. Also müssen Sie eine Prozedur `simplify/&%` schreiben, die das Assoziativgesetz auf die Hamiltonschen Zahlen anwendet.

Die nachfolgende Prozedur benutzt den Befehl `typematch`, um zu bestimmen, ob ihre Argumente von der Form `(a&%b)&%c` sind, und bestimmt a, b und c, falls dies zutrifft.

```
> s := x &% y &% z;
```

$$s := (x \,\&\% \, y) \,\&\% \, z$$

```
> typematch( s, ''&%''( ''&%''( a::anything, b::anything ),
>                        c::anything ) );
```

$$true$$

```
> a, b, c;
```

$$x, y, z$$

Mit dem Befehl `userinfo` können Sie dem Benutzer Details über die von Ihrer Prozedur durchgeführten Vereinfachungen geben. Die Prozedur `simplify/&%` gibt eine informative Meldung aus, wenn Sie `infolevel[simplify]` oder `infolevel[all]` auf mindestens 2 setzen.

```
> 'simplify/&%' := proc( x )
>    local a, b, c;
>    if typematch( x,
>          ''&%''( ''&%''( a::anything, b::anything ),
>                  c::anything ) ) then
>       userinfo(2, simplify, 'applying the associative law');
>       a &% ( b &% c );
>    else
>       x;
>    fi;
> end:
```

Die Anwendung der Assoziativgesetze vereinfacht einige Produkte der Hamiltonschen Zahlen.

```
> x &% I &% J &% K;
```

$$((x \,\&\% \, I) \,\&\% \, J) \,\&\% \, K$$

```
> simplify(");
```

$$-x$$

Falls Sie `infolevel[simplify]` groß genug setzen, gibt Maple Informationen über die Versuche von `simplify` aus, Ihren Ausdruck zu vereinfachen.

```
> infolevel[simplify] := 5;
```
$$infolevel_{simplify} := 5$$

```
> w &% x &% y &% z;
```
$$((w \,\&\% \,x) \,\&\% \,y) \,\&\% \,z$$

```
> simplify(");
```
```
simplify:    applying    &%    function to expression
simplify:    applying    &%    function to expression
simplify/&%:    applying the associative law
simplify:    applying    &%    function to expression
simplify/&%:    applying the associative law
```
$$w \,\&\% \,((x \,\&\% \,y) \,\&\% \,z)$$

Die Hilfeseiten für `expand`, `series` und `evalf` stellen Details zur Erweiterung dieser Befehle bereit (siehe auch *Erweitern des Befehls* `evalv` auf Seite 266).

Sie können einige oder alle der obigen Methoden anwenden. Maples Entwurf bietet Ihnen die Möglichkeit, es Ihren Bedürfnissen entsprechend anzupassen und erlaubt Ihnen große Flexibilität.

3.5   Schreiben eigener Pakete

Sie werden sich häufig beim Erstellen einer Menge von verwandten Prozeduren wiederfinden. Wenn Sie beabsichtigen, alle für einen speziellen Problemtyp einzusetzen, so ist es sinnvoll, diese Befehle zusammenzugruppieren. Diese Situation tritt in Maple oft auf. Aus diesem Grund haben die Entwickler von Maple einige Befehlstypen, zum Beispiel zur Darstellung von Zeichnungen oder zur Bearbeitung von Problemen der linearen Algebra, zu Paketen zusammengruppiert Sie können recht einfach Pakete mit eigenen Prozeduren erstellen.

Maple betrachtet ein Paket als einen Tabellentyp. Jeder Schlüssel der Tabelle ist der Name einer Prozedur und der dem Schlüssel zugehörige Wert ist die Prozedur. Sie müssen nur eine Tabelle definieren, genauso wie Sie jede Maple-Tabelle definieren würden, und Sie dann in einer .m-Datei speichern. Maple kann Ihr Paket leicht erkennen und behandelt es wie eines der bereits bekannten.

Ein Vorteil, eine Gruppe zusammengehöriger Prozeduren als Tabelle zu speichern, ist, daß der Benutzer das Paket mit Hilfe des Befehls `with` laden kann. Ein *Paket* ist einfach eine Tabelle von Prozeduren.

```
> powers := table();
```

$$powers := table([$$
$$])$$

```
> powers[square] := proc(x::anything)
>     x^2;
> end:
> powers[cube] := proc(x::anything)
>     x^3;
> end:
```

Sie können nun jeden Ausdruck durch Aufruf von powers[square] quadrieren.

```
> powers[square](x+y);
```

$$(x + y)^2$$

In der nächsten Prozedur stellen die einfachen Anführungszeichen um square sicher, daß powers[fourth] das gewünschte leistet, selbst wenn Sie square einen Wert zuweisen.

```
> powers[fourth] := proc(x::anything)
>     powers['square']( powers['square'](x) );
> end:
> square := 56^2;
```

$$square := 3136$$

```
> powers[fourth](x);
```

$$x^4$$

```
> square := 'square':
```

Sie können den Befehl with anwenden, um alle Abkürzungen für die Prozeduren Ihres Pakets zu definieren.

```
> with(powers);
```

$$[cube, fourth, square]$$

```
> cube(x);
```

$$x^3$$

Da Ihr Paket eine Tabelle ist, können Sie es wie jedes andere Maple-Objekt speichern. Der nachfolgende Befehl speichert powers im

Binärformat von Maple in der Datei powers.m in dem Verzeichnis /users/yourself/mypacks.

```
> save( powers, '/users/yourself/mypacks/powers.m' );
> restart;
```

Der Befehl with kann Ihr neues Paket laden, vorausgesetzt Sie speichern es in einer Datei mit einem Namen der Form *Paketname*.m und sie teilen Maple mit, in welchen Verzeichnissen es nach der Datei suchen soll. Die Variable libname ist eine Folge von Verzeichnisnamen, die Maple von links nach rechts durchsucht. Also müssen Sie den Namen des Verzeichnisses, in dem Ihr Paket enthalten ist, in libname einfügen.

```
> libname := '/users/yourself/mypacks', libname;
```

$$libname := /users/yourself/mypacks,$$

$$/doc1/Tools/mfilter/filter4b/lib$$

Sie können nun das Paket powers laden und anfangen, es zu verwenden.

```
> with(powers);
```

$$[cube, fourth, square]$$

```
> cube(3);
```

$$27$$

Obwohl dieses Paket eher lächerlich erscheint, demonstriert es, wie leicht Sie eines erzeugen können. Definieren Sie eine Tabelle von Prozeduren; speichern Sie die Tabelle in einer Datei deren Name jener des Pakets mit angehängtem .m ist; modifizieren Sie libname, damit Maple in dem Verzeichnis nachschaut, in dem Sie die Datei gespeichert haben.

Sie kennen nun die Grundlagen und möchten vielleicht das Weiterlesen aufschieben, um ein oder zwei Pakete zu erstellen. Der Rest des Kapitels behandelt die Feinheiten der Paketerstellung und enthält die Initialisierung von Dateien und das Erzeugen einer eigenen Maple-Bibliothek.

Initialisieren eines Pakets

Einige Pakete erfordern Zugang zu speziellem unterstützendem Code, wie zum Beispiel Typen für spezielle Anwendungen, formatiertes Ausgeben oder Erweiterungen von bestimmten Maple-Befehlen. Solchen unterstützenden Code können Sie in einer Initialisierungsprozedur in Ihrem Paket definieren. Wenn der Befehl with ein Paket lädt, ruft er die Paketprozedur init auf, falls diese existiert.

Maple unterstützt bereits Berechnungen mit komplexen Zahlen. Angenommen Sie wollen jedoch als Beispiel ein Paket namens cmplx für komplexe Zahlenarithmetik schreiben, das die komplexen Zahlen $a + bi$ repräsentiert, wobei a und b reell sind, zum Beispiel COMPLEX(a, b). Also müssen Sie einen neuen Datentyp COMPLEX definieren.

```
> 'type/COMPLEX' := 'COMPLEX'(realcons, realcons);
```

$$type/COMPLEX := COMPLEX(\mathit{realcons}, \mathit{realcons})$$

```
> z := COMPLEX(3, 4);
```

$$z := COMPLEX(3, 4)$$

```
> type(z, COMPLEX);
```

$$\mathit{true}$$

Sie können den reellen und imaginären Teil von z leicht bestimmen, es ist der erste bzw. zweite Operand von z.

```
> cmplx[realpart] := proc(z::COMPLEX)
>    op(1, z);
> end:
> cmplx[imagpart] := proc(z::COMPLEX)
>    op(2, z);
> end:
> cmplx[realpart](z);
```

$$3$$

Wenn Sie den reellen und imaginären Teil einer komplexen Zahl ermittelt haben, können Sie sie zusammen in einer Struktur COMPLEX ablegen.

```
> cmplx[makecomplex] := proc(a::realcons, b::realcons)
>    'COMPLEX'(a, b);
> end:
> w := cmplx[makecomplex](6, 2);
```

$$w := COMPLEX(6, 2)$$

Zwei komplexe Zahlen addieren Sie durch getrennte Addition der reellen und imaginären Teile.

```
> cmplx[addition] := proc(z::COMPLEX, w::COMPLEX)
>    local x1, x2, y1, y2;
>    x1 := cmplx['realpart'](z);
>    y1 := cmplx['imagpart'](z);
>    x2 := cmplx['realpart'](w);
>    y2 := cmplx['imagpart'](w);
>    cmplx['makecomplex'](x1+x2, y1+y2);
> end:
```

```
> cmplx[addition](z, w);
```

$$COMPLEX(9, 6)$$

Da Ihr Paket auf der globalen Variablen `type/COMPLEX` aufbaut, müssen Sie diese Variable in der Initialisierungsprozedur des Pakets definieren.

```
> cmplx[init] := proc()
>     global 'type/COMPLEX';
>     'type/COMPLEX' := 'COMPLEX'(realcons, realcons);
> end:
```

Nun sind sie bereit, das Paket zu speichern. Sie sollten die Datei `cmplx.m` nennen, damit `with` sie laden kann.

```
> save( cmplx, '/users/yourself/mypacks/cmplx.m' );
```

Sie müssen das Verzeichnis, das Ihre Pakete enthält, in `libname` einfügen, damit `with` sie finden kann.

```
> restart;
> libname := '/users/yourself/mypacks', libname;
```

$$libname := /users/yourself/mypacks,$$

$$/doc1/Tools/mfilter/filter4b/lib$$

```
> with(cmplx);
```

$$[addition, imagpart, init, makecomplex, realpart]$$

Die Initialisierungsprozedur definiert den Typ COMPLEX.

```
> type( makecomplex(4,3), COMPLEX );
```

$$true$$

Erstellen eigener Bibliotheken

Anstatt Maple-Objekte in den Dateien in der Verzeichnisstruktur Ihres Rechners zu speichern, können Sie die Inhalte dieser Dateien in einer größeren Datei durch Erstellen Ihrer eigenen Maple-*Bibliothek* integrieren. Eine Bibliothek ermöglicht Ihnen, Dateinamen zu verwenden, die unabhängig vom Betriebssystem Ihres Rechners sind. Somit erleichtern Bibliotheken das Teilen eigener Prozeduren mit Freunden, die verschiedene Rechnertypen benutzen. Bibliotheken neigen außerdem dazu, weniger Plattenplatz zu verbrauchen, als wenn die Informationen in vielen kleinen Dateien gespeichert sind. Ein Verzeichnis kann maximal eine Maple-Bibliothek enthalten. Eine Maple-Bibliothek kann beliebig viele Dateien enthalten; Maple wird tatsächlich nur mit einer Bibliothek geliefert, die alle in einer Bibliothek definierten Funktionen enthält, einschließlich jener aus allen Paketen.

Bevor Sie Ihre eigene Bibliothek erstellen, *sollten Sie Maples Hauptbibliothek vor Schreibzugriff schützen, um sicherzustellen, daß Sie sie nicht versehentlich zerstören.* Die Variable `libname` ist eine Folge der Verzeichnisse, die Ihre Maple-Bibliotheken enthalten. Es folgt der Wert von `libname` auf dem Rechner, der diese Seiten setzt; der Wert wird auf Ihrem Rechner verschieden sein.

```
> libname;
```

$$/doc1/Tools/mfilter/filter4b/lib$$

Sie können keine neue Bibliothek innerhalb von Maple erzeugen. Sie müssen das mit Maple gelieferte Programm *march* verwenden. Der genaue Aufruf von *march* variiert mit dem Betriebssystem – schlagen Sie in Ihrer plattformspezifischen Dokumentation nach. Unter Unix erzeugt der folgende Befehl eine neue Bibliothek in dem Verzeichnis `/users/yourself/mylib`, das anfänglich zehn .m-Dateien enthalten kann.

```
march -c /users/yourself/mylib 10
```

Maples Hilfeseite `?march` erläutert *march* detaillierter. Sobald Sie eine neue Bibliothek erzeugt haben, müssen Sie Maple durch Einfügen der Datei in `libname` angeben, wo es sie finden kann.

```
> libname    /users/yourself/mylib', libname;
```

libname := /users/yourself/mylib, /doc1/Tools/mfilter/filter4b/lib

Sie können den Befehl `savelib` folgendermaßen benutzen, um jedwelches Maple-Objekt in einer Datei in einer Bibliothek zu speichern.

```
savelib( NamenFolge, 'Datei' )
```

Hier ist *NamenFolge* eine Namenfolge der in *Datei* in einer Bibliothek zu speichernden Objekte. In einer Datei können Sie verschiedene Objekte speichern, unabhängig davon, ob die Datei in einer Bibliothek ist. Für Dateien in Bibliotheken verwendet Maple die Konvention, daß die Datei *Name*.m das Objekt *Name* definieren muß. Die Variable `savelibname` sagt `savelib`, in welcher Datei Ihre Bibliothek liegt.

```
> savelibname := '/users/yourself/mylib';
```

savelibname := /users/yourself/mylib

Beachten Sie, daß Sie die Datei auch in `savelibname` in `libname` auflisten müssen. Die nachfolgenden Befehle definieren das Paket `powers` und speichern es in Ihrer neuen Bibliothek.

```
> powers := table():
> powers[square] := proc(x::anything)
>    x^2;
> end:
> powers[cube] := proc(x::anything)
>    x^3;
> end:
> powers[fourth] := proc(x::anything)
>    powers['square']( powers['square'](x) );
> end:
> savelib( 'powers', 'powers.m' );
```

Der Befehl with kann auch Pakete aus Ihrer eigenen Bibliothek laden, vorausgesetzt, libname enthält das Verzeichnis, das Ihre Bibliothek enthält.

```
> restart;
> libname := '/users/yourself/mylib', libname;
```

$libname := /users/yourself/mylib, /doc1/Tools/mfilter/filter4b/lib$

```
> with(powers);
```

$$[cube, fourth, square]$$

Das Paket powers leidet unter dem kleinen Mangel, daß Sie zu den Befehlen des Pakets keinen Zugang haben, auch nicht über erweiterte Namen, es sei denn, Sie laden das Paket mit dem Befehl with. Sie können den Befehl readlib benutzen, um die in einer Datei in einer Bibliothek gespeicherten Objekte einzulesen. Der Befehl readlib('Name') lädt alle in der Datei *Name*.m in Ihrer Bibliothek gespeicherten Objekte. Danach liefert readlib das Objekt *Name*.

```
> readlib( 'powers' );
```

$table([$

$\quad square = (\mathbf{proc}(x::anything)\ x^2\ \mathbf{end}\ )$

$\quad cube = (\mathbf{proc}(x::anything)\ x^3\ \mathbf{end}\ )$

$\quad fourth = (\mathbf{proc}(x::anything)\ powers,_{square}, (powers,_{square}, (x))\ \mathbf{end}\ )$

$])$

Die Tatsache, daß readlib('powers') nicht nur powers definiert, sondern auch die Tabelle liefert, ermöglicht Ihnen auf die Tabelle in einem Schritt zuzugreifen.

```
> readlib( 'powers' )[square];
```

$$\mathbf{proc}(x::anything)\ x^2\ \mathbf{end}$$

```
> readlib( 'powers' )[square](x);
```

$$x^2$$

Statt also die Tabelle powers im Speicher abzulegen, können Sie powers als einen kompakten unausgewerteten Aufruf von readlib definieren.

```
> powers := 'readlib( 'powers' )';
```

$$powers := \mathrm{readlib}('powers')$$

Beim ersten Aufruf von powers, wertet Maple den Befehl readlib aus, der powers als eine Tabelle von Prozeduren neu definiert.

```
> powers[fourth](u+v);
```

$$(u + v)^4$$

Jedesmal, wenn Sie Maple starten, liest und führt es die Befehle in einer Initialisierungsdatei aus. Der genaue Name und die Stelle der Initialisierungsdatei ist vom Typ Ihres Rechners abhängig – schlagen Sie in Ihrer plattformspezifischen Dokumentation nach. Um ein Paket zu installieren, müssen Sie ähnliche Befehle wie den folgenden in die Initialisierungsdatei des Benutzers eintragen. Doppelpunkte anstelle von Strichpunkten unterdrücken die Ausgabe.

```
> libname := '/users/yourself/mylib', libname:
> powers := 'readlib( 'powers' )':
```

Mit diesen letzten Schritten haben Sie Ihr eigenes Paket erzeugt. Nun können Sie Ihr Paket wie jedes andere Paket in Maple benutzen. Pakete ermöglichen Ihnen nicht nur , spezielle Gruppen von Befehlen, wie jene des Pakets plots, ohne Laden hinzuzufügen, wenn Sie sie benötigen, sondern Sie ermöglichen Ihnen auch, eine Menge von Befehlen zusammenzugruppieren, damit sie andere Benutzer leicht mitbenutzen können.

3.6 Zusammenfassung

Die Themen dieses Kapitels und der Kapitel 1 und 2 bilden die Bestandteile der Programmiermerkmale in Maple. Obwohl die Themen dieses Kapitels spezieller sind als jene der vorherigen Kapitel, sind sie immer noch sehr wichtig und gehören zu den hilfreichsten. Speziell die zwei ersten Kapitel, welche die Arbeitsweise von Prozeduren, die Prozeduren zurückliefern, und von lokalen Variablen vertiefen, sind grundlegend zum fortgeschrittenen Programmieren. Die späteren Themen, welche die interaktive Eingabe, Erweiterung von Maple und Schreiben eigener Pakete einschließen, sind nicht so fundamental aber auch äußerst nützlich.

Die restlichen Kapitel dieses Buches fallen in zwei Kategorien. Kapitel 4 und 5 präsentieren formal die Struktur von Maples Sprache und die Details über Prozeduren. Die anderen Kapitel sprechen spezifische Themen wie Zeichnen, numerisches Programmieren und Maple-Debugger an.

4 Die Sprache von Maple

Dieses Kapitel beschreibt die Sprache von Maple im Detail. Die Sprachdefinition unterteilt sich in vier Bereiche: Zeichen, Symbole, Syntax (wie Sie Befehle eingeben) und Semantik (die Bedeutung, die Maple der Sprache gibt). Durch Syntax und Semantik wird eine Sprache definiert. Die Syntax besteht aus Regeln zur Zusammensetzung von Worten zu Sätzen; die Syntax ist eine Grammatik und ist rein mechanisch. Die Semantik ist die zusätzliche Information, die die Syntax nicht ausdrücken kann, und bestimmt Maples Aktion, wenn es einen Befehl erhält.

Syntax Die *Syntax* definiert, welche Eingabe einen zulässigen Maple-Ausdruck, eine zulässige Anweisung oder Prozedur darstellt. Sie beantwortet Fragen wie:

- Brauche ich die runden Klammern in `x^(y^z)`?

- Wie gebe ich eine Zeichenkette ein, die länger als eine Zeile ist?

- Wie kann ich die Gleitkommazahl 2.3×10^{-3} eingeben?

Dies sind alle Fragen über die *Syntax* einer Sprache. Sie betreffen alle lediglich die Eingabe von Ausdrücken und Programmen in Maple und nicht, was Maple mit ihnen tut.

Wenn die Eingabe syntaktisch nicht korrekt ist, meldet Maple einen *Syntaxfehler* und weist auf die Stelle, an der es den Fehler entdeckt hat. Betrachten Sie einige interaktive Beispiele.

Zwei vorangestellte Subtraktionszeichen sind nicht erlaubt.

```
> --1;
```

```
syntax error, '-' unexpected:
--1;
  ^
```

Das Zeichen "^" weist auf die Stelle, an der Maple den Fehler gefunden hat.

Maple akzeptiert viele Arten von Gleitkommazahlen,

```
> 2.3e-3, 2.3E-03, +0.0023;
```

$$.0023, .0023, .0023$$

aber sie müssen mindestens eine Nachkommastelle zwischen dem Dezimalpunkt und dem Exponentenzeichen schreiben.

```
> 2.e-3;
```

```
syntax error, missing operator or ';':
2.e-3;
   ^
```

Die richtige Schreibweise dafür ist 2.0e-3.

Semantik Die *Semantik* der Sprache spezifiziert, wie Ausdrücke, Anweisungen und Programme ausgeführt werden, d.h. was Maple mit ihnen macht. Sie beantwortet Frage wie:

- Ist x/2*z gleich mit x/(2*z) oder (x/2)*z? Wie ist es mit x/2/z?

- Was passiert, wenn ich $\sin(x)/x$ berechne, falls x den Wert 0 hat?

- Warum ergibt die Berechnung von $\sin(0)/\sin(0)$ den Wert 1 und keinen Fehler?

- Was ist der Wert von i nach der Ausführung folgender Schleife?

  ```
  > for i from 1 to 5 do print(i^2) od;
  ```

Folgendes ist ein häufiger Fehler. Viele Benutzer denken, daß x/2*z gleich mit x/(2*z) ist.

```
> x/2*z, x/(2*z);
```

$$\frac{1}{2}\,x\,z, \frac{1}{2}\frac{x}{z}$$

Syntaxfehler in Dateien Maple meldet Syntaxfehler, die beim Lesen aus Dateien auftreten, und zeigt die Zeilennummer an. Schreiben Sie folgendes Programm in eine Datei namens integrand.

```
f := proc(x)
        t := 1 - x^2
        t*sqrt(t)
    end:
```

Lesen Sie es danach in Ihre Maple-Sitzung mit Hilfe des Befehls read ein.

```
> read integrand;

syntax error, missing operator or ';':
        t*sqrt(t)
        ^
```

Maple meldet einen Fehler am Anfang der Zeile 3. Ein ";" sollte dort die zwei Berechnungen t := 1 - x^2 und t*sqrt(t) trennen.

4.1 Elemente der Sprache

Um die Präsentation der Maple-Syntax zu vereinfachen, wird sie in zwei Teile unterteilt: erstens die *Elemente* der Sprache und zweitens die *Grammatik* der Sprache, die erklärt, wie die Sprachelemente zusammengefügt werden können.

Die Zeichenmenge

Die Maple-Zeichenmenge besteht aus Buchstaben, Ziffern und Sonderzeichen. Die Buchstaben sind die 26 Kleinbuchstaben

a, b, c, d, e, f, g, h, i, j, k, l, m, n, o, p, q, r, s, t, u, v, w, x, y, z,

die 26 Großbuchstaben

A, B, C, D, E, F, G, H, I, J, K, L, M, N, O, P, Q, R, S, T, U, V, W, X, Y, Z

und die 10 Ziffern

0, 1, 2, 3, 4, 5, 6, 7, 8, 9.

Es gibt außerdem 32 *Sonderzeichen*, wie die Tabelle 4.1 zeigt. Spätere Abschnitte dieses Kapitels geben an, wie sie alle verwendet werden.

TABELLE 4.1   Sonderzeichen

␣	Leerzeichen	(	runde Klammer auf
;	Strichpunkt	)	runde Klammer zu
:	Doppelpunkt	[	eckige Klammer auf
+	Plus	]	eckige Klammer zu
−	Minus	{	geschweifte Klammer auf
*	Mal	}	geschweifte Klammer zu
/	Schrägstrich	`	rückwärtiges Apostroph
^	Hoch	'	einfaches Anführungszeichen (Apostroph)
!	Ausrufezeichen	"	Anführungszeichen (Dito)
=	Gleichheitszeichen	|	senkrechter Strich
<	kleiner als	&	Und
>	größer als	_	Unterstrichen
@	Klammeraffe	%	Prozent
$	Dollar	\	Rückwärtsschrägstrich
.	Punkt	#	Gatter
,	Komma	?	Fragezeichen

Symbole

Maples Sprachdefinition kombiniert Zeichen zu Symbolen. Symbole bestehen aus Schlüsselwörtern (reservierte Wörter), Operatoren der Programmiersprache, Zeichenketten, natürlichen Zahlen und Interpunktionszeichen. Beachten Sie, daß Zeichenketten Symbole wie x, abs und `simplify` enthalten.

Reservierte Wörter   Tabelle 4.2 listet die *reservierten Wörter* in Maple auf. Sie haben eine besondere Bedeutung und deshalb können Sie sie nicht als Variablen in Programmen verwenden.

Viele andere Symbole von Maple haben vordefinierte Bedeutungen, zum Beispiel mathematische Funktionen wie sin und cos, Maple-Befehle wie expand und simplify und Typnamen wie integer und list. Sie

TABELLE 4.2   Reservierte Wörter

Schlüsselworte	Bedeutung
if, then, elif, else, fi	if-Anweisung
for, from, in, by, to, while, do, od	for- und while-Schleifen
proc, local, global, end, option, options, description	Prozeduren
read, save	Lese- und Speicheranweisungen
quit, done, stop	Maple beenden
union, minus, intersect	Mengenoperatoren
and, or, not	Boolesche Operatoren
mod	Modulo-Operator

TABELLE 4.3   Programmieren binärer Operatoren

Operator	Bedeutung	Operator	Bedeutung
+	Addition	<	kleiner als
–	Subtraktion	<=	kleiner gleich
*	Multiplikation	>	größer als
/	Division	>=	größer gleich
**	Potenzieren	=	gleich
^	Potenzieren	<>	ungleich
$	Folgenoperator	->	Pfeil-Operator
@	Komposition	mod	Modulo-Operator
@@	wiederholte Komposition	union	Vereinigung von
::	Typdeklaration		Mengen
&Zeichen- kette	neutraler Operator	minus	Mengendifferenz
		intersect	Durchschnitt von
.	Konkatenation von Zeichen- ketten, Dezimalpunkt	and	Mengen logisches Und
..	Bereichsoperator	or	logisches Oder
,	Separator von Ausdrücken	&*	nichtkommutative Multiplikation
:=	Zuweisung	::	Musterzuweisung

können jedoch diese Befehle in Maple-Programmen in bestimmten Kontexten gefahrlos verwenden. Die reservierten Wörter in der Tabelle 4.2 haben aber eine besondere Bedeutung, deshalb können Sie sie nicht ändern.

Programmoperatoren   Es existieren drei Typen von *Programmoperatoren*, nämlich *binäre*, *einstellige* und *nullstellige* Operatoren. Die Tabellen 4.3 und 4.4 listen diese Operatoren und deren Anwendung auf. Die drei nullstelligen Operatoren ", "" und """ sind spezielle Maple-Namen, die sich auf die drei zuletzt berechneten Ausdrücke beziehen. Siehe den Abschnitt *Die Wiederholungsoperatoren* auf Seite 168.

Zeichenketten   Maples Sprachdefinition definiert viele andere Symbole vor. Zum Beispiel sind mathematische Funktionen wie sin und cos, Be-

TABELLE 4.4   Programmieren einstelliger Operatoren

Operator	Bedeutung
+	einstelliges Plus (präfix)
–	einstelliges Minus (präfix)
!	Fakultät (postfix)
$	Folgenoperator (präfix)
not	logische Negation (präfix)
&Zeichenkette	neutraler Operator (präfix)
.	Dezimalpunkt (präfix oder postfix)
%integer	Bezeichnung (präfix)

fehle wie `expand` oder `simplify` oder Typnamen wie `integer` oder `list` alle Beispiele von Zeichenketten.

Die einfachste Instanz einer *Zeichenkette* besteht aus Buchstaben, Ziffern und dem Unterstrichen-Zeichen _ und beginnt nicht mit einer Zahl. Maple reserviert Zeichenketten, die mit dem Unterstrichen-Zeichen beginnen, nur für interne Zwecke. Einige einfache Zeichenketten sind `x`, `x1`, `result`, `Input_value1` und `_Z`. Im allgemeinen bildet das Einschließen einer Zeichenfolge in Rückwärtsapostrophen eine Zeichenkette.

```
> 'Der Modulus sollte prim sein';
```

Der Modulus sollte prim sein

```
> 'Es gab %d Werte';
```

Es gab %d Werte

Sie sollten das Rückwärtsapostroph ‘, das eine Zeichenkette abgrenzt, nicht mit dem Apostroph ’, das Auswertung verzögert, oder dem Anführungszeichen ", das das vorherige Ergebnis referenziert, verwechseln. Die Länge einer Zeichenkette ist in Maple nicht wirklich beschränkt. In den meisten Maple-Implementierungen bedeutet dies, daß eine Zeichenkette mehr als eine halbe Million Zeichen enthalten kann.

Damit das Rückwärtsapostroph in einer Zeichenkette erscheint, müssen Sie zwei aufeinanderfolgende Rückwärtsapostrophe anstelle nur eines nach dem Beginn der Zeichenkette eingeben.

```
> 'a''b';
```

a‘b

Ähnlich müssen Sie zwei aufeinanderfolgende Rückwärtsschrägstriche \\ eingeben, damit ein Rückwärtsschrägstrich (Escape-Zeichen) als Zeichen in der Zeichenkette erscheinen kann.

```
> 'a\\b';
```

a\b

Ein in Rückwärtsapostrophen eingeschlossenes reserviertes Wort wird auch zu einer zulässigen Maple-Zeichenkette, die sich von seiner Verwendung als Symbol unterscheidet.

```
> 'while';
```

while

Die einschließenden Rückwärtsapostrophe sind selbst kein Teil der Zeichenkette. *Rückwärtsapostrophe sind unbedeutend, wenn die Zeichenkette auch ohne sie gültig ist.*

```
> 'D2', D2, 'D2' - D2;
```

$$D2, D2, 0$$

Ganze Zahlen Eine *natürliche Zahl* ist eine beliebige Folge von einer oder mehreren Ziffern. Maple ignoriert führende Nullen.

```
> 03141592653589793238462643;
```

$$3141592653589793238462643$$

Die Längenbegrenzung der ganzen Zahlen ist systemabhängig, aber im allgemeinen viel größer, als Benutzer benötigen. Die Längenbegrenzung ist zum Beispiel auf den meisten 32-Bit-Rechnern 524 280 Dezimalziffern.

Eine *ganze Zahl* ist entweder eine natürliche Zahl oder eine Zahl mit Vorzeichen. Eine ganze Zahl mit Vorzeichen wird entweder durch *+natürliche Zahl* oder durch *−natürliche Zahl* dargestellt.

```
> -12345678901234567890;
```

$$-12345678901234567890$$

```
> +12345678901234567890;
```

$$12345678901234567890$$

Trennzeichen zwischen Symbolen

Symbole können Sie entweder durch *unsichtbare Zeichen* oder Interpunktionszeichen trennen. Dies teilt Maple mit, wo ein Symbol endet und das nächste beginnt.

Leerzeichen, Zeilen, Kommentare und Fortsetzung Die *unsichtbaren* Zeichen sind Leerzeichen, Tabulator, Eingabe und Zeilenvorschub. Wir verwenden die Bezeichnung *Zeilenende*, um uns auf Eingabe oder Zeilenvorschub zu beziehen, da das Maple-System nicht zwischen diesen Zeichen unterscheidet. Die Bezeichnung *blank* wird für Leerzeichen oder Tabulator verwendet. Die unsichtbaren Zeichen trennen Symbole, sind aber selbst keine Symbole.

Die unsichtbaren Zeichen können normalerweise nicht innerhalb eines Symbols vorkommen.

```
> a: = b;
```

```
syntax error, '=' unexpected:
a: = b;
    ^
```

Sie können die unsichtbaren Zeichen nach Belieben zwischen Symbolen verwenden.

```
> a * x + x*y;
```

$$a\,x + x\,y$$

Unsichtbare Zeichen können nur in einer Zeichenkette, die durch Einschließen einer Zeichenfolge in Rückwärtsapostrophen gebildet wurde, Teil eines Symbols werden. In diesem Fall sind die unsichtbaren Zeichen genauso wichtig wie jedes andere Zeichen.

Maple betrachtet alle Zeichen einer Zeile, die nach dem Zeichen "#" folgen, als Teil eines *Kommentars*, es sei denn, es taucht innerhalb einer Zeichenkette auf.

Da die unsichtbaren Zeichen und die Zeilenende-Zeichen funktional gleich sind, können Sie Anweisungen von Zeile zu Zeile fortsetzen.

```
> a:= 1 + x +
>       x^2;
```

$$a := 1 + x + x^2$$

Das Problem der Fortsetzung von einer Zeile zur nächsten ist weniger trivial, falls lange Zahlen oder lange Zeichenketten beteiligt sind, da diese Klassen von Symbolen in der Länge nicht auf einige Zeichen begrenzt sind. Der allgemeine Mechanismus zur Spezifikation der Fortsetzung von einer Zeile zur nächsten funktioniert in Maple wie folgt: Falls das spezielle Zeichen Rückwärtsschrägstrich \ unmittelbar einem Zeilenende-Zeichen vorausgeht, ignoriert der Parser sowohl den Rückwärtsschrägstrich als auch das Zeilenende-Zeichen. Falls ein Rückwärtsschrägstrich in der Mitte einer Zeile vorkommt, wird es von Maple normalerweise ignoriert; siehe ?backslash für Ausnahmen. Dies können Sie verwenden, um zur Erhöhung der Lesbarkeit eine lange Ziffernfolge in Gruppen von kleineren Folgen aufzuteilen.

```
> 'Die Eingabe sollte entweder eine Liste von\
> Variablen oder eine Menge von Variablen sein';
```

Die Eingabe sollte entweder eine Liste von Variablen
oder eine Menge von Variablen sein

```
> G:= 0.5772156649\0153286060\
> 6512090082\4024310421\5933593992;
```

$$G := .57721566490153286060651209008240243104215933593992$$

TABELLE 4.5   Maples Interpunktionszeichen

;	Strichpunkt	(	runde Klammer auf
:	Doppelpunkt	)	runde Klammer zu
'	Apostroph	[	eckige Klammer auf
'	Rückwärtsapostroph	]	eckige Klammer zu
|	senkrechter Strich	{	geschweifte Klammer auf
<	spitze Klammer auf	}	geschweifte Klammer zu
>	spitze Klammer zu	,	Komma

Interpunktionszeichen   Tabelle 4.5 listet die *Interpunktionszeichen* auf.

; und :   Verwenden Sie den Strichpunkt und den Doppelpunkt zur Trennung von Anweisungen. Der Unterschied zwischen diesen Zeichen besteht darin, daß ein Doppelpunkt während einer interaktiven Sitzung das Anzeigen des Ergebnisses der Anweisung unterdrückt.

```
> f:=x->x^2; p:=plot(f(x), x=0..10):
```

'   Das Einschließen eines Ausdrucks oder eines Teils eines Ausdrucks zwischen ein Paar von einfachen Anführungszeichen verzögert die Auswertung des Ausdrucks (Unterausdrucks) um eine Ebene. Siehe *Unausgewertete Ausdrücke* auf Seite 181.

```
> ''sin''(Pi);
```
$$'\sin'(\pi)$$

```
> ";
```
$$\sin(\pi)$$

```
> ";
```
$$0$$

'   Verwenden Sie das Rückwärtsapostroph zur Bildung von Zeichenketten. Siehe *Zeichenketten* auf Seite 122.

```
> s := `Dies ist eine Zeichenkette.`;
```

()   Die beiden runden Klammern gruppieren Terme in einem Ausdruck und Parameter in einem Funktionsaufruf.

```
> (a+b)*c; cos(Pi);
```

[]   Setzen Sie die beiden eckigen Klammern ein, um indizierte Namen zu bilden und um Komponenten von zusammengesetzten Objekten wie Felder, Tabellen und Listen auszuwählen. Siehe *Auswahloperation* auf Seite 158.

```
> a[1]; L:=[2,3,5,7]; L[3];
```

[] und {} Verwenden Sie die beiden eckigen Klammern ebenso zur Bildung von Listen und die beiden geschweiften Klammern zur Bildung von Mengen. Siehe *Mengen und Listen* auf Seite 158.

```
> L:=[2,3,5,2]; S:={2,3,5,2};
```

<> Die beiden spitzen Klammern bilden eine von Ihnen definierte Gruppe.

```
> <2,3,5,7>;
```

, Verwenden Sie das Komma zur Bildung einer Folge, Trennung der Argumente eines Funktionsaufrufs und Trennung der Elemente einer Liste oder einer Menge. Siehe *Folgen* auf Seite 154.

```
> sin(Pi), 0, limit(cos(xi)/xi, xi=infinity);
```

4.2 Besondere Zeichen

Die besonderen Zeichen sind ?, !, # und \, deren spezielle Bedeutungen nachfolgend skizziert werden.

? Das Fragezeichen ruft Maples *Hilfe-Einrichtung* auf, falls es als erstes nicht leere Zeichen in einer Zeile erscheint. Die auf ? folgenden Wörter der gleichen Zeile bestimmen die Argumente der Prozedur help. Verwenden Sie entweder "," oder "/" zur Trennung der Wörter.

! Das Ausrufezeichen übergibt den Rest der Zeile als einen Befehl an das zugrundeliegende Betriebssystem, wenn es als erstes nicht leere Zeichen in der Zeile erscheint. Diese Möglichkeit ist nicht auf allen Plattformen verfügbar.

Das Gatter-Zeichen zeigt an, daß Maple die ihm folgenden Zeichen der Zeile als ein *Kommentar* behandelt. Mit anderen Worten, Maple ignoriert sie. Sie haben keinen Einfluß auf irgendwelche Berechnungen, die Maple durchführen könnte.

\ Verwenden Sie den Rückwärtsschrägstrich zur *Fortsetzung* von Zeilen und zur Gruppierung von Zeichen innerhalb eines Symbols. Siehe *Leerzeichen, Zeilen, Kommentare und Fortsetzung* auf Seite 124.

4.3 Anweisungen

In Maple gibt es acht Typen von Anweisungen:

1. Zuweisungsanweisung
2. Auswahlanweisung

3. Wiederholungsanweisung

4. `read`-Anweisung

5. `save`-Anweisung

6. leere Anweisung

7. `quit`-Anweisung

8. Ausdrücke

Der Abschnitt *Ausdrücke* auf Seite 143 diskutiert ausführlich die Ausdrücke.

Für den Rest dieses Abschnitts steht *Ausdruck* für einen Ausdruck und *AnwFolge* für eine Folge von durch Strichpunkten getrennte Anweisungen.

Die Zuweisungsanweisung

Die Syntax der Zuweisungsanweisung ist

$$\boxed{\textit{Name} := \textit{Ausdruck};}$$

Dies weist dem Wert der Variablen *Name* das Ergebnis der Ausführung von *Ausdruck* zu.

Namen Ein *Name* kann in Maple eine *Zeichenkette* oder ein *indizierter Name* sein. Namen stehen für Unbekannte in Formeln. Sie dienen außerdem als Variablen in Programmen. Ein Name wird zu einer Programmvariablen, wenn ihm Maple einen Wert zuweist. Falls Maple dem Namen keinen Wert zuweist, bleibt er eine Unbekannte.

```
> 2*y - 1;
```

$$2\,y - 1$$

```
> x := 3; x^2 + 1;
```

$$x := 3$$

$$10$$

```
> a[1]^2;    a[1] := 3;    a[1]^2;
```

$$a_1{}^2$$

$$a_1 := 3$$

$$9$$

```
> f[Cu] := 1.512;
```

$$f_{Cu} := 1.512$$

Verwenden Sie die *Pfeil-Notation* -> zur Definition einer Funktion.

```
> phi := t -> t^2;
```

$$\phi := t \rightarrow t^2$$

Beachten Sie, daß nachfolgend *keine* Funktion definiert wird; stattdessen wird ein Eintrag in der Merktabelle von phi erzeugt. Siehe *Merktabellen* auf Seite 74.

```
> phi(t) := t^2;
```

$$\phi(t) := t^2$$

Notation mit Abbildung auf Seite 195 enthält mehr über die Definition von Funktionen.

Indizierte Namen Zusätzlich zu den Zeichenketten ist der *indizierte Name* eine weitere Namensform in Maple und hat die Form

$$\boxed{Name\ [\ Folge\ ]}$$

Beachten Sie, daß Sie eine Folge von Indizes hinzufügen können, da ein indizierter Name selbst ein zulässiger Name ist.

```
> A[1,2];
```

$$A_{1,2}$$

```
> A[i,3*j-1];
```

$$A_{i,3j-1}$$

```
> b[1][1], data[Cu,gold][1];
```

$$b_{11}, data_{Cu,gold\,1}$$

Das Verwenden des indizierten Namens A[1,2] bedeutet nicht wie in einigen Sprachen, daß A ein Feld ist. Die Anweisung

```
> a := A[1,2] + A[2,1] - A[1,1]*A[2,2];
```

$$a := A_{1,2} + A_{2,1} - A_{1,1}\,A_{2,2}$$

bildet eine Formel in den vier indizierten Namen. (Falls A jedoch zu einem Feld oder einer Tabelle ausgewertet wird, bezieht sich A[1,1] auf das Element (1, 1) des Feldes oder der Tabelle.)

Der Konkatenationsoperator Im allgemeinen können Sie einen Namen *Name* (der eine Zeichenkette oder eine indizierte Zeichenkette ist) mit Hilfe des *Konkatenationsoperators* auf eine der drei folgenden Arten bilden:

$$\boxed{\begin{array}{l} \textit{Name . Zahl} \\ \textit{Name . Zeichenkette} \\ \textit{Name . (Ausdruck)} \end{array}}$$

Da ein *Name* auf der linken Seite auftreten kann, erlaubt Maple eine Folge von Konkatenationen. Einige Beispiele zur Namensbildung mit dem Konkatenationsoperator sind:

$$v.5 \quad p.n \quad a.(2 * i) \quad V.(1..n) \quad r.i.j$$

Der Konkatenationsoperator ist ein binärer Operator, der eine Zeichenkette als linken Operanden erfordert. Obwohl Maple Ausdrücke normalerweise von links nach rechts auswertet, wertet es Konkatenationen von rechts nach links aus. Maple wertet den rechtesten Operanden aus und konkateniert an den linken Operanden. Wenn es den rechten Operanden zu einer ganzen Zahl oder einer Zeichenkette auswertet, ist das Ergebnis der Konkatenation ein Name. Wenn es den rechten Operanden zu einem anderen Objekttyp auswertet, zum Beispiel einer Formel, so ist das Ergebnis der Operation ein unausgewertetes konkateniertes Objekt.

```
> p.n;
```

$$pn$$

```
> n := 4: p.n;
```

$$p4$$

```
> p.(2*n+1);
```

$$p9$$

```
> p.(2*m+1);
```

$$p.(2\,m + 1)$$

Wenn der *Ausdruck* auf der rechten Seite eine Folge oder ein Bereich ist und die Operanden des Bereichs ganze Zahlen sind, erzeugt Maple eine Folge von Namen.

```
> x.(a, b, 4, 67);
```

$$xa, xb, x4, x67$$

```
> x.(1..5);
```

$$x1, x2, x3, x4, x5$$

Falls mehr als ein Bereich auftritt, setzt es die erweiterte Folge von Namen zusammen.

```
> x.(1..2).(1..3);
```

$$x11, x12, x13, x21, x22, x23$$

Maple wertet das linkeste Objekt niemals vollständig aus, sondern wertet es stattdessen zu einem Namen aus. Konkatenationen können auch mit dem Befehl cat gebildet werden.

$$\boxed{\text{cat(} \textit{Folge} \text{)}}$$

Beachten Sie, daß alle Argumente des Befehls cat normal (wie für jeden anderen Funktionsaufruf) ausgewertet werden. Deshalb ist

```
> cat( a, b, c );
```

$$abc$$

äquivalent zu

```
> `` . a . b . c;
```

$$abc$$

Geschützte Namen Viele Namen haben in Maple eine vordefinierte Bedeutung, und Sie können ihnen keinen Wert direkt zuweisen. Die Namen vordefinierter Funktionen wie sin, die Sinusfunktion, Einheitsoperationen wie degree, die den Grad eines Polynoms berechnet, Befehle wie diff zum Differenzieren und Typnamen wie integer und list sind alles Beispiele für geschützte Namen. Wenn der Benutzer eine Zuweisung an einen dieser Namen durchzuführen versucht, tritt ein Fehler auf.

```
> list := [1,2];

Error,
attempting to assign to `list` which is protected
```

Das System schützt diese Namen vor unbeabsichtigten Zuweisungen. Es *ist* möglich, an diese Namen eine Zuweisung durchzuführen, indem Sie zunächst wie folgt den Schutz aufheben:

```
> unprotect(sin);
> sin := `in der Tat eine Sinusfunktion`;
```

$$\text{sin} := \textit{in der Tat eine Sinusfunktion}$$

Nun werden aber diejenigen Bereiche von Maple, die auf der Sinusfunktion aufgebaut sind, nicht mehr ordnungsgemäß funktionieren.

```
> plot( 1, 0..2*Pi, coords=polar );
```

```
Warning in iris-plot: empty plot
```

Wenn Sie andererseits Programme schreiben, in denen Sie verhindern möchten, daß ein Benutzer Zuweisungen an bestimmte Namen unternimmt, so verwenden Sie den Befehl protect.

```
> square := x -> x^2;
```

$$square := x \rightarrow x^2$$

```
> protect( square );
> square := 9;
```

```
Error,
attempting to assign to 'square' which is protected
```

Freigeben: Löschen eines Namens

Wenn Namen keine zugewiesenen Werte tragen, verhalten sie sich wie Unbekannte. Weist man ihnen Werte zu, so verhalten Sie sich wie Variablen. Häufig ist es wünschenswert, einen Namen freizugeben (oder zu löschen), der vorher einen zugewiesenen Wert getragen hat, damit Sie den Namen erneut als Unbekannte verwenden können. Sie können dies in Maple durch *Zuweisen des Namens auf sich selbst* erreichen. Maple versteht dies als Löschen des Namens. Der Befehl

evaln(*Name*)

wertet *Name* zu einem Namen aus (im Gegensatz zur Auswertung von *Name* zu seinem Wert wie in anderen Funktionsaufrufen). Sie können also einen Namen folgendermaßen freigeben:

```
> a := evaln(a);
```

$$a := a$$

```
> i := 4;
```

$$i := 4$$

```
> a[i] := evaln(a[i]);
```

$$a_4 := a_4$$

```
> a.i := evaln(a.i);
```

$$a4 := a4$$

In dem speziellen Fall, daß *Name* eine Zeichenkette ist, können Sie auch eine Variable durch Verzögerung der Auswertung der rechten Seite mit einfachen Anführungszeichen (') freigeben. Siehe den Abschnitt *Unausgewertete Ausdrücke* auf Seite 181.

```
> a := 'a';
```

$$a := a$$

Verwandte Funktionen   Sie können den Befehl `assigned` einsetzen, um zu überprüfen, ob ein Name einen zugewiesenen Wert hat.

```
> assigned(a);
```

false

Der Befehl `assign` weist einer Variablen zu.

```
> assign( a=b );
> assigned(a);
```

true

```
> a;
```

$$b$$

Maple wertet normalerweise alle Argumente von `assign` aus. Aufgrund der vorherigen Zuweisung `assign(a=b)` weist Maple hier `b` den Wert 2 zu.

```
> assign( a=2 );
> b;
```

$$2$$

Die Auswertung von `a` um eine Ebene zeigt, daß `a` immer noch den Wert `b` hat.

```
> eval( a, 1 );
```

$$b$$

Die Änderung des Wertes von `a` beeinflußt nicht den Wert von `b`.

```
> a := 3;
```

$$a := 3$$

```
> b;
```

$$2$$

Häufig wendet man den Befehl `assign` auf eine Menge oder auf eine Liste von Gleichungen an.

```
> eqn1  :=  x + y = 2:
> eqn2  :=  x - y = 3:
> sol := solve( {eqn1, eqn2}, {x, y} );
```

$$sol := \{y = \frac{-1}{2}, x = \frac{5}{2}\}$$

Maple bestimmt die Variablen x und y gemäß der Menge `sol` von Gleichungen.

```
> assign(sol);
> x;
```

$$\frac{5}{2}$$

```
> assigned(x);
```

true

Beachten Sie, daß sie vielleicht einem Ausdruck wie `f(x)` keinen Wert zuweisen wollen. Siehe *Merktabellen* auf Seite 74.

Die Auswahlanweisung

Die Auswahl- oder Bedingungsanweisung hat vier Formen. Die Syntax der ersten beiden Formen ist

```
if Ausdruck then AnwFolge fi;
if Ausdruck then AnwFolge1 else AnwFolge2 fi;
```

Maple führt die Auswahlanweisung folgendermaßen aus: Es wertet den Ausdruck im `if`-Teil aus. Falls das Ergebnis der Boolesche Wert `true` ist, führt Maple die Anweisungsfolge im `then`-Teil aus. Falls das Ergebnis der Boolesche Wert `false` oder `FAIL` ist, führt Maple die Anweisungen im `else`-Teil aus.

```
> x := -2:
> if x<0 then 0 else 1 fi;
```

0

Ausdruck muß zu einem der Booleschen Werte `true`, `false` oder `FAIL` ausgewertet werden können; siehe *Boolesche Ausdrücke* auf Seite 174.

```
> if x then 0 else 1 fi;
```

```
Error, invalid boolean expression
```

Lassen Sie den else-Teil weg, wenn Sie keine sonstigen Aktionen ausführen möchten, falls die Bedingung nicht erfüllt ist.

```
> if x>0 then x := x-1 fi;
> x;
```

$$-2$$

Die Auswahlanweisung kann geschachtelt sein, d.h. die Anweisungsfolge im then- oder else-Teil kann jede beliebige Anweisung sein, einschließlich einer if-Anweisung.

Berechnen Sie das Vorzeichen einer Zahl.

```
> if x > 1 then 1
> else if x=0 then 0 else -1 fi
> fi;
```

Das folgende Beispiel demonstriert eine Anwendung von FAIL.

```
> r := FAIL:
> if r then
>     print(1)
> else
>     if not r then
>         print(0)
>     else
>         print(-1)
>     fi
> fi;
```

$$-1$$

Wenn Maple viele Fälle beachten muß, werden die geschachtelten if-
Anweisungen verwirrend und unleserlich. Maple bietet folgende zwei Alternativen:

```
if Ausdruck then AnwFolge elif Ausdruck then AnwFolge fi;
if Ausdruck then AnwFolge elif Ausdruck then AnwFolge
else AnwFolge fi;
```

Das Konstrukt elif *Ausdruck* then *AnwFolge* darf mehrmals vorkommen.

Nun können Sie die Vorzeichenfunktion mit Hilfe einer elif-Klausel
implementieren.

```
> x := -2;
```

$$x := -2$$

```
> if x<0 then -1
> elif x=0 then 0
> else 1
> fi;
```

$$-1$$

In dieser Form können Sie die Auswahlanweisung als case-Anweisung mit optionalem else-Teil als Standardfall betrachten. Wenn Sie zum Beispiel ein Programm schreiben, das einen Parameter n mit vier möglichen Werten 0, 1, 2, 3 akzeptiert, könnten Sie folgendes schreiben:

```
> n := 5;
```

$$n := 5$$

```
> if   n=0 then 0
> elif n=1 then 1/2
> elif n=2 then sqrt(2)/2
> elif n=3 then sqrt(3)/2
> else ERROR('falsches Argument', n)
> fi;
```

```
Error, falsches Argument, 5
```

Die Wiederholungsanweisung

Die allgemeinste Wiederholungsanweisung in Maple ist die for-Schleife. Sie können jedoch viele Schleifen mit effizienteren und kürzeren Spezialformen ersetzen. Siehe den Abschnitt *Nützliche Schleifenkonstrukte* auf Seite 186.

Die for-Schleife hat zwei Formen: die for-from-Schleife und die for-in-Schleife.

Die for-from-Schleife Eine typische for-from-Schleife hat die Form:

```
> for i from 2 to 5 do i^2 od;
```

$$4$$

$$9$$

$$16$$

$$25$$

TABELLE 4.6   Klauseln und
ihre Standardwerte

Klausel	Standardwert
for	Hilfsvariable
from	1
by	1
to	infinity
while	true

Diese Folge von Ergebnissen entsteht wie folgt. Zunächst weist Maple `i` den Wert 2 zu. Da 2 kleiner als 5 ist, führt Maple die Anweisung zwischen `do` und `od` aus. Danach erhöht es `i` um 1 auf 3, testet erneut, führt die Schleife aus und so weiter, bis `i` echt größer als 5 ist. In diesem Fall ist der endgültige Wert von `i`

```
> i;
```

$$6$$

Die Syntax der `for-from`-Schleife ist

```
for Name from Ausdruck by Ausdruck to Ausdruck while Ausdruck
do AnwFolge od;
```

Sie können jede der Klauseln `for` *Name*, `from` *Ausdruck*, `by` *Ausdruck*, `to` *Ausdruck* oder `while` *Ausdruck* weglassen. Sie können die Anweisungsfolge *AnwFolge* weglassen. Mit Ausnahme der `for`-Klausel, die als erste erscheinen muß, können die anderen Klauseln in beliebiger Reihenfolge auftreten. Wenn Sie eine Klausel weglassen, hat sie den in Tabelle 4.6 aufgelisteten Standardwert.

Das obige Beispiel könnten Sie auch schreiben als

```
> for i from 2 by 1 to 5 while true do i^2 od:
```

Wenn die `by`-Klausel negativ ist, zählt die `for`-Schleife absteigend.

```
> for i from 5 to 2 by -1 do i^2 od;
```

$$25$$

$$16$$

$$9$$

$$4$$

Zur Bestimmung der ersten Primzahl größer als 10^7 könnten Sie folgendes schreiben:

```
> for i from 10^7 while not isprime(i) do od;
```

Nun ist i die erste Primzahl größer 10^7.

```
> i;
```

$$10000019$$

Beachten Sie, daß der Rumpf der Schleife leer ist. Maple erlaubt die leere Anweisung. Versuchen Sie das Programm zu verbessern, indem Sie nur die ungeraden Zahlen betrachten.

```
> for i from 10^7+1 by 2 while not isprime(i) do od;
> i;
```

$$10000019$$

Hier ist ein Beispiel für die n-malige Wiederholung einer Aktion. Werfen Sie einen Würfel fünfmal.

```
> die := rand(1..6):
> to 5 do die(); od;
```

$$4$$
$$3$$
$$4$$
$$6$$
$$5$$

Das Weglassen aller Klauseln erzeugt eine Endlosschleife.

```
do AnwFolge od;
```

Dies ist äquivalent zu

```
for Name from 1 by 1 to infinity while true
do AnwFolge od;
```

Diese Schleife wird endlos durchlaufen, es sei denn, das Konstrukt break (siehe break *und* next auf Seite 140) oder die Prozedur RETURN (siehe *Explizite Rückkehr* auf Seite 210) terminiert sie, Maple stößt auf die Anweisung quit oder ein Fehler tritt auf.

Die while-Schleife   Die while-Schleife ist eine for-Schleife mit while-Klausel und keinen weiteren Klauseln.

```
while Ausdruck do AnwFolge od;
```

Der *Ausdruck* wird *while-Bedingung* genannt. Er muß ein Boolescher Ausdruck sein, d.h. er muß zu `true`, `false` oder `FAIL` ausgewertet werden können. Zum Beispiel:

```
> x := 256;
```
$$x := 256$$

```
> while x>1 do x := x/4 od;
```
$$x := 64$$
$$x := 16$$
$$x := 4$$
$$x := 1$$

Die `while`-Schleife arbeitet wie folgt. Maple wertet zuerst die `while`-Bedingung aus. Falls sie zu `true` ausgewertet wird, führt Maple den Rumpf der Schleife aus. Diese Schleife wird wiederholt, bis die `while`-Bedingung zu `false` oder `FAIL` ausgewertet wird. Beachten Sie, daß Maple die `while`-Bedingung *vor* Ausführung des Schleifenrumpfs auswertet. Wenn die `while`-Bedingung nicht zu `true`, `false` oder `FAIL` ausgewertet wird, tritt ein Fehler auf.

```
> x := 1/2:
> while x>1 do x := x/2 od;
> x;
```
$$\frac{1}{2}$$

```
> while x do x := x/2 od;
Error, invalid boolean expression
```

Die `for-in`-Schleife Angenommen Sie haben eine Liste von ganzen Zahlen L und Sie möchten diejenigen ganzen Zahlen der Liste bestimmen, die höchstens den Wert 7 haben. Sie könnten folgendes schreiben:

```
> L := [7,2,5,8,7,9];
```
$$L := [7, 2, 5, 8, 7, 9]$$

```
> for i in L do
>     if i <= 7 then print(i) fi;
> od;
```
$$7$$
$$2$$
$$5$$
$$7$$

Dieses Beispiel durchläuft die Komponenten eines Objekts, welches diesmal eine Liste ist. In anderen Beispielen könnte das Objekt aber eine Menge, eine Summe von Termen oder ein Produkt von Faktoren sein. Die Syntax der `for-in`-Schleife ist:

```
for Name in Ausdruck while Ausdruck do AnwFolge od;
```

Der Schleifenindex (der in der `for`-Klausel der Anweisung spezifizierte *Name*) übernimmt die Operanden des ersten *Ausdruck*. Siehe *Baum eines Ausdrucks: interne Repräsentation* auf Seite 143 für eine Beschreibung der mit den Datentypen verbundenen Operatoren. Sie können den Wert des Indexes in der optionalen `while`-Klausel testen, und der Wert des Indexes ist selbstverständlich verfügbar, wenn Sie *AnwFolge* ausführen. Beachten Sie, daß der Wert des Indexvariablennamens am Ende der Schleife zugewiesen bleibt, falls das Objekt mindestens einen Operanden enthält.

break und next In Sprache von Maple gibt es zwei zusätzliche Schleifenkontrollkonstrukte: `break` und `next`. Wenn Maple den speziellen Namen `break` auswertet, ist das Resultat das Verlassen der innersten Wiederholungsanweisung, innerhalb der er vorkommt. Die Ausführung fährt mit der ersten Anweisung nach dieser Wiederholungsanweisung fort.

```
> L := [2, 5, 7, 8, 9];
```

$$L := [2, 5, 7, 8, 9]$$

```
> for i in L do
>     print(i);
>     if i=7 then break fi;
> od;
```

$$2$$
$$5$$
$$7$$

Wenn Maple den speziellen Namen `next` auswertet, geht es sofort zur nächsten Iteration weiter. Angenommen Sie wollen zum Beispiel die Elemente einer Liste, die gleich 7 sind, überspringen.

```
> L := [7,2,5,8,7,9];
```

$$L := [7, 2, 5, 8, 7, 9]$$

```
> for i in L do
>     if i=7 then next fi;
>     print(i);
> od;
```

2

5

8

9

Ein Fehler tritt auf, falls Maple die Namen break oder next in einem Kontext außerhalb einer Wiederholungsanweisung auswertet.

```
> next;
```

```
Error, break or next not in loop
```

Die read- und save-Anweisungen

Das Dateisystem ist ein wichtiger Teil von Maple. Der Benutzer kann mit dem Dateisystem entweder explizit über die read- und save-Anweisungen interagieren oder implizit durch Ausführung eines Befehls, wobei automatisch Informationen aus einer Datei geladen werden. Die Berechnung eines Integrals kann zum Beispiel viele Befehle aus der Maple-Bibliothek laden. Die read- und save-Anweisungen lesen und speichern Maple-Daten und Programme in und aus Dateien. Siehe auch Kapitel 9.

Speichern einer Maple-Sitzung Die save-Anweisung hat zwei Formen. Die erste Form

```
save Dateiname;
```

veranlaßt Maple, die aktuelle Sitzung in eine Datei zu schreiben (speichern). Sie speichert alle Daten der Sitzung. Sie können sie später mit Hilfe des Befehls read in Maple zurücklesen.

Der Ausdruck *Dateiname* muß zu einem Namen ausgewertet werden, der den Namen einer Datei darstellt. Falls der Name mit den Zeichen ".m" endet, speichert Maple die Umgebung in seinem internen Format; ansonsten speichert es die Umgebung als reine Textdatei. Interne Dateiformate können nicht von Menschen gelesen werden. Maple codiert sie in ein binäres Format. Sie sind kompakt und können von Maple schneller gelesen werden als Textdateien. Falls der Dateiname nicht mit ".m" endet, schreibt Maple die Datei im ASCII-Textformat. Maple speichert die Werte einer Sitzung als eine Folge von Zuweisungsanweisungen. Angenommen Sie haben diese Werte in einer neuen Maple-Sitzung berechnet.

```
> r0 := x^3:
> r1 := diff(r0,x):
> r2 := diff(r1,x):
```

Die nächste Anweisung speichert alle drei Werte im ASCII-Format in der Datei rvalues.

```
> save rvalues;
```

Sie könnten stattdessen die Werte in einem internen Dateiformat in rvalues.m speichern.

```
> save 'rvalues.m';
```

Beachten Sie, daß Sie aufgrund des Zeichens "." im Dateinamen Rückwärtsapostrophe (die Zeichenketten begrenzen) um den letzten Dateinamen benötigen. Dies ist nun der Inhalt der Datei rvalues.

```
r0 := x^3;
r1 := 3*x^2;
r2 := 6*x;
```

Speichern ausgewählter Werte Die verallgemeinerte Syntax der save-Anweisung ermöglicht Ihnen, eine Folge von spezifizierten Variablen zu speichern. Sie hat die allgemeine Form

```
save NamenFolge, Dateiname;
```

NamenFolge muß hier eine Folge der Namen zugewiesener Variablen sein. Maple speichert jeden Variablennamen und dessen Wert in der Datei *Dateiname*, das einem Dateinamen ausgewertet werden muß. Maple wertet jedes Argument außer dem letzten zu einem Namen aus. Die Anweisung wertet das letzte Argument normal aus.

Dies speichert nur r1 und r2 in der ASCII-Datei my_file:

```
> save r1, r2, 'my_file';
```

Die read-Anweisung Die read-Anweisung

```
read Dateiname;
```

liest eine Datei in die Maple-Sitzung ein. *Dateiname* muß zu einer Zeichenkette ausgewertet werden können, die den Namen der Datei spezifiziert. Die Datei muß entweder in Maples internem Format (eine .m-Datei) oder eine Textdatei sein.

Lesen von Textdateien Falls die Datei eine reine Textdatei ist, muß sie eine Folge von durch Strichpunkte oder Doppelpunkte getrennten zulässigen Maple-Anweisungen enthalten. Der Effekt des Lesens der Datei ist identisch zu der interaktiven Eingabe der gleichen Anweisungsfolge. Das System zeigt das Ergebnis der Ausführung jeder aus der Datei eingelesenen Anweisung an.

4.4 Ausdrücke

Die Ausdrücke sind die fundamentalen Elemente der Sprache von Maple. Die verschiedenen Typen von Ausdrücken schließen Konstanten, Namen von Variablen und Unbekannten, Formeln, Boolesche Ausdrücke, Reihen und andere Datenstrukturen ein. Technisch gesehen sind Prozeduren auch gültige Ausdrücke, da Sie sie überall, wo ein Ausdruck erlaubt ist, verwenden können. Kapitel 5 beschreibt diese separat. Die Hilfeseite `?precedence` gibt die Reihenfolge des Vorrangs aller Operatoren der Programmiersprache an.

Baum eines Ausdrucks: interne Repräsentation

Lassen Sie uns mit einer Formel beginnen.

```
> f := sin(x) + 2*cos(x)^2*sin(x) + 3;
```

$$f := \sin(x) + 2\,\cos(x)^2\,\sin(x) + 3$$

Zur Repräsentation dieser Formel bildet Maple *den Baum des Ausdrucks.*

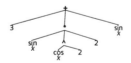

Der erste mit "+" markierte Knoten des Baums ist eine Summe. Dies zeigt den *Typ* des Ausdrucks an. Dieser Ausdruck hat drei Äste, die den drei Termen der Summe entsprechen. Die Knoten jedes Astes geben Ihnen den Typ jedes Terms der Summe an. Und dies weiter so den Baum entlang, bis Sie die Blätter des Baums erreichen, die in diesem Beispiel Namen und ganze Zahlen sind.

Bei der Programmierung mit Ausdrücken brauchen Sie eine Methode, um zu bestimmen, welche Typen von Ausdrücken Sie haben, wie viele Operanden oder Äste ein Ausdruck hat und ein Verfahren zur Auswahl der Operanden. Sie brauchen auch eine Methoden zum Zusammensetzen neuer Ausdrücke, zum Beispiel durch Ersetzen des Operanden eines Ausdrucks durch einen neuen Wert. Tabelle 4.7 listet die dafür benötigten primitiven Funktionen auf.

TABELLE 4.7   Primitive Funktionen

type(*f*, *t*)	testet, ob *f* vom Typ *t* ist
nops(*f*)	liefert die Anzahl der Operanden von *f*
op(*i*, *f*)	wählt den *i*-ten Operanden von *f* aus
subsop(*i*=g, *f*)	ersetzt den *i*-ten Operanden von *f* durch *g*

```
> type(f, '+');
```

$$true$$

```
> type(f, '*');
```

$$false$$

```
> nops(f);
```

$$3$$

```
> op(1, f);
```

$$\sin(x)$$

```
> subsop(2=0, f);
```

$$\sin(x) + 3$$

Durch Bestimmen des Typs eines Ausdrucks, seiner Anzahl von Operanden und Auswahl jedes Operanden des Ausdrucks können Sie sich systematisch durch einen Ausdruck durcharbeiten.

```
> t := op(2, f);
```

$$t := 2 \, \cos(x)^2 \, \sin(x)$$

```
> type(t, '*');
```

$$true$$

```
> nops(t);
```

$$3$$

```
> type(op(1,t), integer);
```

$$true$$

```
> type(op(2,t), '^');
```

$$true$$

```
> type(op(3,t), function);
```

true

Der Befehl op hat verschiedene andere nützliche Formen. Die erste ist

$$\boxed{\mathrm{op}(i..j,\ f)}$$

was die Operandenfolge

$$\boxed{\mathrm{op}(i,\ f),\ \mathrm{op}(i{+}1,\ f),\ \ldots,\ \mathrm{op}(j{-}1,\ f),\ \mathrm{op}(j,\ f)}$$

von f liefert. Sie möchten vielleicht die ganze Operandenfolge eines Ausdrucks sehen. Sie können dies mit

$$\boxed{\mathrm{op}(f)}$$

tun, was äquivalent ist mit op(1..nops(f),f). Der spezielle Operand op(0,f) liefert im allgemeinen den Typ eines Ausdrucks mit Ausnahme, wenn f eine Funktion ist. In diesem Fall liefert er den Funktionsnamen.

```
> op(0, f);
```

$$+$$

```
> op(1..3, f);
```

$$\sin(x),\, 2\cos(x)^2\sin(x),\, 3$$

```
> op(0, op(1,f));
```

$$\sin$$

```
> op(0, op(2,f));
```

$$*$$

```
> op(0, op(3,f));
```

integer

Auswertung und Vereinfachung   Betrachten Sie dieses Beispiel im Detail.

```
> x := Pi/6:
> sin(x) + 2*cos(x)^2*sin(x) + 3;
```

$$\frac{17}{4}$$

Was macht Maple, wenn es den zweiten Befehl ausführt? Maple liest und *überprüft* zuerst die Eingabezeile. Während es die Eingabezeile überprüft, bildet es einen Baum zur Repräsentation des Wertes

$$\sin(x) + 2\cos(x)^2 \sin(x) + 3.$$

Als nächstes *wertet* es den Baum *aus*, danach *vereinfacht* es das Ergebnis. Auswertung bedeutet Ersetzen der Variablen durch Werte und Aufruf jeglicher Funktionen. Hier wird x zu $\pi/6$ ausgewertet. Mit diesen Substitutionen ergibt sich der folgende Ausdruck:

$$\sin(\pi/6) + 2\cos(\pi/6)^2 \sin(\pi/6) + 3$$

Durch Aufruf der Sinus- und Cosinusfunktionen erhält Maple einen neuen Baum.

$$1/2 + 2 \times (1/2\sqrt{3})^2 \times 1/2 + 3.$$

Zuletzt vereinfacht Maple diesen Baum (führt die Arithmetik aus) , um den Bruch 17/4 zu erhalten. Im folgenden Beispiel wird ausgewertet, aber eine Vereinfachung ist nicht möglich.

```
> x := 1;
```
$$x := 1$$
```
> sin(x) + 2*cos(x)^2*sin(x) + 3;
```
$$\sin(1) + 2\cos(1)^2 \sin(1) + 3$$

Angefangen mit den Konstanten stellen wir nun jede Art von Ausdruck detailliert vor. Die Einführung zeigt, wie man den Ausdruck eingibt, Beispiele, wie und wo man den Ausdruck verwenden sollte, und die Wirkung der Befehle `type`, `nops`, `op` und `subsop` auf den Ausdruck.

Numerische Konstanten sind in Maple die ganzen Zahlen, Brüche und Gleitkomma- oder Dezimalzahlen. Die komplexen numerischen Konstanten schließen die komplexen ganzen Zahlen (Gaußsche ganze Zahlen), die komplexen rationalen Zahlen und die komplexen Gleitkommazahlen ein.

Die Typen und Operanden der ganzen Zahlen, Zeichenketten, indizierten Namen und Konkatenationen

Der Typ einer ganzen Zahl ist `integer`. Der Befehl `type` versteht auch die in Tabelle 4.8 aufgelisteten Untertypen der ganzen Zahlen. Die Befehle `op` und `nops` gehen davon aus, daß eine ganze Zahl nur einen Operanden hat, nämlich die ganze Zahl selbst.

TABELLE 4.8   Untertypen von ganzen Zahlen

negint	negative ganze Zahlen
posint	positive ganze Zahlen
nonnegint	nichtnegative ganze Zahlen
even	gerade ganze Zahlen
odd	ungerade ganze Zahlen
prime	Primzahlen

```
> x := 23;
```

$$x := 23$$

```
> op(0, x);
```

integer

```
> op(x);
```

23

```
> type(x, prime);
```

true

Der Typ einer Zeichenkette ist string. Eine Zeichenkette hat auch nur einen Operanden. Wenn eine Zeichenkette einen zugewiesenen Wert hat, ist ihr Wert der Operand der Zeichenkette; ansonsten ist der Operand der Zeichenkette die Zeichenkette selbst.

```
> s := 'Ist dies eine Zeichenkette?';
```

$s :=$ *Ist dies eine Zeichenkette?*

```
> type(s, string);
```

true

```
> nops(s);
```

1

```
> op(s);
```

Ist dies eine Zeichenkette?

Der Typ eines indizierten Namens ist indexed. Die Operanden eines indizierten Namens sind die Indizes in *Folge* und der nullte Operand ist *Name*. Der Befehl type unterstützt auch den zusammengesetzten Typ name, den Maple entweder als string oder indexed definiert.

```
> x := A[1][2,3];
```

$$x := A_{12,3}$$

```
> type(x, indexed);
```

true

```
> nops(x);
```

2

```
> op(x);
```

2, 3

```
> op(0,x);
```

$$A_1$$

```
> y:="";
```

$$y := A_1$$

```
> type(y, indexed);
```

true

```
> nops(y), op(0,y), op(y);
```

$$1, A, 1$$

Der Typ einer unausgewerteten Konkatenation ist ".". Dieser Typ hat zwei Operanden, den Ausdruck auf der linken Seite und den Ausdruck auf der rechten Seite.

```
> c := p.(2*m + 1);
```

$$c := p.(2\,m+1)$$

```
> type(c, '.');
```

true

```
> op(0, c);
```

.

```
> nops(c);
```

2

```
> op(c);
```

$$p, 2\,m+1$$

Brüche und rationale Zahlen

Ein *Bruch* wird eingegeben als

> *ganzeZahl/natürlicheZahl*

Maple führt die Arithmetik mit Brüchen und ganzen Zahlen *exakt* aus. Maple vereinfacht einen Bruch immer sofort, so daß der Nenner positiv ist, und reduziert den Bruch zu den kleinsten Termen durch Kürzung des größten gemeinsamen Teilers von Zähler und Nenner.

```
> -30/12;
```

$$\frac{-5}{2}$$

Wenn der Nenner nach der Vereinfachung eines Bruchs 1 ist, konvertiert ihn Maple automatisch in eine ganze Zahl. Der Typ eines Bruchs ist `fraction`. Der Befehl `type` unterstützt auch den zusammengesetzten Typnamen `rational`, der `integer` oder `fraction` ist, d.h. eine rationale Zahl.

```
> x := 4/6;
```

$$x := \frac{2}{3}$$

```
> type(x,rational);
```

$$true$$

Ein Bruch hat zwei Operanden, den Zähler und den Nenner. Zusätzlich zum Befehl `op` können Sie die Befehle `numer` und `denom` zur Extraktion des Zählers beziehungsweise des Nenners aus einem Bruch verwenden.

```
> op(1,x), op(2,x);
```

$$2, 3$$

```
> numer(x), denom(x);
```

$$2, 3$$

Gleitkommazahlen (Dezimalzahlen)

Eine *Gleitkommazahl ohne Vorzeichen* hat eine der folgenden sechs Formen:

> *natürlicheZahl*.*natürlicheZahl*
> *natürlicheZahl*.
> .*natürlicheZahl*
> *natürlicheZahl Exponent*
> *natürlicheZahl*.*natürlicheZahl Exponent*
> .*natürlicheZahl Exponent*

wobei das *Exponentensymbol* der Buchstabe "e" oder "E" ist, dem eine ganze Zahl mit Vorzeichen ohne Leerzeichen folgt. Eine *Gleitkommazahl* ist eine *Gleitkommazahl ohne Vorzeichen* oder eine Gleitkommazahl mit Vorzeichen (+*Gleitkommazahl ohne Vorzeichen* oder −*Gleitkommazahl ohne Vorzeichen* bezeichnet eine Gleitkommazahl mit Vorzeichen).

```
> 1.2,  -2., +.2;
```
$$1.2, -2., .2$$

```
> 2e2,  1.2E+2, -.2e-2;
```
$$200., 120., -.002$$

Beachten Sie, daß

```
> 1.e2;
```
```
syntax error, missing operator or ';':
1.e2;
     ^
```

nicht zulässig ist und Leerzeichen bedeutend sind.

```
> .2e -1 <> .2e-1;
```
$$-.8 \neq .02$$

Der Typ einer Gleitkommazahl ist `float`. Der Befehl `type` unterstützt auch den zusammengesetzten Typnamen `numeric`, den Maple als `integer`, `fraction` oder `float` definiert.

Eine Gleitkommazahl hat zwei Operanden, die Mantisse m und den Exponent e, d.h. die repräsentierte Zahl ist $m \times 10^e$.

```
> x := 231.3;
```
$$x := 231.3$$

```
> op(1,x);
```
$$2313$$

```
> op(2,x);
```
$$-1$$

Ein alternatives Eingabeformat für Gleitkommazahlen ist in Maple die Verwendung des Befehls `Float`

$$\boxed{\texttt{Float(}m\texttt{, }e\texttt{)}}$$

der die Gleitkommazahl $m \times 10^e$ aus der Mantisse m und dem Exponenten e erzeugt.

Maple repräsentiert die Mantisse einer Gleitkommazahl als ganze Zahl. Die Längenbegrenzung ist üblicherweise größer als 500.000 signifikante Nachkommastellen. Maple beschränkt jedoch den Exponenten auf eine ganze Zahl mit Maschinen- oder Wortlänge. Diese Größe ist systemabhängig, liegt aber typischerweise in der Größenordnung von neun oder mehr Ziffern. Sie können eine Gleitkommazahl $m \times 10^e$ auch eingeben, indem Sie mit einer Potenz von 10 multiplizieren. Maple berechnet dann aber den Ausdruck 10^e, bevor es mit der Mantisse multipliziert. Diese Methode ist für große Exponenten ineffizient.

Arithmetik mit Gleitkommazahlen Für arithmetische Operationen und die mathematischen Standardfunktionen wird Gleitkommaarithmetik automatisch angewendet, wenn einer der Operanden (oder Argumente) eine Gleitkommazahl ist oder zu einer Gleitkommazahl ausgewertet wird. Der globale Name `Digits`, der standardmäßig auf 10 eingestellt ist, bestimmt die Anzahl der Nachkommastellen, die Maple beim Rechnen mit Gleitkommazahlen verwendet (die Anzahl der Nachkommastellen in der Mantisse).

```
> x := 2.3:  y := 3.7:
> 1 - x/y;
```

$$.3783783784$$

Im allgemeinen können Sie den Befehl `evalf` verwenden, um die Auswertung eines Ausdrucks zu einem Gleitkommaausdruck, wo dies möglich ist, zu erzwingen.

```
> x := ln(2);
```

$$x := \ln(2)$$

```
> evalf(x);
```

$$.6931471806$$

Ein optionales zweites Argument an den Befehl `evalf` spezifiziert die Genauigkeit, mit der Maple diese Auswertung durchführt.

```
> evalf(x,15);
```

$$.693147180559945$$

TABELLE 4.9 Typen von komplexen Zahlen

complex(integer)	sowohl a als auch b sind ganze Zahlen, möglicherweise 0
complex(rational)	sowohl a als auch b sind rationale Zahlen
complex(float)	sowohl a als auch b sind Gleitkommazahlen
complex(numeric)	eines der obigen

Komplexe numerische Konstanten

Standardmäßig bezeichnet I in Maple die komplexe Einheit $\sqrt{-1}$. Tatsächlich sind alle folgenden Ausdrücke äquivalent.

```
> sqrt(-1), I, (-1)^(1/2);
```

$$i, i, i$$

Eine komplexe Zahl $a + bi$ wird in Maple als die Summe a + b*I eingegeben, d.h. Maple verwendet keine speziellen Repräsentationen für komplexe Zahlen. Benutzen Sie die Befehle Re und Im, um die reellen beziehungsweise die imaginären Teile auszuwählen.

```
> x := 2+3*I;
```

$$x := 2 + 3\,i$$

```
> Re(x), Im(x);
```

$$2, 3$$

Der Typ einer komplexen Zahl ist complex(numeric). Dies bedeutet, daß die reellen und imaginären Teile vom Typ numeric sind, d.h. ganze Zahlen, Brüche oder Gleitkommazahlen. Weitere nützliche Typnamen werden in Tabelle 4.9 aufgelistet.

Die Arithmetik mit komplexen Zahlen wird automatisch durchgeführt.

```
> x := (1 + I);   y := 2.0 - I;
```

$$x := 1 + i$$
$$y := 2.0 - 1.\,i$$

```
> x+y;
```

$$3.0$$

Maple weiß außerdem, wie es elementare Funktionen und viele spezielle Funktionen über komplexen Zahlen auswerten soll. Es tut dies automatisch, wenn a und b numerische Konstanten sind und a oder b eine Dezimalzahl ist.

```
> exp(2+3*I), exp(2+3.0*I);
```

$$e^{(2+3\,i)}, -7.315110095 + 1.042743656\,i$$

Wenn die Argumente keine komplexen Gleitkommakonstanten sind, können Sie den Ausdruck in manchen Fällen mit Hilfe des Befehls `evalc` in die Form $a + bi$ erweitern, wobei a und b reell sind.

Hier ist das Ergebnis nicht in der Form $a + bi$, da a nicht vom Typ `numeric` ist.

```
> 1/(a - I);
```

$$\frac{1}{a - i}$$

```
> evalc(");
```

$$\frac{a}{a^2 + 1} + \frac{i}{a^2 + 1}$$

Wenn Sie es vorziehen, für die imaginäre Einheit einen anderen Buchstaben, sagen wir j, zu verwenden, benutzen Sie den Befehl `alias` folgendermaßen:

```
> alias( I=I, j=sqrt(-1) );
```

$$j$$

```
> solve( {z^2=-1}, {z} );
```

$$\{z = j\}, \{z = -j\}$$

Der folgende Befehl löscht den Alias für j und setzt I wieder als imaginäre Einheit.

```
> alias( I=sqrt(-1), j=j );
```

$$i$$

```
> solve( {z^2=-1}, {z} );
```

$$\{z = i\}, \{z = -i\}$$

Marken

Eine *Marke* hat in Maple die Form

$$\boxed{\%\textit{natürlicheZahl}}$$

das heißt, der einstellige Operator % gefolgt von einer natürlichen Zahl. Eine Marke ist nur gültig, nachdem sie Maples Pretty-printer eingeführt hat. Der Sinn liegt darin, gemeinsamen Teilausdrücken einen Namen zu geben, um die Größe der ausgegebenen Ausgabe zu verkleinern und sie verständlicher zu machen. Nachdem sie der Pretty-printer eingeführt hat, können Sie eine Marke genauso wie einen zugewiesenen Namen in Maple verwenden.

```
> solve( {x^3-y^3=2, x^2+y^2=1}, {x, y} );
```

$$\{x = -\frac{1}{3}\,\%1\,(6\,\%1 - \%1^2 - 4\,\%1^3 + 2\,\%1^4 - 3), y = \%1\}$$

$$\%1 := \text{RootOf}(3\,\_Z^2 + 3 - 3\,\_Z^4 + 2\,\_Z^6 + 4\,\_Z^3)$$

Nachdem Sie den obigen Ausdruck erhalten haben, ist die Marke %1 ein zugewiesener Name und sein Wert der obige Ausdruck RootOf.

```
> %1;
```

$$\text{RootOf}(3\,\_Z^2 + 3 - 3\,\_Z^4 + 2\,\_Z^6 + 4\,\_Z^3)$$

Zur Einstellung sind zwei Optionen verfügbar. Die Option

```
interface(labelwidth=n)
```

gibt an, daß Maple Ausdrücke mit einer Breite kleiner als (ungefähr) n Zeichen nicht als Marke anzeigen sollte. Der Standard ist 20 Zeichen. Diese Einstellung können Sie vollkommen abstellen mit

```
> interface(labelling=false);
```

Folgen

Eine *Folge* ist ein Ausdruck der Form

```
Ausdruck_1, Ausdruck_2, ..., Ausdruck_n
```

Der Komma-Operator fügt Ausdrücke zu einer Folge zusammen. Er hat den niedrigsten Vorrang aller Operatoren mit Ausnahme der Zuweisung. Eine Schlüsseleigenschaft der Folgen ist, daß das Ergebnis zu einer einzigen ungeschachtelten Folge abgeflacht wird, falls einige *Ausdruck_i* selbst Folgen sind.

```
> a := A, B, C;
```

$$a := A, B, C$$

```
> a,b,a;
```

$$A, B, C, b, A, B, C$$

Eine Folge der Länge null ist syntaktisch korrekt. Sie entsteht zum Beispiel im Kontext der Erzeugung einer leeren Liste, einer leeren Menge, eines Funktionsaufrufs ohne Parameter oder eines indizierten Namens ohne Indizes. Maple initialisiert ursprünglich den speziellen Namen NULL mit der Folge der Länge null, und Sie können ihn wann immer nötig verwenden.

Sie können den Befehl type nicht zur Überprüfung des Typs einer Folge benutzen, und Sie können auch nicht die Befehle nops oder op verwenden, um die Anzahl der Operanden einer Folge zu zählen oder auszuwählen. Ihre Anwendung ist nicht möglich, weil eine Folge zu Argumenten dieser Befehle wird.

```
> s := x,y,z;
```

$$s := x, y, z$$

Der Befehl

```
> nops(s);
```

```
Error,
wrong number (or type) of parameters in function nops
```

entspricht dem Befehl

```
> nops(x,y,z);
```

```
Error,
wrong number (or type) of parameters in function nops
```

Hier sind die Argumente des Befehls nops x, y, z, was zu viele Argumente bedeutet. Wenn Sie die Anzahl der Operanden einer Folge zählen oder einen Operanden aus einer Folge auswählen möchten, sollten Sie zuerst die Folge folgendermaßen in eine Liste ablegen:

```
> nops([s]);
```

$$3$$

Alternativ können Sie die in *Auswahloperation* auf Seite 158 besprochene *Auswahloperation* verwenden, um die Operanden einer Folge auszuwählen.

Bitte beachten Sie, daß viele Maple-Befehle Folgen liefern. Sie möchten vielleicht Folgen in eine Listen- oder Mengendatenstruktur ablegen. Wenn zum Beispiel die Argumente des Befehls solve keine Mengen sind, liefert er eine Folgen von Werten, falls er mehrere Lösungen findet.

```
> s := solve(x^4-2*x^3-x^2+4*x-2, x);
```

$$s := \sqrt{2}, -\sqrt{2}, 1, 1$$

Die Elemente der obigen Folge sind Werte, keine Gleichungen, weil Sie im Aufruf von solve keine Mengen verwendet haben. Das Ablegen der Lösungen in eine Menge löscht die Duplikate.

```
> s := {s};
```

$$s := \{\sqrt{2}, 1, -\sqrt{2}\}$$

Der Befehl seq   Der Befehl seq erzeugt Folgen, ein Schlüsselwerkzeug zum Programmieren. Der Abschnitt *Die Befehle* seq, add *und* mul auf Seite 189 beschreibt ihn detailliert. Die Syntax hat eine der folgenden allgemeinen Formen.

---
seq(*f*, *i* = *a* .. *b*)
seq(*f*, *i* = *X*)

Hier sind *f*, *a*, *b* und *X* Ausdrücke und *i* ein Name. In der ersten Form müssen die Ausdrücke *a* und *b* zu numerischen Konstanten auswertbar sein. Das Ergebnis ist die Folge, die durch Auswertung von *f* nach der sukzessiven Zuweisung der Werte *a*, *a*+1, . . . , *b* (oder bis zum letzten Wert, der *b* nicht überschreitet) zum Index *i* entstanden ist. Falls der Wert *a* größer als *b* ist, ist das Ergebnis die Folge NULL .

```
> seq(i^2,i=1..4);
```

$$1, 4, 9, 16$$

```
> seq(x[i],i=1..4);
```

$$x_1, x_2, x_3, x_4$$

In der zweiten Form seq(*f*, *i*=*X*) ist das Ergebnis die Folge, die durch Auswertung von *f* nach der sukzessiven Zuweisung der Operanden des Ausdrucks *X* zum Index *i* entstanden ist. *Baum eines Ausdrucks: interne Repräsentation* auf Seite 143 stellt die Operanden eines allgemeinen Ausdrucks vor.

```
> a := x^3+3*x^2+3*x+1;
```

$$a := x^3 + 3\,x^2 + 3\,x + 1$$

```
> seq(i,i=a);
```

$$x^3, 3\,x^2, 3\,x, 1$$

```
> seq(degree(i,x), i=a);
```

$$3, 2, 1, 0$$

Der Dollar-Operator   Der Folgenoperator $ bildet ebenfalls Folgen. Der primäre Sinn von $ ist die Repräsentation einer symbolischen Folge so wie x$n in den folgenden Beispielen.

```
> diff(ln(x), x$n);
```

$$\mathrm{diff}(\ln(x), x\ \$\ n)$$

```
> seq( diff(ln(x), x$n), n=1..5);
```

$$\frac{1}{x}, -\frac{1}{x^2}, \frac{2}{x^3}, -\frac{6}{x^4}, \frac{24}{x^5}$$

Die allgemeine Syntax des Operators $ ist

```
f $ i = a .. b
f $ n
$ a .. b
```

wobei *f*, *a*, *b* und *n* Ausdrücke sind und *i* zu einem Namen auswertbar sein muß. Dieser Operator ist im allgemeinen weniger effizient als seq. Daher wird der Befehl seq zum Programmieren bevorzugt.

In der ersten Form erzeugt Maple eine Folge durch *Substitution* der Werte *a*, *a*+1, ..., *b* für *i* in *f*.

Die zweite Form *f*$*n* ist eine abgekürzte Notation für

```
f $ temp = 1 .. n
```

wobei *temp* eine temporäre Indexvariable ist. Falls der Wert von *n* eine ganze Zahl ist, ist das Ergebnis der zweiten Form die Folge bestehend aus der *n*-maligen Wiederholung des Wertes von *f*.

```
> x$3;
```

$$x, x, x$$

Die dritte Form $*a*..*b* ist eine abgekürzte Notation für

```
i $ i = a .. b
```

Falls die Werte von *a* und *b* numerische Konstanten sind, ist diese Form eine Abkürzung zum Erzeugen einer numerischen Folge *a*, *a*+1, *a*+2, ..., *b* (oder bis zum letzten Wert, der *b* nicht überschreitet).

```
> $0..4;
```

$$0, 1, 2, 3, 4$$

Der Befehl $ unterscheidet sich vom Befehl seq dadurch, daß *a* und *b* nicht zu ganzen Zahlen auswertbar sein müssen. Wenn *a* und *b* jedoch zu bestimmten Werten auswertbar sind, ist seq effizienter als $. Siehe seq, add *und* mul *versus* $, sum *und* product auf Seite 191.

Mengen und Listen

Eine *Menge* ist ein Ausdruck der Form

$$\{ \text{ Folge } \}$$

und eine *Liste* ist ein Ausdruck der Form

$$[\text{ Folge }]$$

Beachten Sie, daß eine *Folge* leer sein kann, so daß {} die leere Menge und [] die leere Liste darstellt. Eine Menge ist eine *ungeordnete* Folge von *eindeutigen* Ausdrücken. Maple löscht Duplikate und ordnet die Terme zum internen Speichern geeignet um. Eine Liste ist eine *geordnete* Folge von Ausdrücken mit einer vom Benutzer spezifizierten Reihenfolge der Ausdrücke. Maple bewahrt doppelte Einträge in einer Liste.

```
> {y[1],x,x[1],y[1]};
```

$$\{x, x_1, y_1\}$$

```
> [y[1],x,x[1],y[1]];
```

$$[y_1, x, x_1, y_1]$$

Eine Menge ist ein Ausdruck von Typ `set`. Ähnlich ist eine Liste ein Ausdruck vom Typ `list`. Die Operanden einer Liste oder einer Menge sind die Elemente der Liste oder Menge. Wählen Sie die Elemente einer Liste oder einer Menge mit Hilfe des Befehls op oder eines Index aus.

```
> t := [1, x, y, x-y];
```

$$t := [1, x, y, x - y]$$

```
> op(2,t);
```

$$x$$

```
> t[2];
```

$$x$$

Die Reihenfolge innerhalb von Mengen ist in Maple diejenige Reihenfolge, in der es die Ausdrücke im Speicher ablegt. Der Benutzer sollte keine Annahmen über diese Reihenfolge machen. In einer anderen Maple-Sitzung könnte zum Beispiel die obige Menge in der Reihenfolge {y[1], x, x[1]} auftreten. Sie können die Elemente einer Liste mit Hilfe des Befehls sort sortieren.

Auswahloperation Die Auswahloperation [] wählt Komponenten aus einem zusammengesetzten Objekt aus. Die zusammengesetzten Objekte schließen Tabellen, Felder, Folgen, Listen und Mengen ein. Die Syntax der Auswahloperation ist

$$\boxed{Name[\ \textit{Folge}\ ]}$$

Wenn *Name* zu einer Tabelle oder einem Feld ausgewertet wird, liefert Maple den Tabelleneintrag (Feldeintrag).

```
> A := array([w,x,y,z]);
```

$$A := [w, x, y, z]$$

```
> A[2];
```

$$x$$

Wenn *Name* zu einer Liste, Menge oder Folge ausgewertet wird und *Folge* zu einer ganzen Zahl, einem Bereich oder NULL ausgewertet wird, führt Maple eine Auswahloperation durch.

Falls *Folge* zu einer ganzen Zahl i ausgewertet wird, liefert Maple den i-ten Operanden der Menge, Liste oder Folge. Falls *Folge* zu einem Bereich ausgewertet wird, liefert Maple eine Menge, Liste oder Folge, welche die Operanden des zusammengesetzten Objekts im angegebenen Bereich enthält. Falls *Folge* zu NULL ausgewertet wird, liefert Maple eine Folge, die alle Operanden des zusammengesetzten Objekts enthält.

```
> s := x,y,z:
> L := [s,s];
```

$$L := [x, y, z, x, y, z]$$

```
> S := {s,s};
```

$$S := \{x, y, z\}$$

```
> S[2];
```

$$y$$

```
> L[2..3];
```

$$[y, z]$$

```
> S[];
```

$$x, y, z$$

Negative ganze Zahlen zählen Operanden von rechts.

```
> L := [t,u,v,w,x,y,z];
```

$$L := [t, u, v, w, x, y, z]$$

```
> L[-3];
```

$$x$$

```
> L[-3..-2];
```

$$[x, y]$$

Sie können außerdem `select` und `remove` verwenden, um Elemente aus einer Liste oder Menge auszuwählen. Siehe den Abschnitt *Die Befehle map,* `select` *und* `remove` auf Seite 186.

Funktionen

Ein Funktionsaufruf hat in Maple die Form

$$\boxed{f(\ \textit{Folge}\ )}$$

Häufig ist *f* der Name einer Funktion.

```
> sin(x);
```

$$\sin(x)$$

```
> min(2,3,1);
```

$$1$$

```
> g();
```

$$g()$$

```
> a[1](x);
```

$$a_1(x)$$

Maple führt einen Funktionsaufruf wie folgt aus. Zuerst wertet es *f* aus (typischerweise ergibt dies eine Prozedur). Als nächstes wertet es die Operanden (die Argumente) von *Folge* von links nach rechts aus. (Wenn irgendwelche Argumente zu einer Folge ausgewertet werden, flacht Maple die Folge von ausgewerteten Argumenten zu einer Folge ab.) Wenn *f* zu einer Prozedur ausgewertet wurde, ruft sie Maple mit der Argumentfolge auf. Kapitel 5 diskutiert dies ausführlicher.

```
> x := 1:
> f(x);
```

$$f(1)$$

```
> s := 2,3;
```

$$s := 2, 3$$

```
> f(s,x);
```

$$f(2, 3, 1)$$

```
> f := g;
```

$$f := g$$

```
> f(s,x);
```

$$g(2, 3, 1)$$

```
> g := (a,b,c) -> a+b+c;
```

$$g := (a, b, c) \rightarrow a + b + c$$

```
> f(s,x);
```

$$6$$

Der Typ eines Funktionsobjekts ist `function`. Die Operanden sind die Argumente. Der nullte Operand ist der Funktionsname.

```
>   m := min(x,y,x,z);
```

$$m := \min(1, y, z)$$

```
> op(0,m);
```

$$min$$

```
> op(m);
```

$$1, y, z$$

```
> type(m,function);
```

$$true$$

```
> f := n!;
```

$$f := n!$$

```
> type(f, function);
```

$$true$$

```
> op(0, f);
```

$$factorial$$

```
> op(f);
```

$$n$$

Im allgemeinen kann der Funktionsname *f* folgendes sein:

- Name
- Prozedurdefinition
- ganze Zahl
- Gleitkommazahl
- geklammerter algebraischer Ausdruck
- Funktion

Die Möglichkeit, daß *f* eine Prozedurdefinition sein kann, erlaubt Ihnen zum Beispiel das Schreiben von

```
> proc(t) t*(1-t) end(t^2);
```

$$t^2 \left(1 - t^2\right)$$

statt

```
> h := proc(t) t*(1-t) end;
```

$$h := \textbf{proc}(t)\, t\,(1 - t)\ \textbf{end}$$

```
> h(t^2);
```

$$t^2 \left(1 - t^2\right)$$

Wenn *f* eine ganze Zahl oder Gleitkommazahl ist, behandelt Maple *f* als konstanten Operator. Das heißt, f(x) liefert *f*.

```
> 2(x);
```

$$2$$

Die folgenden Regeln definieren die Bedeutung eines geklammerten algebraischen Ausdrucks.

```
> (f + g)(x), (f - g)(x), (-f)(x), (f@g)(x);
```

$$f(x) + g(x), f(x) - g(x), -f(x), f(g(x))$$

@ bezeichnet die funktionale Komposition, d.h. f@g bezeichnet $f \circ g$. Zusammen mit den vorherigen Regeln bedeuten diese Regeln folgendes:

```
> (f@g + f^2*g + 1)(x);
```

$$f(g(x)) + f(x)^2\, g(x) + 1$$

Beachten Sie, daß @@ die entsprechende Exponentiation bedeutet. Das heißt, f@@n bedeutet für $f^{(n)}$, was für *f* *n*-mal mit sich selbst verknüpft steht.

```
> (f@@3) (x);
```

$$f^{(3)}(x)$$

TABELLE 4.10   Die arithmetischen Operatoren

+	Addition
−	Subtraktion
*	Multiplikation
&*	nichtkommutative Multiplikation
/	Division
^	Potenzierung
**	Potenzierung

```
> expand(");
```

$$f(f(f(x)))$$

Schließlich kann *f* eine Funktion sein wie in

```
> cos(0);
```

$$1$$

```
> f(g)(0);
```

$$f(g)(0)$$

```
> D(cos)(0);
```

$$0$$

Siehe Kapitel 5 für weitere Informationen über die Definition von Funktionen.

Die arithmetischen Operatoren

Tabelle 4.10 enthält Maples sieben arithmetischen Operatoren. Sie können all diese Bezeichner als binäre Operatoren verwenden. Außerdem können Sie die Operatoren + und − als Präfixoperatoren verwenden, die einstelliges Plus und einstelliges Minus darstellen. Die zwei Potenzierungsoperatoren ** und ^ sind Synonyme und somit austauschbar.

Die Typen und Operanden der arithmetischen Operationen finden Sie nachfolgend aufgelistet.

- Der Typ einer Summe oder Differenz ist +.

- Der Typ eines Produkts oder eines Quotienten ist * und der Typ einer Potenz ist ^.

- Die Operanden der Summe $x - y$ sind die Terme x und $-y$.

- Die Operanden des Produkts xy^2/z sind die Faktoren x, y^2 und z^{-1}.

- Die Operanden der Potenz x^a sind die Basis x und der Exponent a.

```
> whattype(x-y);
```

$$+$$

```
> whattype(x^y);
```

$$\hat{\ }$$

Arithmetik   Wenn x und y Zahlen sind, berechnet Maple immer die fünf arithmetischen Operationen $x + y$, $x - y$, $x \times y$, x/y und x^n, wobei n eine ganze Zahl ist. Wenn die Operanden Gleitkommazahlen sind, führt Maple die arithmetische Berechnung mit Gleitkommaarithmetik durch.

```
> 2 + 3,  6/4,  1.2/7,  (2 + I)/(2 - 2*I);
```

$$5, \frac{3}{2}, .1714285715, \frac{1}{4} + \frac{3}{4} i$$

```
> 3^(1.2),  I^(1.0 - I);
```

$$3.737192819, 4.810477381 \, i$$

Die einzige weitere Vereinfachung von numerischen Konstanten ist die Reduktion bei Brüchen in Potenzen für ganze Zahlen und Brüche. Für ganze Zahlen n, m und Bruch b gilt

$$(n/m)^b \rightarrow (n^b)/(m^b).$$

Für ganze Zahlen n, q, r, d und Bruch $b = q + r/d$ mit $0 < r < d$ gilt

$$n^b = n^{q+r/d} \rightarrow n^q \times n^{r/d}.$$

```
> 2^(3/2),  (-2)^(7/3);
```

$$2\sqrt{2}, 4\,(-2)^{1/3}$$

Automatische Vereinfachungen   Maple führt folgende Vereinfachungen automatisch aus

```
> x - x,  x + x,  x + 0,  x*x,  x/x,  x*1,  x^0,  x^1;
```

$$0, 2\,x, x, x^2, 1, x, 1, x$$

für ein Symbol x oder einen beliebigen Ausdruck. Aber diese Vereinfachungen sind nicht für alle x zulässig. Maple berücksichtigt einige Ausnahmen:

```
> infinity - infinity;

Error, invalid cancellation of infinity

> infinity/infinity;

Error, invalid cancellation of infinity

> 0/0;

Error, division by zero

> 0^0;

Error, 0^0 is undefined
```

Im folgenden bezeichnen n, m ganze Zahlen, a, b, c numerische Konstanten und x, y, z allgemeine symbolische Ausdrücke. Maple berücksichtigt, daß die Addition und Multiplikation assoziativ und kommutativ sind, und vereinfacht so folgendes:

$$ax + bx \rightarrow (a + b)x$$

$$x^a \times x^b \rightarrow x^{a+b}$$

$$a(x + y) \rightarrow ax + ay$$

Die ersten beiden Vereinfachungen bedeuten, daß Maple automatisch entsprechende Terme in Polynomen zusammenfaßt. Die dritte bedeutet, daß Maple numerische Konstanten (ganze Zahlen, Brüche und Gleitkommazahlen) in Summen aufspaltet, nicht aber nichtnumerische Konstanten.

```
> 2*x + 3*x, x*y*x^2, 2*(x + y), z*(x + y);
```

$$5 x, x^3 y, 2 x + 2 y, z (x + y)$$

Die schwierigsten und umstrittensten Vereinfachungen betreffen Vereinfachung von Potenzen x^y für Exponenten y, die keine ganzen Zahlen sind.

Vereinfachung mit Potenzen im Exponenten Im allgemeinen führt Maple die Vereinfachung $(x^y)^z \rightarrow x^{(yz)}$ nicht automatisch aus, weil diese Prozedur nicht immer eine richtige Antwort liefert. Für $y = 2$ und $z = 1/2$ würde zum Beispiel die erste Vereinfachung besagen, daß $\sqrt{x^2} = x$ ist, was nicht notwendigerweise wahr ist. Maple führt die erste Transformation nur dann aus, wenn sie für alle komplexen x beweisbar korrekt ist, mit möglicher Ausnahme einer endlichen Anzahl von Werten wie 0 und ∞. Maple vereinfacht $(x^a)^b \rightarrow x^{ab}$, falls b eine ganze Zahl ist, $-1 < a \leq 1$ oder x eine positive reelle Konstante ist.

```
> (x^(3/5))^(1/2), (x^(5/3))^(1/2);
```

$$x^{3/10}, \sqrt{x^{5/3}}$$

```
> (2^(5/3))^(1/2), (x^(-1))^(1/2);
```

$$2^{5/6}, \sqrt{\frac{1}{x}}$$

Maple vereinfacht $a^b c^b \rightarrow (ac)^b$ nicht automatisch, selbst wenn die Antwort korrekt ist.

```
> 2^(1/2)+3^(1/2)+2^(1/2)*3^(1/2);
```

$$\sqrt{2} + \sqrt{3} + \sqrt{2}\sqrt{3}$$

Die Ursache dafür liegt darin, daß die Kombination von $\sqrt{2}\sqrt{3}$ zu $\sqrt{6}$ eine dritte eindeutige Quadratwurzel einführen würde. Das Wurzelrechnen ist im allgemeinen schwierig und kostenintensiv, so daß Maple darauf achtet, keine neuen Wurzeln zu erzeugen. Wenn Sie dies wünschen, können Sie Wurzeln mit dem Befehl combine zusammenfassen.

Nichtkommutative Multiplikation

Der nichtkommutative Multiplikationsoperator &* verhält sich wie ein verzögerter Operator (zum Beispiel die im Abschnitt *Die neutralen Operatoren* auf Seite 170 beschriebenen *neutralen Operatoren*), aber der Parser geht davon aus, daß seine Bindungsstärke äquivalent zur Bindungsstärke von * und / ist.

Der Befehl evalm der Maple-Bibliothek interpretiert &* als Matrixmultiplikationsoperator. Der Befehl evalm versteht auch die Form &*() als generische Matrixidentität.

```
> with(linalg):

Warning, new definition for norm
Warning, new definition for trace

> A := matrix(2,2,[a,b,c,d]);
```

$$A := \begin{bmatrix} a & b \\ c & d \end{bmatrix}$$

```
> evalm( A &* &*() );
```

$$\begin{bmatrix} a & b \\ c & d \end{bmatrix}$$

```
> B := matrix(2,2,[e,f,g,h]);
```

$$B := \left[\begin{array}{cc} e & f \\ g & h \end{array} \right]$$

```
> evalm( A &* B - B &* A );
```

$$\left[\begin{array}{cc} b\,g - c\,f & a\,f + b\,h - e\,b - f\,d \\ c\,e + d\,g - g\,a - h\,c & c\,f - b\,g \end{array} \right]$$

Die Kompositionsoperatoren

Die Kompositionsoperatoren sind @ und @@. Der Operator @ stellt die Funktionskomposition dar, d.h. f@g bezeichnet in Maple $f \circ g$.

```
> (f@g)(x);
```

$$f(g(x))$$

```
> (sin@cos)(Pi/2);
```

$$0$$

Der Operator @@ ist der entsprechende Potenzierungsoperator und repräsentiert wiederholte Funktionskomposition, dies bedeutet, daß $f^{(n)}$ in Maple mit f@@n bezeichnet wird.

```
> (f@@2)(x);
```

$$f^{(2)}(x)$$

```
> expand("");
```

$$f(f(x))$$

```
> (D@@n)(f);
```

$$D^{(n)}(f)$$

Unglücklicherweise mischen die Mathematiker manchmal ihre Notation in kontextsensitiver Weise. Normalerweise bezeichnet $f^n(x)$ die Komposition, zum Beispiel bedeutet D^n die n-malige Komposition des Differentialoperators. $\sin^{-1}(x)$ bezeichnet die Inverse der Sinusfunktion, d.h.die Komposition mit der Potenz -1. Aber manchmal verwenden Mathematiker $f^n(x)$, um das gewöhnliche Potenzieren zu bezeichnen, zum Beispiel ist $\sin^2(x)$ das Quadrat des Sinus von x. Maple verwendet immer $f^n(x)$ für die wiederholte Komposition und $f(x)^n$ zur Bezeichnung von Potenzen.

```
> sin(x)^2, (sin@@2)(x), sin(x)^(-1), (sin@@(-1))(x);
```

$$\sin(x)^2, \sin^{(2)}(x), \frac{1}{\sin(x)}, \arcsin(x) \,.$$

Die Wiederholungsoperatoren

Der Wert des nullstelligen Operators " ist der letzte Ausdruck. Der erste und zweite Ausdruck, die dem letzten vorausgehen, sind die Werte der nullstelligen Operatoren "" beziehungsweise """. Die gebräuchlichste Anwendung dieser Operatoren ist während einer interaktiven Sitzung, wo sie sich auf die zuvor berechneten Ergebnisse beziehen. Die Ausdrucksfolge, die diese drei nullstelligen Operatoren definiert, besteht aus den letzten drei in der Maple-Sitzung generierten Werten ungleich NULL.

Die Wiederholungsoperatoren können Sie auch im Rumpf einer Maple-Prozedur einsetzen. Die Wiederholungsoperatoren sind in der Prozedur lokal. Maple initialisiert sie beim Aufruf der Prozedur auf NULL und aktualisiert sie danach, damit sie sich auf die drei letzten Ausdrücke ungleich NULL beziehen, die es während der Ausführung des einzelnen Prozedurrumpfes berechnet hat.

Der Fakultätsoperator

Maple verwendet den einstelligen Operator ! als Postfixoperator für die Fakultätsfunktion seines Operanden n. Die Eingabe n! ist eine Abkürzung für die Funktionsform `factorial(n)`.

```
> 0!, 5!, 2.5!;
```

$$1, 120, 2.5!$$

```
> (-2)!;
```

```
Error,
the argument to factorial should be non-negative
```

Beachten Sie, daß n!! in Maple nicht die doppelte Fakultätsfunktion darstellt. Es bezeichnet die wiederholte Fakultät $n!! = (n!)!$.

```
> 3!!;
```

$$720$$

Der Operator mod

Der Operator mod wertet einen Ausdruck modulo m für eine ganze Zahl m ungleich null aus. Das heißt, Maple schreibt a mod m als a mod m. Maple verwendet eine von zwei Repräsentationen für eine ganze Zahl modulo m.

- In der *positiven Repräsentation* ist eine *ganze Zahlen* mod m eine Zahl zwischen null und einschließlich $m-1$. Die Zuweisung

```
> mod := modp;
```

wählt die positive Repräsentation explizit aus. Dies ist die Standardrepräsentation.

- In der *symmetrischen Repräsentation* ist eine *ganze Zahl* mod m eine Zahl zwischen `-floor((abs(`m`)-1)/2)` und `floor(abs(`m`)/2)`. Die Zuweisung

```
> mod := mods;
```

wählt die symmetrische Repräsentation aus.

Sie können die Befehle modp und mods direkt aufrufen, wenn Sie es wünschen. Zum Beispiel:

```
> modp(9,5), mods(9,5);
```

$$4, -1$$

Der Operator mod berücksichtigt den verzögerten Operator &^ zum Potenzieren. Das heißt, i&^j mod m berechnet i^j mod m. Anstatt zuerst die ganze Zahl i^j zu berechnen, die zu groß werden könnte, und danach modulo m zu reduzieren, berechnet Maple die Potenz durch binäres Potenzieren mit Rest.

```
> 2^(2^100) mod 5;
```

```
Error, integer too large in context
```

```
> 2 &^ (2^100) mod 5;
```

$$1$$

Der erste Operand des Operators mod kann ein allgemeiner Ausdruck sein. Maple wertet den Ausdruck über dem Ring der ganzen Zahlen modulo m aus. Für Polynome bedeutet dies, daß es rationale Koeffizienten modulo m reduziert. Der Operator mod kennt viele Funktionen für Polynomund Matrixarithmetik über endlichen Ringen und Körpern. Zum Beispiel Factor zur Polynomfaktorisierung und Nullspace für den Nullraum einer Matrix.

```
> 1/2 mod 5;
```

$$3$$

```
> 9*x^2 + x/2 + 13 mod 5;
```

$$4x^2 + 3x + 3$$

```
> Factor(4*x^2 + 3*x + 3) mod 5;
```

$$4(x+3)(x+4)$$

Verwechseln Sie zum Beispiel nicht die Befehle `factor` und `Factor`. Der erstere wird sofort ausgewertet, der letztere ist ein verzögerter Befehl, den Maple nicht auswertet, bis Sie mod aufrufen.

Der Befehl mod weiß auch, wie man über einen Galoiskörper $GF(p^k)$, einem endlichen Körper mit p^k Elementen, rechnet. Siehe die Hilfeseite `?mod` für eine Liste von mod bekannten Befehlen und für weiter Beispiele.

Die neutralen Operatoren

Maple besitzt eine Einrichtung für *benutzerdefinierte* oder *neutrale* Operatoren. Bilden Sie ein Symbol für einen neutralen Operator mit Hilfe des Und-Zeichens "&" gefolgt von einem oder mehreren Zeichen. Die zwei Arten von &-Namen sind davon abhängig, ob die Zeichenfolge alphanumerisch ist oder nicht:

- Jede Maple-*Zeichenkette*, die keine Rückwärtsapostrophe erfordert und der das Zeichen & vorausgeht, zum Beispiel &Und.

- Das Zeichen & gefolgt von einem oder mehreren nichtalphanumerischen Zeichen, zum Beispiel &+ oder &++.

Die folgenden Zeichen dürfen in einem &-Namen nach dem anfänglichen & nicht auftreten:

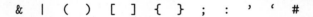

& | (   )   [   ]   {   }   ;   :   '   `   #

und ebenso *Zeilenende-* und *Leerzeichen*.

Maple behandelt das neutrale Operatorsymbol &* als spezielles Symbol, das den nichtkommutativen Multiplikationsoperator darstellt. Die besondere Eigenschaft von &* ist, daß der Parser seine Bindungsstärke als äquivalent zu Maples anderen Multiplikationsoperatoren betrachtet. Alle anderen neutralen Operatoren haben eine größere Bindungsstärke als die algebraischen Standardoperatoren. Siehe `?precedence` für die Vorrangsreihenfolge aller Operatoren der Programmiersprache. *Nichtkommutative Multiplikation* auf Seite 166 beschreibt, wo man &* in Maple verwenden sollte.

Sie können die neutralen Operatoren als einstellige Präfixoperatoren, binäre Infixoperatoren oder Funktionsaufrufe verwenden. In jedem dieser Fälle generieren Sie Funktionsaufrufe mit dem Namen des neutralen Operators als Funktionsnamen. (Im normalen pretty-printing Modus werden diese besonderen Funktionsaufrufe im binären Operatorformat ausgegeben, falls genau zwei Operanden existieren, und im einstelligen Operatorformat, falls genau ein Operand existiert, aber die interne Repräsentation ist eine unausgewertete Funktion.) Beispiele sind:

```
> a &˜ b &˜ c;
```

$$(a \,\&^{\tilde{}}\, b) \,\&^{\tilde{}}\, c$$

```
> op(");
```

$$a \,\&^{\tilde{}}\, b, c$$

```
> op(0,"");
```

$$\&^{\tilde{}}$$

Maple definiert keine Semantik für neutrale Operatoren. Der Benutzer kann einem Operator eine Bedeutung durch Zuweisung des Namens an eine Maple-Prozedur auferlegen. Über Maples Schnittstelle für benutzer-definierte Prozeduren können Sie für verschiedene Standardbibliotheks-funktionen, zum Beispiel für simplify, diff, combine, series, evalf und viele anderen, Manipulationen von Ausdrücken definieren, die solche Operatoren enthalten. Siehe *Erweiterung von Maple* auf Seite 99.

Relationen und logische Operatoren

Sie können neue Typen von Ausdrücken aus gewöhnlichen algebraischen Ausdrücken mit Hilfe der *relationalen Operatoren* <, >, <=, >=, = und <> bilden. Die Semantik dieser Operatoren ist davon abhängig, ob sie in einem *algebraischen* oder in einem *Booleschen* Kontext auftreten.

In einem algebraischen Kontext sind die relationalen Operatoren ein-fach Platzhalter zur Bildung von Gleichungen oder Ungleichungen. Maple unterstützt vollständig die Addition von Gleichungen oder Ungleichungen und die Multiplikation einer Gleichung oder Ungleichung mit einem al-gebraischen Ausdruck. Im Beispiel der Addition oder Subtraktion zweier Gleichungen wendet Maple die Addition oder Subtraktion auf beide Seiten der Gleichung an und liefert so eine neue Gleichung. Im Fall der Multiplika-tion einer Gleichung mit einem Ausdruck verteilt Maple die Multiplikation auf beide Seiten der Gleichung. Sie können ähnliche Operationen auch mit Ungleichungen durchführen.

```
> e  := x + 3*y = z;
```

$$e := x + 3\,y = z$$

```
> 2*e;
```

$$2\,x + 6\,y = 2\,z$$

Der Typ einer Gleichung ist = oder equation. Eine Gleichung hat zwei Operanden, einen auf der linken und einen auf der rechten Seite. Sie können die Befehle lhs und rhs statt op zur Auswahl der Operanden einer Glei-chung verwenden.

```
> op(0,e);
```

$$=$$

```
> lhs(e);
```

$$x + 3y$$

Der Befehl type versteht auch die Typen <>, < und <=. Maple konvertiert Ungleichungen, die > oder >= enthalten, automatisch zu < beziehungsweise <=. Alle relationale Typen haben zwei Operanden.

```
> e := a > b;
```

$$e := b < a$$

```
> op(e);
```

$$b, a$$

In einem Booleschen Kontext wertet Maple eine Relation zu dem Wert true oder false aus. Ein Boolescher Kontext enthält die Bedingung in einer if-Anweisung und die Bedingung in der while-Klausel einer Schleife. Sie können auch den Befehl evalb zur Auswertung einer Relation in einem Booleschen Kontext benutzen.

Im Fall der Operatoren <, <=, > und >= muß die Differenz der Operanden zu einer numerischen Konstante ausgewertet werden, und Maple vergleicht diese Konstante mit null.

```
> if 2<3 then kleiner else ‘nicht kleiner‘ fi;
```

kleiner

Im Fall der Relationen = und <> können die Operanden beliebige Ausdrücke (algebraisch oder nichtalgebraisch) sein. Dieser Gleichheitstest für Ausdrücke behandelt nur die syntaktische Gleichheit der Maple-Repräsentationen der Ausdrücke, was nicht das gleiche ist wie mathematische Äquivalenz.

```
> evalb( x + y = y + x );
```

true

```
> evalb( x^2 - y^2  =  (x - y)*(x + y) );
```

false

Im nächsten Beispiel ergibt die Anwendung des Befehls expand eine Gleichung, die zu true ausgewertet wird.

```
> evalb( x^2 - y^2  =  expand( (x - y)*(x + y) ) );
```

$$true$$

Sie können den Befehl `is` statt `evalb` verwenden, um Relationen in einem Booleschen Kontext auszuwerten. Der Befehl `is` versucht viel stärker als `evalb` zu bestimmen, ob Relationen wahr sind.

```
> is( x^2 - y^2  =  (x - y)*(x + y) );
```

$$true$$

```
> is( 3<Pi );
```

$$true$$

Die logischen Operatoren Im allgemeinen können Sie einen Ausdruck mit Hilfe der *logischen Operatoren* `and`, `or` und `not` bilden, wobei die ersten beiden binäre Operatoren sind und der dritte ein einstelliger (Präfix) Operator ist. Ein Ausdruck, der einen oder mehrere logische Operatoren enthält, wird in einem Booleschen Kontext automatisch ausgewertet.

```
> 2>3 or not 5>1;
```

$$false$$

Der Vorrang der logischen Operatoren `and`, `or` und `not` ist analog zu der Multiplikation, Addition bzw. Potenzierung. Hier sind keine Klammern notwendig.

```
> (a and b) or ((not c) and d);
```

$$a \text{ and } b \text{ or } not \ c \text{ and } d$$

Die Typnamen der logischen Operatoren `and`, `or` und `not` sind `and`, `or` bzw. `not`. Die ersten beiden haben zwei Operanden, der letztere einen.

```
> b := x and y or z;
```

$$b := x \text{ and } y \text{ or } z$$

```
> whattype(b);
```

$$or$$

```
> op(b);
```

$$x \text{ and } y, z$$

Unter Operatoren mit gleichem Vorrang erfolgt die Auswertung logischer Ausdrücke, einschließlich der logischen Operatoren `and` und `or`, von links nach rechts und terminiert, sobald Maple den Wahrheitswert des gesamten Ausdrucks bestimmen kann. Betrachten Sie die Auswertung des folgenden Ausdrucks.

```
a and b and c
```

Wenn das Ergebnis der Auswertung von *a* falsch ist, wissen wir, daß das Ergebnis des gesamten Booleschen Ausdrucks falsch sein wird, unabhängig von der Auswertung von *b* und *c*. Diese Auswertungsregeln sind allgemein bekannt als *McCarthy-Auswertungsregeln*. Sie sind beim Programmieren recht entscheidend. Betrachten Sie folgende Anweisung.

```
if x <> 0 and f(x)/x > 1 then ... fi;
```

Wenn Maple immer beide Operanden der and-Klausel auswerten würde, dann würde die Auswertung den Fehler Division durch Null ergeben, falls *x* 0 ist. Der Vorteil der obigen Programmzeile ist, daß Maple die zweite Bedingung nur dann überprüft, falls $x \neq 0$ ist.

Boolesche Ausdrücke   Im allgemeinen erfordert ein Boolescher Kontext einen Booleschen Ausdruck. Verwenden Sie die Booleschen Konstanten true, false und FAIL, die *relationalen Operatoren* und die *logischen Operatoren*, um Boolesche Ausdrücke zu bilden. Der Befehl type faßt unter dem Namen boolean all dies zusammen.

Die Auswertung von Booleschen Ausdrücken verwendet in Maple die folgende *dreiwertige Logik*. Zusätzlich zu den speziellen Namen true und false kennt Maple auch den speziellen Namen FAIL. Maple benutzt manchmal den Wert FAIL als Rückgabewert einer Prozedur, wenn sie ein Problem nicht vollständig lösen kann. Sie können ihn mit anderen Worten als den Wert *unbekannt* betrachten.

```
> is(sin(1),positive);
```

true

```
> is(a-1,positive);
```

FAIL

In dem Kontext einer Booleschen Klausel in einer if- oder while-Anweisung bestimmt Maple die Verzweigung des Programms, indem es den Wert FAIL wie den Wert false behandelt. Ohne die dreiwertige Logik müßten Sie separat auf FAIL testen, sooft Sie den Befehl is verwenden. Sie würden

```
if is(a - 1, positive) = true then ...
```

schreiben. Die dreiwertige Logik ermöglicht Ihnen

```
if is(a - 1, positive) then ...
```

TABELLE 4.11   Wahrheitstabellen

and	false	true	FAIL
false	false	false	false
true	false	true	FAIL
FAIL	false	FAIL	FAIL
or	false	true	FAIL
false	false	true	FAIL
true	true	true	true
FAIL	FAIL	true	FAIL
not	false	true	FAIL
	true	false	FAIL

zu schreiben. Die Auswertung eines Booleschen Ausdrucks liefert `true`, `false` oder `FAIL` gemäß Tabelle 4.11.

Beachten Sie, daß die dreiwertige Logik zu Asymmetrien in der Anwendung der `if`- und `while`-Anweisungen führt. Folgende zwei Anweisungen sind zum Beispiel nicht äquivalent:

```
if Bedingung then AnwFolge_1 else AnwFolge_2 fi;
if not Bedingung then AnwFolge_2 else AnwFolge_1 fi;
```

In Abhängigkeit der gewünschten Aktion im Fall, daß *Bedingung* den Wert `FAIL` hat, kann für einen bestimmten Kontext entweder die erste oder die zweite dieser zwei `if`-Anweisungen korrekt sein.

Felder und Tabellen

Der Datentyp `table` ist in Maple ein spezieller Datentyp zur Repräsentation der Daten in Tabellen. Erzeugen Sie eine Tabelle entweder explizit mit Hilfe des Befehls `table` oder implizit durch Zuweisung an einen indizierten Namen. Zum Beispiel haben die Anweisungen

```
> a := table([(Cu,1) = 64]);
```

$$a := \text{table}([$$
$$(Cu, 1) = 64$$
$$])$$

```
> a[Cu,1] := 64;
```

$$a_{Cu,1} := 64$$

den gleichen Effekt. Sie erzeugen beide ein Tabellen-Objekt mit einer Komponente. Der Zweck einer Tabelle ist die schnelle Zugangsmöglichkeit zu Daten durch

```
> a[Cu,1];
```

$$64$$

Der Typ eines Tabellen-Objekts ist `table`. Der erste Operand ist die indizierende Funktion. Der zweite Operand ist eine Liste der Komponenten. Beachten Sie, daß Tabellen und Felder spezielle Auswertungsregeln haben. Um auf ein Tabellen- oder Feld-Objekt zuzugreifen, müssen Sie zunächst den Befehl `eval` anwenden.

```
> op(0,eval(a));
```

$$table$$

Tabelle a hat keine indizierende Funktion und nur einen Eintrag.

```
> op(1,eval(a));
> op(2,eval(a));
```

$$[(Cu, 1) = 64]$$

Der Datentyp `array` ist in Maple eine Spezialisierung des Datentyps `table`. Ein Feld ist eine Tabelle mit vorgegebener Dimensionen, wobei jede Dimension ein ganzzahliger Bereich ist. Erzeugen Sie ein Feld mit dem Befehl `array`.

```
> A := array(symmetric, 1..2, 1..2, [(1,1) = 3]);
```

$$A := \begin{bmatrix} 3 & A_{1,2} \\ A_{1,2} & A_{2,2} \end{bmatrix}$$

```
> A[1,2] := 4;
```

$$A_{1,2} := 4$$

```
> print(A);
```

$$\begin{bmatrix} 3 & 4 \\ 4 & A_{2,2} \end{bmatrix}$$

Die Bereiche 1..2,1..2 spezifizieren zwei Dimensionen mit Grenzen für die ganzen Zahlen. Sie können die Einträge in den Befehl array miteinbeziehen oder sie wie oben explizit einfügen. Einträge können Sie auch frei lassen. In diesem Beispiel ist der Eintrag (2, 2) ohne Zuweisung.

```
> op(0,eval(A));
```

$$array$$

Wie bei Tabellen ist der erste Operand die indizierende Funktion (falls vorhanden).

```
> op(1,eval(A));
```

$$symmetric$$

Der zweite Operand ist die Folge von Bereichen.

```
> op(2,eval(A));
```

$$1..2, 1..2$$

Der dritte Operand ist eine Liste von Einträgen.

```
> op(3, eval(A));
```

$$[(1, 2) = 4, (1, 1) = 3]$$

Das obige Beispiel zeigt nur zwei Einträge im Feld A an, da Maple den Eintrag (2, 1) implizit durch die indizierende Funktion kennt.

Reihen

Der Datentyp `series` repräsentiert in Maple einen Ausdruck als abgeschnittene Potenzreihe bezüglich einer angegebenen Unbekannten, entwickelt um einen bestimmten Punkt. Obwohl Sie eine Reihe in Maple nicht direkt als Ausdruck eingeben können, können Sie einen Datentyp für Reihen mit den Befehlen `taylor` oder `series` erzeugen. Sie haben folgende Syntax:

```
taylor( f, x=a, n )
taylor( f, x )
series( f, x=a, n )
series( f, x )
```

Wenn Sie den Entwicklungspunkt nicht angeben, wir er als $x = 0$ vorgegeben. Wenn Sie die Ordnung n nicht angeben, erhält sie den Wert der globalen Variablen `Order`, der standardmäßig 6 ist.

```
> s := series( exp(x), x=0, 4 );
```

$$s := 1 + x + \frac{1}{2}x^2 + \frac{1}{6}x^3 + \mathrm{O}(x^4)$$

Der Typname des Datentyps für Reihen ist `series`.

```
> type(s, series);
```

$$true$$

Der nullte Operand ist der Ausdruck $x - a$, wobei x die spezifizierte Unbekannte und a den speziellen Entwicklungspunkt bezeichnet.

```
> op(0, s);
```

$$x$$

Die ungeraden (erster, dritter, ...) Operanden sind die Koeffizienten der Reihen und die geraden Operanden sind die entsprechenden ganzzahligen Exponenten.

```
> op(s);
```

$$1, 0, 1, 1, \frac{1}{2}, 2, \frac{1}{6}, 3, \mathrm{O}(1), 4$$

Die Koeffizienten können allgemeine Ausdrücke sein, aber Maple beschränkt die Exponenten auf ganze Zahlen mit der *Wortlänge* des Rechners, mit einer typischen Grenze von neun oder zehn Ziffern, die in aufsteigender Reihenfolge geordnet sind. Normalerweise ist das letzte Operandenpaar des Datentyps für Reihen das spezielle *Ordnungssymbol $O(1)$* und die ganze Zahl n, welche die Größenordnung der Abschneidung angibt.

Die Routine `print` zeigt das letzte Operandenpaar in der Notation $O(x^n)$ anstatt direkter als $O(1)x^n$ an, wo x op(0,s) ist.

Wenn Maple weiß, daß die Reihe genau ist, wird sie keinen Ordnungsterm enthalten. Ein Beispiel dafür tritt auf, wenn Sie den Befehl `series` auf ein Polynom anwenden, dessen Grad kleiner als der Grad der Abschneidung der Reihen ist. Ein Spezialfall ist die *leere Reihe*, die Maple sofort zur ganzen Zahl null vereinfacht.

Die Datenstruktur `series` repräsentiert verallgemeinerte Potenzreihen, einschließlich der Laurent-Reihen mit endlichen Basisteilen. Allgemeiner erlaubt Maple, daß die Reihenkoeffizienten von x abhängen, vorausgesetzt ihr Wachstum ist kleiner als polynomiell in x. $O(1)$ repräsentiert solch einen Koeffizienten anstatt einer beliebigen Konstanten. Ein Beispiel für eine nicht einfache verallgemeinerte Potenzreihe ist:

```
> series( x^x, x=0, 3 );
```

$$1 + \ln(x)\, x + \frac{1}{2}\, \ln(x)^2\, x^2 + \mathrm{O}(x^3)$$

Maple kann allgemeinere Potenzreihenentwicklungen berechnen, als der Datentyp `series` unterstützt. Die Puiseux-Reihe ist solch ein Beispiel. In diesen Fällen liefert der Befehl `series` nicht einen Datentyp für Reihen, sondern einen allgemeinen algebraischen Ausdruck.

```
> s := series( sqrt(sin(x)), x );
```

$$s := \sqrt{x} - \frac{1}{12}\, x^{5/2} + \frac{1}{1440}\, x^{9/2} + \mathrm{O}(x^{11/2})$$

```
> type(s, series);
```

$$false$$

```
> type(s, '+');
```

$$true$$

Maple kann außerdem mit formalen Potenzreihen rechnen; siehe ?powseries.

Bereiche

Sie müssen häufig einen *Bereich* von Zahlen angeben, zum Beispiel wenn Sie eine Funktion über einen Bereich integrieren möchten. Verwenden Sie in Maple zur Bildung von Bereichen die Bereichsoperation

> *Ausdruck_1* .. *Ausdruck_2*

Schreiben Sie den Operator ".. ", indem Sie zwei *oder mehrere* aufeinanderfolgende Punkte verwenden. Der Bereichsoperator funktioniert einfach als Platzhalter, genauso wie der relationale Operator in einem algebraischen Kontext, in erster Linie als ein Bezeichnungswerkzeug. Ein Bereich hat den Typ ".. " oder `range` und zwei Operanden, den linken und den rechten Rand, auf die Sie mit den Befehlen op, `lhs` und `rhs` zugreifen können.

```
> r:=3..7;
```

$$r := 3..7$$

```
> op(0,r);
```

$$..$$

```
> lhs(r);
```

$$3$$

Eine typische Anwendung von Bereichen kommt in Maples Befehlen int, sum und product vor. Interpretieren Sie die Operanden des Bereichs jeweils als die untere bzw. obere Integrations-, Summations- bzw. Produktgrenze.

```
> int( f(x), x=a..b );
```

$$\int_a^b f(x)\,dx$$

Sie können den Bereichskonstruktor mit Maples vordefiniertem Befehl op verwenden, um eine Operandenfolge aus einem Ausdruck zu extrahieren. Die Notation

$$\boxed{\texttt{op(a..b, c)}}$$

ist äquivalent zu

$$\boxed{\texttt{seq(op(i,c),i=a..b)}}$$

Zum Beispiel:

```
> a := [ u, v, w, x, y, z ];
```
$$a := [u, v, w, x, y, z]$$

```
> op(2..5,a);
```
$$v, w, x, y$$

Sie können den Bereichskonstruktor auch in Kombination mit dem Konkatenationsoperator verwenden, um wie folgt eine Folge zu bilden:

```
> x.(1..5);
```
$$x1, x2, x3, x4, x5$$

Siehe Abschnitt *Der Konkatenationsoperator* auf Seite 129.

Unausgewertete Ausdrücke

Maple wertet normalerweise alle Ausdrücke aus, aber manchmal müssen Sie Maple anweisen, die Auswertung eines Ausdrucks zu verzögern. Ein in einem Paar von einfachen Anführungszeichen eingeschlossener Ausdruck

$$\boxed{\textit{'Ausdruck'}}$$

wird *unausgewerteter Ausdruck* genannt. Die Anweisungen

```
> a := 1;   x := a + b;
```
$$a := 1$$
$$x := 1 + b$$

weisen zum Beispiel dem Namen x den Wert $1 + b$ zu, während die Anweisungen

```
> a := 1;   x := 'a' + b;
```
$$a := 1$$
$$x := a + b$$

den Wert $a + b$ dem Namen x zuweisen, falls b keinen Wert hat.

Der Effekt der Auswertung eines in Anführungszeichen eingeschlossenen Ausdrucks ist das Abstreifen von Anführungszeichen, wodurch in manchen Fällen geschachtelte Ebenen von Anführungszeichen sehr nützlich sind. Beachten Sie den Unterschied zwischen *Auswertung* und *Vereinfachung* in der Anweisung

```
> x := '2 + 3';
```

$$x := 5$$

die dem Namen x den Wert 5 zuweist, obwohl dieser Ausdruck Anführungszeichen enthält. Der Evaluator streift einfach die Anführungszeichen ab, aber der *Vereinfacher* transformiert den Ausdruck $2 + 3$ in die Konstante 5.

Das Ergebnis der Auswertung eines Ausdrucks um zwei Ebenen von Anführungszeichen ist ein Ausdruck vom Typ uneval. Dieser Ausdruck hat nur einen Operanden, nämlich den Ausdruck innerhalb des äußersten Paares von Anführungszeichen.

```
> op(''x - 2'');
```

$$x - 2$$

```
> whattype(''x - 2'');
```

$$uneval$$

Ein Spezialfall der Nichtauswertung entsteht, wenn ein Name, dem Maple einen Wert zugewiesen hat, das Freigeben benötigt, damit der Name in Zukunft einfach für sich selbst steht. Sie können dies durch Zuweisen des in Anführungszeichen eingeschlossenen Namens an sich selbst erreichen.

```
> x := 'x';
```

$$x := x$$

Nun steht x für sich selbst, als ob Maple ihm nie einen Wert zugewiesen hätte.

Ein weiterer Spezialfall der Nichtauswertung entsteht im Funktionsaufruf

$$\boxed{\text{'f' (Folge)}}$$

Angenommen die Argumente werden zur Folge a ausgewertet. Da das Ergebnis der Auswertung von $'f'$ nicht eine Prozedur ist, liefert Maple den unausgewerteten Funktionsaufruf $f(a)$:

```
> ''sin''(Pi);
```

$$'\sin'(\pi)$$

```
> ";
```

$$\sin(\pi)$$

```
> ";
```

$$0$$

Sie werden diese Möglichkeit beim Erstellen von Prozeduren nützlich finden, die Vereinfachungsregeln implementieren. Siehe *Erweitern bestimmter Befehle* auf Seite 106.

Konstanten

Maple hat ein allgemeines Konzept von *symbolischen Konstanten* und weist anfänglich der globalen Variablen `constants` die folgende Ausdrucksfolge von Namen zu:

```
> constants;
```

$$false, \gamma, \infty, true, Catalan, FAIL, \pi$$

Dies bedeutet, daß für Maple diese besonderen Namen vom Typ `constant` sind. Der Benutzer kann zusätzliche Namen durch Umdefinition des Wertes dieser globalen Variablen als Konstanten definieren (sie müssen die einfachsten Typen von Namen sein, die *Zeichenketten* genannt werden. Siehe *Namen* auf Seite 128).

```
> type(g,constant);
```

$$false$$

```
> constants := constants, g;
```

$$constants := false, \gamma, \infty, true, Catalan, FAIL, \pi, g$$

```
> type(g,constant);
```

$$true$$

Im allgemeinen ist ein Maple-Ausdruck vom Typ `constant`, falls er vom Typ `numeric`, eine der Konstanten, eine unausgewertete Funktion mit allen Argumenten vom Typ `constant` oder eine Summe, Produkt oder Potenz mit allen Operanden vom Typ `constant` ist. Folgende Ausdrücke sind zum Beispiel vom Typ `constant`: `2`, `sin(1)`, `f(2,3)`, `exp(gamma)`, `4+Pi`, `3+I`, `2*gamma/Pi^(1/2)`.

Strukturierte Typen

Manchmal liefert eine einfache Typüberprüfung nicht genügend Informationen. Der Befehl

```
> type( x^2, '^' );
```

true

sagt Ihnen zum Beispiel, daß x^2 eine Potenz ist, aber er sagt Ihnen nicht, ob der Exponent eine ganze Zahl ist. In solchen Fällen brauchen Sie *strukturierte Typen*.

```
> type( x^2, name^integer );
```

true

Da x vom Typ name und 2 vom Typ integer ist, liefert die Anfrage true. Die Quadratwurzel von x hat nicht diesen Typ.

```
> type( x^(1/2), name^integer );
```

false

Der Ausdruck x+1 ist nicht vom Typ name, so daß (x+1)^2 nicht den Typ name^integer hat.

```
> type( (x+1)^2, name^integer );
```

false

Der Typ anything paßt zu jedem Ausdruck.

```
> type( (x+1)^2, anything^integer );
```

true

Ein Ausdruck paßt zu einer Menge von Typen, wenn der Ausdruck zu einem der Typen der Menge paßt.

```
> type( 1, {integer, name} );
```

true

```
> type( x, {integer, name} );
```

true

Der Typ set(*type*) paßt zu einer Menge von Elementen vom Typ *type*.

```
> type( {1,2,3,4}, set(integer) );
```

true

```
> type( {x,2,3,y}, set( {integer, name} ) );
```

true

Ähnlich paßt der Typ list(*type*) zu einer Liste von Elementen vom Typ *type*.

```
> type( [ 2..3, 5..7 ], list(range) );
```

$$true$$

Beachten Sie, daß e^2 nicht vom Typ anything^2 ist.

```
> exp(2);
```

$$e^2$$

```
> type( ", anything^2 );
```

$$false$$

Der Grund dafür ist, daß e^2 lediglich die pretty-printed Version von exp(2) ist.

```
> type( exp(2), 'exp'(integer) );
```

$$true$$

Zur Verzögerung der Auswertung sollten Sie um Maple-Befehle in Typausdrücken einfache Anführungszeichen (') setzen.

```
> type( int(f(x), x), int(anything, anything) );
```

```
Error, testing against an invalid type
```

Hier hat Maple int(anything, anything) ausgewertet und erhielt

```
> int(anything, anything);
```

$$\frac{1}{2} \, anything^2$$

was kein zulässiger Typ ist. Wenn Sie einfache Anführungszeichen um den Befehl int setzen, arbeitet die Typüberprüfung wie gewünscht.

```
> type( int(f(x), x), 'int'(anything, anything) );
```

$$true$$

Der Typ specfunc(*type, f*) paßt zu der Funktion *f* mit keinem oder mehr Argumenten vom Typ *type*.

```
> type( exp(x), specfunc(name, exp) );
```

$$true$$

```
> type( f(), specfunc(name, f) );
```

$$true$$

Der Typ function(*type*) paßt zu jeder Funktion mit keinem oder mehr Argumenten vom Typ *type*.

```
> type( f(1,2,3), function(integer) );
```

$$true$$

```
> type( f(1,x,Pi), function( {integer, name} ) );
```

$$true$$

Sie können auch die Anzahl (und Typen) von Argumenten testen. Der Typ anyfunc(*t1*, ..., *tn*) paßt zu jeder Funktion mit *n* Argumenten mit den aufgeführten Typen.

```
> type( f(1,x), anyfunc(integer, name) );
```

$$true$$

```
> type( f(x,1), anyfunc(integer, name) );
```

$$false$$

Siehe ?type,structured für Näheres über strukturierte Typen oder ?type,definition über die Definition eigener Typen.

4.5 Nützliche Schleifenkonstrukte

Der Abschnitt *Die Wiederholungsanweisung* auf Seite 136 beschreibt die for- und while-Schleifen. Viele gewöhnliche Schleifenarten treten so häufig auf, daß Maple für sie spezielle Befehle bereitstellt. Diese Befehle helfen, die Erstellung von Programmen einfacher und effizienter zu gestalten. Sie sind das A und O der Sprache von Maple. Die sieben schleifenähnlichen Befehle von Maple lassen sich in drei Kategorien gruppieren:

1. map, select, remove
2. zip
3. seq, add, mul

Die Befehle map, select und remove

Der Befehl map wendet eine Funktion auf jedes Element eines zusammengesetzten Objekts an. Die einfachste Form des Befehls map ist

```
map( f, x )
```

wobei *f* eine Funktion und *x* ein Ausdruck ist. Der Befehl map ersetzt jeden Operanden *x_i* des Ausdrucks *x* durch *f*(*x_i*). [1]

---

[1] Ausnahme: Bei einer Tabelle oder einem Feld wendet Maple die Funktion auf die Einträge der Tabelle oder des Feldes und nicht auf die Operanden oder Indizes an.

```
> map( f, [a,b,c] );
```

$$[f(a), f(b), f(c)]$$

Wenn Sie zum Beispiel eine Liste von ganzen Zahlen haben, erzeugen Sie eine Liste ihrer Beträge und ihrer Quadrate mit Hilfe des Befehls map.

```
> L := [ -1, 2, -3, -4, 5 ];
```

$$L := [-1, 2, -3, -4, 5]$$

```
> map(abs,L);
```

$$[1, 2, 3, 4, 5]$$

```
> map(x->x^2,L);
```

$$[1, 4, 9, 16, 25]$$

Die allgemeine Syntax des Befehls map ist

```
map( f, x, y1, ..., yn )
```

wobei f eine Funktion, x ein beliebiger Ausdruck und $y1, \ldots, yn$ Ausdrücke sind. map ersetzt jeden Operanden x_i von x durch $f(x\_i, y1, \ldots, yn)$.

```
> map( f, [a,b,c], x, y );
```

$$[f(a, x, y), f(b, x, y), f(c, x, y)]$$

```
> L := [ seq(x^i, i=0..5) ];
```

$$L := [1, x, x^2, x^3, x^4, x^5]$$

```
> map( (x,y)->x^2+y, L, 1);
```

$$[2, x^2 + 1, x^4 + 1, x^6 + 1, x^8 + 1, x^{10} + 1]$$

Beachten Sie, daß der Ergebnistyp bei algebraischen Typen aufgrund von Vereinfachung nicht notwendigerweise der gleiche ist wie der Eingabetyp. Betrachten Sie die folgenden Beispiele.

```
> a := 2-3*x+I;
```

$$a := 2 - 3x + i$$

```
> map( z->z+x, a);
```

$$2 + i$$

Das Addieren von x zu jedem Term von a liefert 2+x-3*x+x+I-x = 2+I, eine komplexe Zahl.

```
> type(", complex);
```

$$true$$

a ist jedoch keine komplexe Zahl.

```
> type(a, complex);
```

$$false$$

Die Befehle `select` und `remove` haben die gleiche Syntax wie der Befehl `map` und arbeiten ähnlich. Die einfachsten Formen sind

```
select( f, x )
remove( f, x )
```

wobei *f* eine Boolesche Funktion und *x* eine Summe, Produkt, Liste, Menge, Funktion oder indizierter Name ist.

Der Befehl `select` wählt diejenigen Operanden von *x* aus, welche die Boolesche Funktion *f* erfüllen, und erzeugt ein neues Objekt vom gleichen Typ wie *x*. Maple übergeht die Operanden, für die *f* nicht `true` liefert.

Der Befehl `remove` macht das Gegenteil von `select`. Er löscht die Operanden von *x*, die *f* erfüllen.

```
> X := [seq(i,i=1..10)];
```

$$X := [1, 2, 3, 4, 5, 6, 7, 8, 9, 10]$$

```
> select(isprime,X);
```

$$[2, 3, 5, 7]$$

```
> remove(isprime,X);
```

$$[1, 4, 6, 8, 9, 10]$$

Die allgemeinen Formen der Befehle `select` und `remove` sind

```
select( f, x, y1, ..., yn )
remove( f, x, y1, ..., yn )
```

wobei *f* eine Funktion, *x* eine Summe, Produkt, Liste, Funktion oder indizierter Name und *y1*, ..., *yn* Ausdrücke sind. Wie bei der allgemeinen Form des Befehls `map` werden die Ausdrücke *y1*, ..., *yn* an die Funktion *f* übergeben.

```
> X := {2, sin(1), exp(2*x), x^(1/2)};
```

$$X := \{2, \sin(1), \sqrt{x}, e^{(2x)}\}$$

```
> select(type, X, function);
```

$$\{\sin(1), e^{(2x)}\}$$

```
> remove(type, X, constant);
```

$$\{\sqrt{x}, e^{(2x)}\}$$

```
> X := 2*x*y^2 - 3*y^4*z + 3*z*w + 2*y^3 - z^2*w*y;
```

$$X := 2\,x\,y^2 - 3\,y^4\,z + 3\,z\,w + 2\,y^3 - z^2\,w\,y$$

```
> select(has, X, z);
```

$$-3\,y^4\,z + 3\,z\,w - z^2\,w\,y$$

```
> remove( x -> degree(x)>3, X );
```

$$2\,x\,y^2 + 3\,z\,w + 2\,y^3$$

Der Befehl zip

Verwenden Sie den Befehl zip zum Verschmelzen zweier Listen oder Vektoren. Der Befehl zip hat zwei Formen

```
zip(f, u, v)
zip(f, u, v, d)
```

wobei *f* eine binäre Funktion, *u* und *v* Listen oder Vektoren und *d* ein Wert ist. zip erzeugt für jedes Operandenpaar *u_i*, *v_i* eine neue Liste oder Vektor aus *f(u_i,v_i)*. Es folgt ein Beispiel für die Wirkung von zip.

```
> zip( (x,y)->x.y, [a,b,c,d,e,f], [1,2,3,4,5,6] );
```

$$[a1, b2, c3, d4, e5, f6]$$

Wenn die Listen oder Vektoren nicht die gleiche Länge besitzen, ist die Länge des Ergebnisses davon abhängig, ob Sie ein *d* angeben. Falls Sie *d* nicht angeben, wird die Länge die kleinere Länge von *u* und *v* sein.

```
> zip( (x,y)->x+y, [a,b,c,d,e,f], [1,2,3] );
```

$$[a + 1, b + 2, c + 3]$$

Falls Sie *d* angeben, wird die Länge des Ergebnisses des Befehls zip die Länge der längeren Liste (oder des Vektors) sein und Maple verwendet *d* für die fehlenden Werte.

```
> zip( (x,y)->x+y, [a,b,c,d,e,f], [1,2,3], xi );
```

$$[a + 1, b + 2, c + 3, d + \xi, e + \xi, f + \xi]$$

Beachten Sie, daß Maple das zusätzliche Argument xi *nicht* an die Funktion
f übergibt, wie dies beim Befehl map geschieht.

Die Befehle seq, add und mul

Die Befehle seq, add und mul bilden Folgen, Summen und Produkte. Verwenden Sie folgende Syntax mit diesen Befehlen

```
seq(f, i = a..b)
add(f, i = a..b)
mul(f, i = a..b)
```

wobei *f*, *a* und *b* Ausdrücke sind und *i* ein Name ist. Die Ausdrücke *a* und
b müssen zu numerischen Konstanten auswertbar sein.

    Das Ergebnis von seq ist die Folge, die Maple durch Auswertung von
f erzeugt, nach der sukzessiven Zuweisung der Werte *a*, *a*+1, ..., *b* (oder
bis zum letzten Wert, der *b* nicht überschreitet) an den Indexnamen *i*. Das
Ergebnis von add ist die Summe der gleichen Folge, und das Ergebnis von
mul ist ihr Produkt. Falls der Wert *a* größer ist als *b*, ist das Ergebnis die
Folge NULL, 0 bzw. 1.

```
> seq(i^2,i=1..4);
```
$$1, 4, 9, 16$$

```
> mul(i^2,i=1..4);
```
$$576$$

```
> add(x[i], i=1..4);
```
$$x_1 + x_2 + x_3 + x_4$$

```
> mul(i^2, i = 4..1);
```
$$1$$

```
> seq(i, i = 4.123 .. 6.1);
```
$$4.123, 5.123$$

Verwenden Sie folgende Syntax mit den Befehlen seq, add und mul

```
seq(f, i = X)
add(f, i = X)
mul(f, i = X)
```

wobei *f* und *X* Ausdrücke sind und *i* ein Name ist.

    Das Ergebnis dieser Form von seq ist die Folge, die Maple durch Aus-
wertung von *f* erzeugt, nach der sukzessiven Zuweisung der Operanden

des Ausdrucks X an den Index i. Das Ergebnis von add ist die Summe der gleichen Folge und das Ergebnis von mul ist ihr Produkt.

```
> a := x^3 + 3*x^2 + 3*x + 1;
```
$$a := x^3 + 3\,x^2 + 3\,x + 1$$

```
> seq(degree(i,x), i=a);
```
$$3, 2, 1, 0$$

```
> add(degree(i,x), i=a);
```
$$6$$

```
> a := [23,-42,11,-3];
```
$$a := [23, -42, 11, -3]$$

```
> mul(abs(i),i=a);
```
$$31878$$

```
> add(i^2,i=a);
```
$$2423$$

seq, add und mul versus \$, sum und product   Beachten Sie, daß der Dollar-Operator \$ und die Befehle sum und product den Befehlen seq, mul und add sehr ähnlich sind. Sie unterscheiden sich jedoch in einer wichtigen Hinsicht. Die Indexvariable i und die Randpunkte a und b müssen keine ganzen Zahlen sein. Zum Beispiel:

```
> x[k] $ k=1..n;
```
$$x_k \,\$\, (k = 1..n)$$

Diese Befehle wurden für *symbolische* Folgen, Summen und Produkte entworfen. Wie bei dem Befehl int (Integration) ist die Indexvariable k eine globale Variable, der Sie keinen Wert zuweisen müssen.

Wann sollten Sie seq, add und mul bzw. \$, sum und product verwenden?

Wenn Sie eine symbolische Summe oder Produkt berechnen. Wenn die Randpunkte zum Beispiel Unbekannte sind, müssen Sie bestimmt \$, sum und product verwenden. Wenn Sie eine explizite endliche Folge, Summe oder Produkt berechnen, d.h. wenn Sie wissen, daß die Bereichspunkte a und b ganze Zahlen sind, sollten Sie seq, add oder mul verwenden. Die letzteren Befehle sind effizienter als ihre symbolischen Gegenstücke \$, sum und product.

4.6 Substitution

Der Befehl subs führt eine *syntaktische* Substitution durch. Er ersetzt in einem Ausdruck Teilausdrücke durch einen neuen Wert. Die Teilausdrücke müssen Operanden im Sinne des Befehls op sein.

```
> expr := x^3 + 3*x + 1;
```

$$expr := x^3 + 3\,x + 1$$

```
> subs(x=y, expr);
```

$$y^3 + 3\,y + 1$$

```
> subs(x=2, expr);
```

$$15$$

Die Syntax des Befehls subs ist

> subs(*s, Ausdruck*)

wobei *s* entweder eine Gleichung, eine Liste oder eine Menge von Gleichungen ist. Maple durchläuft *Ausdruck* und vergleicht jeden Operanden des Ausdrucks mit der linken Seite der Gleichung bzw. den linken Seiten der Gleichungen von *s*. Falls ein Operand mit der linken Seite einer Gleichung aus *s* übereinstimmt, ersetzt subs den Operanden durch die rechte Seite der Gleichung. Falls *s* eine Liste oder Menge von Gleichungen ist, führt Maple die von den Gleichungen angegebenen Substitutionen gleichzeitig aus.

```
> f := x*y^2;
```

$$f := x\,y^2$$

```
> subs( y=z, x=y, z=w, f );
```

$$y\,w^2$$

```
> subs( {y=z, x=y, z=w}, f );
```

$$y\,z^2$$

Die allgemeine Syntax des Befehls subs ist

> subs(*s1, s2, ..., sn, Ausdruck*)

wobei *s1, s2, ..., sn* Gleichungen, Mengen oder Listen von Gleichungen sind, *n* > 0 und *Ausdruck* ein Ausdruck ist. Dies ist äquivalent mit der folgenden Substitutionsfolge.

> subs(*sn, ...,* subs(*s2,* subs(*s1, Ausdruck*)))

Maple wertet das Ergebnis einer Substitution nicht aus.

```
> subs( x=0, sin(x) + x^2 );
```

$$sin(0)$$

Häufig möchten Sie eine zusätzliche Auswertung nach der Substitution. In solchen Fällen müssen Sie den Befehl eval verwenden, um die Auswertung zu erzwingen.

```
> eval( " );
```

$$0$$

Die Substitution vergleicht nur die Operanden des Baums von *Ausdruck* mit der linken Seite einer Gleichung.

```
> subs(a*b=d, a*b*c);
```

$$a\,b\,c$$

Die Substitution ergab nicht wie gewünscht d*c, weil die Operanden des Produkts a*b*c a, b, c sind. D.h. die Produkte a*b, b*c und a*c erscheinen nicht explizit als Operanden des Ausdruck a*b*c. Folglich erkennt subs sie nicht.

Die einfachste Art, solche Substitutionen durchzuführen, ist, die Gleichung für eine Unbekannte zu lösen und mit dieser Unbekannten zu substituieren.

```
> subs(a=d/b, a*b*c);
```

$$d\,c$$

Sie können dies nicht immer tun, und Sie werden herausfinden, daß es nicht immer das erwartete Ergebnis liefert. Die Routine algsubs stellt eine mächtigere Substitutionsmöglichkeit bereit.

```
> algsubs(a*b=d, a*b*c);
```

$$d\,c$$

Beachten Sie außerdem, daß die Operanden einer rationalen Potenz $x^{n/d}$ x und n/d sind. Obwohl es im folgenden Beispiel

```
> subs( x^(1/2)=y, a/x^(1/2) );
```

$$\frac{a}{\sqrt{x}}$$

den Anschein hat, daß die Ausgabe eine $\sqrt{x}$ enthält, sind die Operanden dieses Ausdrucks a und $x^{-1/2}$. Betrachten Sie die Division als eine negative Potenz in einem Produkt, d.h. $a \times x^{-1/2}$. Da die Operanden von $x^{-1/2}$ x

und $-1/2$ sind, erkennt subs $x^{1/2}$ nicht in $x^{-1/2}$. Die Lösung besteht in der Substitution der negativen Potenz $x^{-1/2}$.

```
> subs( x^(-1/2)=1/y, a/x^(1/2) );
```

$$\frac{a}{y}$$

Der Leser sollte in der Hilfeseite ?algsubs nach weiteren Details nachschlagen. Beachten Sie, daß der Befehl algsubs, so mächtig er auch ist, auch einen deutlich höheren Rechenaufwand benötigt als der Befehl subs.

4.7 Zusammenfassung

Dieses Kapitel behandelt die Elemente der Sprache von Maple. Maple unterteilt Ihre Eingabe in ihre kleinsten bedeutungstragenden Teile, die Symbole genannt werden. Maples Sprachanweisungen enthalten Zuweisungen, Bedingungen, Schleifen sowie Lesen aus und Schreiben in Dateien. In Maple gibt es viele Typen von Ausdrücken und die Verwendung ihrer Bäume informiert Sie über Typ und Operanden eines Ausdrucks. Sie haben die effizienten Schleifenkonstrukte map, zip und seq und die Substitution kennengelernt.

Prozeduren

Der Befehl proc definiert in Maple Prozeduren. Dieses Kapitel beschreibt die Syntax und Semantik des Befehls proc entsprechend der Beschreibung des Rests der Programmiersprache von Maple in Kapitel 4. Dieses Kapitel erläutert das Konzept der lokalen und globalen Variablen und Maples Argumentübergabe an Prozeduren. Es stellt außerdem Übungen bereit, um Ihr Verständnis von Maple-Prozeduren zu vertiefen.

5.1 Prozedurdefinitionen

Eine Prozedurdefinition hat in Maple folgende allgemeine Syntax:

```
proc( P )
local L;
global G;
options O;
description D;
B
end;
```

Dabei ist *B* eine Anweisungsfolge, die den Rumpf der Prozedur bildet. Die formalen Parameter *P* und die local-, global-, options- und description-Klauseln sind alle optional.

Es folgt eine einfache Maple-Prozedurdefinition. Sie hat zwei *formale Parameter x* und *y*, keine local-, global-, options- oder description-Klauseln und nur eine Anweisung im Prozedurrumpf.

```
> proc(x,y)
>     x^2 + y^2
```

```
> end;
```

$$\mathbf{proc}(x, y)\, x^2 + y^2\ \mathbf{end}$$

Sie können eine Prozedur wie jedes andere Maple-Objekt einem Namen zuweisen.

```
> F := proc(x,y) x^2 + y^2 end;
```

$$F := \mathbf{proc}(x, y)\, x^2 + y^2\ \mathbf{end}$$

Sie können Sie danach mit Hilfe des Funktionsaufrufs (anrufen).

$$\boxed{F\ (\ A\ )}$$

ausführen. Wenn Maple die Anweisungen des Prozedurrumpfes ausführt, ersetzt es die formalen Parameter P mit den aktuellen Parametern A des Funktionsaufrufs. Beachten Sie, daß Maple die aktuellen Parameter A vor ihrer Substitution für die formalen Parameter P auswertet.

Normalerweise ist der Rückgabewert einer Prozedur nach deren Ausführung der Wert der zuletzt ausgeführten Anweisung des Prozedurrumpfes.

```
> F(2,3);
```

$$13$$

Notation mit Abbildung

Einfache einzeilige Prozeduren können Sie in Anlehnung an die Algebra auch mit Hilfe einer alternativen Syntax definieren.

$$\boxed{(\ P\ )\ \text{->}\ B;}$$

Die Folge P der formalen Parametern kann leer sein, und der Rumpf B der Prozedur muß ein einzelner Ausdruck oder eine `if`-Anweisung sein.

```
> F := (x,y) -> x^2 + y^2;
```

$$F := (x, y) \rightarrow x^2 + y^2$$

Wenn Ihre Prozedur nur einen Parameter hat, können Sie die runden Klammern um die formalen Parameter weglassen.

```
> G := n -> if n<0 then 0 else 1 fi;
```

$$G := \mathbf{proc}(n)\ \mathbf{option}\ \textit{operator, arrow};\ \mathbf{if}\ n < 0\ \mathbf{then}\ 0\ \mathbf{else}\ 1\ \mathbf{fi}\ \mathbf{end}$$

```
> G(9), G(-2);
```

$$1, 0$$

Die beabsichtigte Anwendung der *Pfeil-Notation* ist lediglich für einfache Online-Funktionsdefinitionen geeignet. Sie stellt keinen Mechanismus zur Spezifikation lokaler oder globaler Variablen oder Optionen bereit.

Namenlose Prozeduren und deren Kombinationen

Prozedurdefinitionen sind zulässige Maple-Ausdrücke, die Sie alle erzeugen, manipulieren und aufrufen können, ohne sie einem Namen zuzuweisen.

```
> (x) -> x^2;
```

$$x \to x^2$$

Eine namenlose Prozedur rufen Sie folgendermaßen auf.

```
> ( x -> x^2 )( t );
```

$$t^2$$

```
> proc(x,y) x^2 + y^2 end(u,v);
```

$$u^2 + v^2$$

Eine übliche Anwendung namenloser Prozeduren erfolgt zusammen mit dem Befehl map.

```
> map( x -> x^2, [1,2,3,4] );
```

$$[1, 4, 9, 16]$$

Sie können Prozeduren kombinieren oder, falls angemessen, mit Ihnen durch Befehle wie den Differentialoperator D rechnen.

```
> D(x -> x^2);
```

$$x \to 2x$$

```
> F := D(exp + 2*ln);
```

$$F := \exp + 2\left(a \to \frac{1}{a}\right)$$

Sie können das Ergebnis F direkt auf Argumente anwenden.

Prozedurvereinfachung

Maple wertet eine Prozedur nicht aus, wenn Sie sie erzeugen, aber es *vereinfacht* den Prozedurrumpf.

```
> proc(x) local t;
>      t := x*x*x + 0*2;
```

```
>       if true then sqrt(t); else t^2 fi;
> end;
```

$$\mathbf{proc}(x) \ \mathbf{local} \ t; \ t := x^3; \ \text{sqrt}(t) \ \mathbf{end}$$

Maple vereinfacht Prozeduren mit der Option `operator` sogar noch weiter.

```
> x -> 3/4;
```

$$\frac{3}{4}$$

```
> (x,y,z) -> h(x,y,z);
```

$$h$$

Prozedurvereinfachung ist eine einfache Form der Programmoptimierung.

5.2 Parameterübergabe

Betrachten Sie, was geschieht, wenn Maple eine Funktion oder Prozedur auswertet.

$$\boxed{F(\ \textit{ArgumentFolge}\ )}$$

Zuerst wertet Maple F aus. Danach wertet es *ArgumentFolge* aus. Falls eines der Argumente zu einer Folge ausgewertet wird, flacht Maple die resultierende Folge von Folgen zu einer einzigen Folge ab, nämlich der Folge von *aktuellen Parametern*. Angenommen F wird zu einer Prozedur ausgewertet.

```
proc( FormaleParameter )
Rumpf;
end;
```

Maple führt dann die Anweisungen des *Prozedurrumpfes* aus, nachdem es die formalen Parameter durch die aktuellen ersetzt hat.

Betrachten Sie das folgende Beispiel.

```
> s := a,b: t := c:
> F := proc(x,y,z) x + y + z end:
> F(s,t);
```

$$a + b + c$$

Dabei ist `s,t` die *Argumentfolge*, `a,b,c` die *Folge der aktuellen Parameter* und `x,y,z` die *Folge der formalen Parameter*.

Die Anzahl der aktuellen Parameter n kann sich von der Anzahl der formalen Parameter unterscheiden. Wenn zuwenig aktuelle Parameter existieren, tritt ein Fehler auf, genau dann wenn ein fehlender Parameter während der Ausführung des Prozedurrumpfs tatsächlich verwendet wird. Maple ignoriert ansonsten einfach zusätzliche Parameter.

```
> f := proc(x,y,z) if x>y then x else z fi end:
> f(1,2,3,4);
```
$$3$$

```
> f(1,2);

Error, (in f) f uses a 3rd argument, z,
which is missing

> f(2,1);
```
$$2$$

Deklarierte Parameter

Sie können Prozeduren schreiben, die nur für bestimmte Eingabetypen funktionieren. Verwenden Sie *deklarierte formale Parameter*, damit Maple eine informative Fehlermeldung ausgibt, falls Sie die Prozedur mit falschen Eingabetypen anwenden. Eine Typdeklaration hat folgende Syntax:

$$\boxed{\textit{Parameter} \ :: \ \textit{Typ}}$$

Dabei ist *Parameter* der Name des formalen Parameters und *Typ* ein Typ. Maple unterstützt viele Typen von Ausdrücken; siehe ?type.

Beim Aufruf der Prozedur überprüft Maple die Typen der aktuellen Parameter von links nach rechts vor Ausführung des Prozedurrumpfs. Jeder dieser Tests kann eine Fehlermeldung generieren. Wenn kein Typfehler auftritt, wird die Prozedur ausgeführt.

```
> MAX := proc(x::numeric, y::numeric)
>    if x>y then x else y fi
> end:
> MAX(Pi,3);

Error, MAX expects its 1st argument, x, to be of type
numeric, but received Pi
```

Deklarierte Parameter können Sie auch mit der Option operator benutzen.

```
> G := (n::even) -> n! * (n/2)!;
```
$$G := n{::}\textit{even} \rightarrow n! \, (\frac{1}{2}n)!$$

```
> G(6);
```

$$4320$$

```
> G(5);
```

```
Error, G expects its 1st argument, n, to be of type
even, but received 5
```

Falls Sie einen Parameter nicht deklarieren, kann er einen beliebigen Typ haben. So ist `proc(x)` äquivalent zu `proc(x::anything)`. Wenn Sie dies beabsichtigen, sollten Sie die letztere Form verwenden, um andere Benutzer zu informieren, daß Ihre Prozedur mit jeder Eingabe funktioniert.

Die Folge von Argumenten

Sie müssen die formalen Parameter nicht mit Namen versehen. Sie können auf die gesamte Folge von aktuellen Argumenten innerhalb der Prozedur mit Hilfe des Bezeichners `args` zugreifen. Folgende Prozedur erzeugt eine Liste ihrer Argumente.

```
> f := proc() [args] end;
```

$$f := \mathbf{proc}() \, [\text{args}] \, \mathbf{end}$$

```
> f(a,b,c);
```

$$[a, b, c]$$

```
> f(c);
```

$$[c]$$

```
> f();
```

$$[]$$

Das i-te Argument ist einfach `args[i]`. Also sind die folgenden zwei Prozeduren äquivalent, vorausgesetzt Sie rufen sie mit mindestens zwei aktuellen Parametern vom Typ `numeric` auf.

```
> MAX := proc(x::numeric,y::numeric)
>    if x > y then x else y fi;
> end;
```

$$MAX := \mathbf{proc}(x\text{::}numeric, y\text{::}numeric) \; \text{if } y < x \text{ then } x \text{ else } y \text{ fi end}$$

```
> MAX := proc()
>    if args[1] > args[2] then args[1] else args[2] fi;
> end;
```

$$MAX := \mathbf{proc}() \; \text{if } \text{args}_2 < \text{args}_1 \text{ then } \text{args}_1 \text{ else } \text{args}_2 \text{ fi end}$$

Der Befehl `nargs` liefert die Gesamtanzahl von aktuellen Parametern. Dies erleichtert Ihnen das Schreiben einer Prozedur namens MAX, die das Maximum einer beliebigen Anzahl von Argumenten bestimmt.

```
> MAX := proc()
>    local i,m;
>    if nargs = 0 then RETURN(FAIL) fi;
>    m := args[1];
>    for i from 2 to nargs do
>        if args[i] > m then m := args[i] fi;
>    od;
>    m;
> end:
```

Das Maximum der drei Werte 2/3, 1/2 und 4/7 ist

```
> MAX(2/3, 1/2, 4/7);
```

$$\frac{2}{3}$$

5.3   Lokale und globale Variablen

Die Variablen innerhalb einer Prozedur sind entweder lokal oder global. Die Variablen außerhalb von Prozeduren sind global. Für Maple sind die lokalen Variablen aus verschiedenen Prozeduren unterschiedliche Variablen, selbst wenn sie den gleichen Namen haben. So kann eine Prozedur den Wert einer lokalen Variablen ändern, ohne Variablen mit gleichem Namen in anderen Prozeduren oder eine globale Variable mit gleichem Namen zu beeinflussen. Sie sollten immer auf folgende Weise deklarieren, welche Variablen lokal und welche global sind.

```
local L1, L2, ..., Ln;
global G1, G2, ..., Gm;
```

In der nächsten Prozedur sind i und m lokale Variablen.

```
> MAX := proc()
>    local i,m;
>    if nargs = 0 then RETURN(0) fi;
>    m := args[1];
>    for i from 2 to nargs do
>        if args[i] > m then m := args[i] fi;
>    od;
>    m;
> end:
```

Falls Sie nicht angeben, ob eine Variable lokal oder global ist, entscheidet dies Maple. Eine Variable ist automatisch lokal, falls

- sie auf der linken Seite einer Zuweisungsanweisung erscheint, zum Beispiel A in A := y or A[1] := y.
- sie als die Indexvariable in einer for-Schleife oder in einem der Befehle seq, add oder mul erscheint.

Wenn keine dieser beiden Regeln anwendbar ist, ist die Variable global.

```
> MAX := proc()
>    if nargs = 0 then RETURN(0) fi;
>    m := args[1];
>    for i from 2 to nargs do
>       if args[i] > m then m := args[i] fi;
>    od;
>    m;
> end:

Warning, 'm' is implicitly declared local
Warning, 'i' is implicitly declared local
```

Maple deklariert m lokal, weil es auf der linken Seite der Zuweisung m:=args[1] auftritt, und i lokal, weil es die Indexvariable einer for-Schleife ist.

Verlassen Sie sich nicht auf diese Möglichkeit zur Deklaration lokaler Variablen. Deklarieren Sie all Ihre lokalen Variablen explizit. Verlassen Sie sich stattdessen auf die Warnungen, um Variablen zu identifizieren, die Sie falsch geschrieben oder deren Deklaration Sie vergessen haben.

Die nachfolgende Prozedur newname erzeugt den nächsten freien Namen in der Folge $C1$, $C2$, ... Der von newname erzeugte Name ist eine globale Variable, da keine der beiden obigen Regeln auf C.N anwendbar ist.

```
> N := 0;
```

$$N := 0$$

```
> newname := proc()
>    global N;
>    N := N+1;
>    while assigned(C.N) do
>       N := N+1;
>    od;
>    C.N;
> end:
```

Die Prozedur newname hat keine Argumente.

```
> newname() * sin(x) + newname() * cos(x);
```

$$C1 \sin(x) + C2 \cos(x)$$

Die Zuweisung von Werten an globale Variablen innerhalb von Prozeduren ist im allgemeinen eine schlechter Ansatz. Jede Änderung des Wertes einer globalen Variablen beeinflußt alle Anwendungen der Variablen, selbst jene, die Ihnen nicht bewußt waren. Also sollten Sie diese Technik vorsichtig verwenden.

Auswerten lokaler Variablen

Lokale Variablen sind in einer anderen sehr wichtigen Weise besonders. Während der Ausführung eines Prozedurrumpfes werden sie genau um *eine Ebene* ausgewertet. Maple wertet globale Variablen sogar innerhalb einer Prozedur vollständig aus.

Dieser Abschnitt soll zur Klärung dieses Konzepts beitragen. Betrachten Sie folgende Beispiele:

```
> f := x + y;
```

$$f := x + y$$

```
> x := z^2/ y;
```

$$x := \frac{z^2}{y}$$

```
> z := y^3 + 3;
```

$$z := y^3 + 3$$

Die normale volle rekursive Auswertung liefert

```
> f;
```

$$\frac{(y^3 + 3)^2}{y} + y$$

Sie können die aktuelle Auswertungsebene mit Hilfe des Befehls eval steuern. Wenn Sie die folgende Befehlsfolge ausführen, können Sie um eine, zwei und drei Ebenen auswerten.

```
> eval(f,1);
```

$$x + y$$

```
> eval(f,2);
```

$$\frac{z^2}{y} + y$$

```
> eval(f,3);
```

$$\frac{(y^3 + 3)^2}{y} + y$$

Der Begriff der Auswertung um eine Ebene[1] ist wichtig für die Effizienz. Sie hat sehr kleinen Einfluß auf das Verhalten von Programmen, da Sie beim Programmieren dazu neigen, den Programmtext in einer organisierten sequentiellen Art zu schreiben. Im seltenen Fall, in dem ein Prozedurrumpf eine volle rekursive Auswertung einer lokalen Variablen erfordert, können Sie den Befehl eval verwenden.

```
> F := proc()
>   local x, y, z;
>   x := y^2;   y := z;   z := 3;
>   eval(x)
> end:
> F();
```

$$9$$

Sie können immer noch lokale Variablen ebenso wie globale Variablen als Unbekannte verwenden. In der nächsten Prozedur hat zum Beispiel die lokale Variable x keinen zugewiesenen Wert. Die Prozedur verwendet sie als Variable im Polynom $x^n - 1$.

```
> RootsOfUnity := proc(n)
>   local x;
>   [solve( x^n - 1=0, x )];
> end:
> RootsOfUnity(5);
```

$$\left[1, \frac{1}{4}\sqrt{5} - \frac{1}{4} + \frac{1}{4}i\sqrt{2}\sqrt{5 + \sqrt{5}}, -\frac{1}{4}\sqrt{5} - \frac{1}{4} + \frac{1}{4}i\sqrt{2}\sqrt{5 - \sqrt{5}},\right.$$

$$\left.-\frac{1}{4}\sqrt{5} - \frac{1}{4} - \frac{1}{4}i\sqrt{2}\sqrt{5 - \sqrt{5}}, \frac{1}{4}\sqrt{5} - \frac{1}{4} - \frac{1}{4}i\sqrt{2}\sqrt{5 + \sqrt{5}}\right]$$

---

[1]Solch ein Auswertungskonzept kommt in traditionellen Programmiersprachen nicht vor. Hier können Sie jedoch einer Variablen eine Formel zuweisen, die andere Variablen enthält, und der Sie wiederum Werte zuweisen können und so weiter.

5.4 Prozeduroptionen und das Beschreibungsfeld

Optionen

Eine Prozedur kann eine oder mehrere Optionen haben. Optionen können Sie durch Angeben der `options`-Klausel einer Prozedurdefinition spezifizieren.

```
options O1, O2, ..., Om;
```

Sie können jede Zeichenkette als Option benutzen, aber folgende Optionen haben besondere Bedeutungen.

Die Optionen `remember` **und** `system` Wenn Sie eine Prozedur mit der Option `remember` aufrufen, speichert Maple das Ergebnis des Aufrufs in der zur Prozedur zugehörigen *Merktabelle*. Sooft Sie die Prozedur aufrufen, überprüft Maple, ob Sie zuvor die Prozedur mit dem gleichen Parameter aufgerufen haben. Falls dies der Fall ist, liest Maple die früher berechneten Ergebnisse aus der Merktabelle, statt die Prozedur neu auszuführen.

```
> fib := proc(n::nonnegint)
>    option remember;
>    fib(n-1) + fib(n-2);
> end;
```

$$fib := \mathbf{proc}(n::nonnegint) \ \mathbf{option} \ remember; \ fib(n-1) + fib(n-2) \mathbf{end}$$

Sie können Einträge in die Merktabelle einer Prozedur direkt durch Zuweisungen einfügen. Diese Methode funktioniert auch für Prozeduren ohne Option `remember`.

```
> fib(0) := 0;
```

$$fib(0) := 0$$

```
> fib(1) := 1;
```

$$fib(1) := 1$$

Es folgt die Merktabelle der Prozedur `fib`.

$$table([$$
$$0 = 0$$
$$1 = 1$$
$$])$$

Da `fib` die Option `remember` enthält, fügt ihr Aufruf neue Werte in ihre Merktabelle ein.

```
> fib(9);
```

$$34$$

Nachfolgend ist die neue Merktabelle.

$$\text{table([}$$

$$0 = 0$$

$$4 = 3$$

$$8 = 21$$

$$1 = 1$$

$$5 = 5$$

$$9 = 34$$

$$2 = 1$$

$$6 = 8$$

$$3 = 2$$

$$7 = 13$$

$$])$$

Merktabellen können die Effizienz rekursiv definierter Prozeduren drastisch erhöhen.

Die Option `system` ermöglicht Maple, Einträge aus der Merktabelle einer Prozedur zu entfernen. Solch selektives Vergessen geschieht während der Speicherbereinigung, ein wichtiger Bestandteil von Maples Speicherverwaltung. Am wichtigsten ist, daß Sie die Option `system` *nicht* mit Prozeduren wie der obigen `fib` verwenden, die zur Terminierung ihrer Berechnungen die Einträge ihrer Merktabellen benötigen. Siehe *Merktabellen* auf Seite 74 für weitere Details und Bespiele zu Merktabellen.

Die Optionen `operator` **und** `arrow` Die Option `operator` erlaubt Maple, zusätzliche Vereinfachungen der Prozedur durchzuführen, und die Option `arrow` zeigt an, daß der Pretty-printer die Prozedur in der Pfeil-Notation anzeigen soll.

```
> proc(x)
>    option operator, arrow;
>    x^2;
> end;
```

$$x \to x^2$$

Notation mit Abbildung auf Seite **??** beschreibt Prozeduren, welche die Pfeil-Notation einsetzen.

Die Option `Copyright` Für Maple ist jede Option, die mit dem Wort *Copyright* beginnt, die Option `Copyright`. Maple gibt den Rumpf einer Prozedur mit einer Option `Copyright` nicht aus, es sei denn, die Schnittstellenvariable `verboseproc` ist mindestens 2.

```
> f := proc(expr::anything, x::name)
>    option 'Copyright 1684 durch G. W. Leibniz';
>    Diff(expr, x);
> end;
```

$$f := \mathbf{proc}(expr{::}anything, x{::}name) \ldots \mathbf{end}$$

Die Option `builtin` Maple kennt zwei Hauptklassen von Prozeduren: jene, die Teil des Maple-Kerns sind, und solche, die die Sprache von Maple selbst definiert. Die Option `builtin` zeigt die Kernprozeduren an. Sie können dies sehen, wenn Sie eine eingebaute Prozedur vollständig auswerten.

```
> eval(type);
```

$$\mathbf{proc}() \ \mathbf{option} \ builtin; \ 161 \ \mathbf{end}$$

Jede eingebaute Prozedur ist eindeutig durch eine Zahl gekennzeichnet. Selbstverständlich können Sie keine eigenen eingebauten Prozeduren erzeugen.

Das Beschreibungsfeld

Der letzte Teil eines Prozedurkopfes ist das `description`-Feld. Es muß nach jeder `local`-, `global`- oder `options`-Klausel und vor dem Prozedurrumpf auftreten. Es hat folgende Form:

> `description` *Zeichenkette* ;

Das Beschreibungsfeld hat keinen Einfluß auf die Ausführung der Prozedur, es dient lediglich zu Dokumentationszwecken. Anders als ein Kommentar, den Maple beim Einlesen einer Prozedur übergeht, stellt das Beschreibungsfeld eine Möglichkeit dar, einen einzeiligen Kommentar an eine Prozedur anzufügen.

```
> f := proc(x)
>    description 'Berechnet das Quadrat von x.';
>    x^2; # Berechnet x^2.
```

```
> end:
> print(f);
```

proc(x) **description** *'berechnet das Quadrat von x'* x^2 **end**

Außerdem gibt Maple das Beschreibungsfeld selbst dann aus, wenn es den Rumpf einer Prozedur aufgrund einer `Copyright`-Option nicht ausgibt.

```
> f := proc(x)
>    option 'Copyrighted ?';
>    description 'Berechnet das Quadrat von x.';
>    x^2; # Berechnet x^2.
> end:
> print(f);
```

proc(x) **description** *'Berechnet das Quadrat von x.'* ... **end**

5.5 Der Rückgabewert einer Prozedur

Wenn Sie eine Prozedur aufrufen, ist der von Maple zurücklieferte Wert normalerweise der Wert der letzten Anweisung in der Anweisungsfolge des Prozedurrumpfes. Drei weitere Rückgabetypen von Prozeduren sind Rückgabe durch Parameter, *explizite* Rückgabe und Rückgabe eines *Fehlers*.

Zuweisen von Werten an Parameter

Manchmal möchten Sie vielleicht eine Prozedur schreiben, die einen Wert durch einen Parameter zurückliefert. Betrachten Sie das Erstellen einer Booleschen Prozedur namens MEMBER, die bestimmt, ob eine Liste L einen Ausdruck x enthält. Wenn Sie zudem MEMBER mit einem dritten Argument p aufrufen, sollte MEMBER die Position von x in L an p zuweisen.

```
> MEMBER := proc(x::anything, L::list, p::evaln) local i;
>    for i to nops(L) do
>       if x=L[i] then
>          if nargs>2 then p := i fi;
>          RETURN(true)
>       fi;
>    od;
>    false
> end:
```

Falls Sie MEMBER mit zwei Argumenten aufrufen, ist nargs zwei und der Rumpf von MEMBER greift nicht auf den formalen Parameter p zu. Daher beschwert sich Maple nicht über einen fehlenden Parameter.

```
> MEMBER( x, [a,b,c,d] );
```

$$false$$

Wenn Sie MEMBER mit drei Argumenten aufrufen, stellt die Typdeklaration p::evaln sicher, daß Maple den dritten aktuellen Parameter zu einem Namen[2] und nicht vollständig auswertet.

```
> q := 78;
```

$$q := 78$$

```
> MEMBER( c, [a,b,c,d], q );
```

$$true$$

```
> q;
```

$$3$$

Maple wertet Parameter nur einmal aus. Dies bedeutet, daß Sie formale Parameter nicht wie lokale Variablen frei in einem Prozedurrumpf verwenden können. *Wenn Sie einmal eine Zuweisung an einen Parameter ausgeführt haben, sollten Sie nicht nochmal auf den Parameter zugreifen.* Der einzige berechtigte Zweck einer Zuweisung an einen Parameter ist, daß bei der Rückkehr aus der Prozedur der entsprechende aktuelle Parameter diesen zugewiesenen Wert hat. Die folgende Prozedur weist ihrem Parameter den Wert −13 zu und liefert dann den Namen des Parameters zurück.

```
> f := proc(x::evaln)
>    x := -13;
>    x;
> end:
> f(q);
```

$$q$$

Der Wert von q ist nun −13.

```
> q;
```

$$-13$$

---

[2]Wenn der dritte Parameter nicht als evaln deklariert wurde, sollten Sie den Namen q in einfachen Anführungszeichen ('q') einschließen, um sicherzustellen, daß der Name und nicht der Wert von q an die Prozedur übergeben wird.

Die nächste Prozedur count ist eine kompliziertere Illustration dieses Sachverhalts. count sollte bestimmen, ob ein Produkt von Faktoren *p* einen Ausdruck *x* enthält. Wenn *x* in *p* enthalten ist, sollte count die Anzahl der Faktoren, die *x* enthalten, im dritten Parameter *n* liefern.

```
> count := proc(p::'*', x::name, n::evaln)
>     local f;
>     n := 0;
>     for f in p do
>         if has(f,x) then n := n+1 fi;
>     od;
>     evalb( n>0 );
> end:
```

Die Prozedur count leistet nicht das gewünschte.

```
> count(2*x^2*exp(x)*y, x, m);
```

$$-m < 0$$

Der Wert des formalen Parameters n ist innerhalb der Prozedur immer m, der aktuelle Parameter, den Maple einmal und für immer bestimmt, wenn Sie die Prozedur aufrufen. Auf diese Weise ist der Wert von n der Name m und nicht der Wert von m, wenn die Ausführung die Anweisung evalb erreicht. Schlimmer noch, die Anweisung n:=n+1 weist m den *Namen* m+1 zu, wie Sie feststellen können, wenn Sie m um eine Ebene auswerten.

```
> eval(m, 1);
```

$$m + 1$$

Das m hat im obigen Ergebnis auch den Wert m+1.

```
> eval(m, 2);
```

$$m + 2$$

Somit würden Sie Maple in eine Endlosschleife versetzen, wenn Sie m vollständig auswerten würden.

Eine allgemeine Lösung dieses Problemtyps ist die Verwendung lokaler Variablen und die Betrachtung der Zuweisung an einen Parameter als eine Operation, die unmittelbar bevor Sie aus der Prozedur zurückkehren stattfindet.

```
> count := proc(p::'*', x::name, n::evaln)
>     local f, m;
>     m := 0;
>     for f in p do
>         if has(f,x) then m := m + 1 fi;
>     od;
```

```
>     n := m;
>     evalb( m>0 );
> end:
```

Die neue Version von count funktioniert wie beabsichtigt.

```
> count(2*x^2*exp(x)*y, x, m);
```

$$true$$

```
> m;
```

$$2$$

Explizite Rückkehr

Eine *explizite Rückkehr* findet beim Aufruf des Befehls RETURN statt. Er hat folgende Syntax:

```
RETURN( Folge );
```

Der Befehl RETURN verursacht eine sofortige Rückkehr aus der Prozedur und der Wert von *Folge* wird der Wert des Prozeduraufrufs.

Zum Beispiel berechnet folgende Prozedur die erste Position i eines Wertes x in einer Liste von Werten L. Falls x nicht in der Liste L enthalten ist, liefert die Prozedur 0.

```
> POSITION := proc(x::anything, L::list)
>     local i;
>     for i to nops(L) do
>         if x=L[i] then RETURN(i) fi;
>     od;
>     0;
> end:
```

In den meisten Anwendungen des Befehls RETURN werden Sie ihn zur Rückgabe eines einzigen Wertes einsetzen. Die Rückgabe einer Folge, einschließlich der leeren Folge, ist aber zulässig. Die nächste Prozedur berechnet zum Beispiel den größten gemeinsamen Teiler g von zwei ganzen Zahlen a und b. Sie liefert die Folge $g, a/g, b/g$. GCD muß den Fall $a = b = 0$ separat behandeln, weil g dann null wird.

```
> GCD := proc(a::integer, b::integer)
>     local g;
>     if a=0 and b=0 then RETURN(0,0,0) fi;
>     g := igcd(a,b);
>     g, iquo(a,g), iquo(b,g);
> end:
```

```
> GCD(0,0);
```

$$0, 0, 0$$

```
> GCD(12,8);
```

$$4, 3, 2$$

Selbstverständlich können Sie statt einer Folge auch eine Liste oder Menge von Werten zurückliefern.

Rückkehr bei Fehler

An *Rückkehr bei Fehler* erfolgt, wenn Sie den Befehl ERROR aufrufen. Er hat folgende Syntax:

> ERROR(*Folge*);

Der Befehl ERROR verursacht normalerweise ein sofortiges Verlassen der aktuellen Prozedur und Rückkehr in die Maple-Sitzung. Maple gibt folgende Fehlermeldung aus:

> Error, (in *Prozedurname*), *Folge*

Dabei ist *Folge* die Argumentfolge des Befehls ERROR und *Prozedurname* der Name der Prozedur, in welcher der Fehler aufgetreten ist. Falls die Prozedur keinen Namen hat, meldet Maple „Error, (in unknown) ...".

Der Befehl ERROR wird üblicherweise angewendet, wenn Sie überprüfen müssen, ob die aktuellen Parameter vom richtigen Typ sind, aber Parameterdeklarationen dafür nicht ausreichen. Die nachfolgende Prozedur pairup erhält eine Liste L der Form $[x_1, y_1, x_2, y_2, \ldots, x_n, y_x]$ als Eingabe und erzeugt daraus eine Liste von Listen der Form $[[x_1, y_1], [x_2, y_2], \ldots, [x_n, y_n]]$. Eine einfache Typüberprüfung kann nicht feststellen, ob die Liste L eine gerade Anzahl von Elementen hat, also müssen Sie dies explizit überprüfen.

```
> pairup := proc(L::list)
>    local i, n;
>    n := nops(L);
>    if irem(n,2)=1 then
>       ERROR( 'L muss gerade Anzahl von Elementen haben' );
>    fi;
>    [seq( [L[2*i-1],L[2*i]], i=1..n/2 )];
> end:
> pairup([1, 2, 3, 4, 5]);

Error, (in pairup)
L muss gerade Anzahl von Elementen haben
```

```
> pairup([1, 2, 3, 4, 5, 6]);
```

$$[[1, 2], [3, 4], [5, 6]]$$

Abfangen von Fehlern

Die globale Variable `lasterror` speichert den Wert des letzten Fehlers. Die Prozedur `pairup` des vorigen Abschnitts verursachte einen Fehler.

```
> lasterror;
```

L muss gerade Anzahl von Elementen haben

Sie können die Fehler mit Hilfe des Befehls `traperror` abfangen. Der Befehl `traperror` wertet seine Argumente aus; falls kein Fehler auftritt, liefert er einfach die ausgewerteten Argumente.

```
> x := 0:
> result := traperror( 1/(x+1) );
```

$$result := 1$$

Falls ein Fehler auftritt, während Maple die Argumente auswertet, liefert `traperror` die dem Fehler entsprechende Zeichenkette.

```
> result := traperror(1/x);
```

$$result := division\ by\ zero$$

Nun hat sich der Wert von `lasterror` geändert.

```
> lasterror;
```

division by zero

Sie können überprüfen, ob ein Fehler aufgetreten ist, indem Sie das Ergebnis von `traperror` mit `lasterror` vergleichen. Wenn ein Fehler aufgetreten ist, sind `lasterror` und der von `traperror` gelieferte Wert identisch.

```
> evalb( result = lasterror );
```

true

Eine sehr sinnvolle Anwendung der Befehle `traperror` und `ERROR` ist der schnelle und möglichst saubere Abbruch einer aufwendigen Berechnung. Angenommen Sie versuchen zum Beispiel ein Integral mit einer von mehreren Methoden zu berechnen, und in der Mitte der Anwendung der ersten Methode stellen Sie fest, daß dies nicht gelingen wird. Sie möchten diese Methode abbrechen und es mit einer anderen versuchen. Der Programmtext, der die verschiedenen Methoden ausprobiert, könnte wie folgt aussehen:

```
> result := traperror( MethodA(f,x) );
> if result=lasterror then  # Ein Fehler ist aufgetreten.
>    if lasterror=FAIL then  # A hat versagt, versuche B.
>       result := MethodB(f,x);
>    else # Eine andere Fehlerart ist aufgetreten.
>       ERROR(lasterror); # Gibt den Fehler weiter.
>    fi
> else # Methode A war erfolgreich.
>    RETURN(result);
> fi;
```

MethodA kann seine Berechnung durch Ausführen des Befehls `ERROR(FAIL)`
abbrechen.

Unausgewertete Rückkehr

Maple verwendet häufig eine bestimmte Form von Rückgabe für eine *erfolglose Rückkehr*. Wenn es die Berechnung nicht durchführen kann, liefert
es den unausgewerteten Funktionsaufruf als Ergebnis. Die folgende
Prozedur `MAX` berechnet das Maximum zweier Zahlen x und y.

```
> MAX := proc(x,y) if x>y then x else y fi end:
```

Die obige Version von `MAX` ist für ein System zum symbolischen Rechnen inakzeptabel, weil sie auf numerischen Werten als Argumente besteht, damit
Maple bestimmen kann, ob $x > y$ ist.

```
> MAX(3.2, 2);
```

$$3.2$$

```
> MAX(x, 2*y);
```

```
Error, (in MAX) cannot evaluate boolean
```

Das Fehlen symbolischer Fähigkeiten in `MAX` verursacht Probleme beim
Versuch, Ausdrücke zu zeichnen, die `MAX` enthalten.

```
> plot( MAX(x, 1/x), x=1/2..2 );
```

```
Error, (in MAX) cannot evaluate boolean
```

Der Fehler tritt auf, weil Maple `MAX(x, 1/x)` vor Aufruf des Befehls `plot`
auswertet.

Die Lösung besteht darin, `MAX` zu veranlassen, unausgewertet zurückzukehren, wenn seine Parameter x und y nicht numerisch sind. Das heißt,
`MAX` sollte in solchen Fällen `'MAX'(x,y)` liefern.

```
> MAX := proc(x, y)
```

```
>    if type(x, numeric) and type(y, numeric) then
>        if x>y then x else y fi;;
>    else
>        'MAX'(x,y);
>    fi;
> end:
```

Die neue Version von MAX verarbeitet numerische und nichtnumerische
Eingaben.

```
> MAX(3.2, 2);
```

$$3.2$$

```
> MAX(x, 2*y);
```

$$\text{MAX}(x, 2\,y)$$

```
> plot( MAX(x, 1/x), x=1/2..2 );;
```

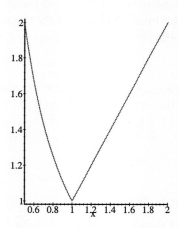

Sie können MAX verbessern, damit es das Maximum einer beliebigen
Anzahl von Argumenten bestimmen kann. Innerhalb einer Prozedur ist
args die Folge der aktuellen Parameter, nargs die Anzahl der aktuellen
Parameter und procname der Prozedurname.

```
> MAX := proc()
>    local m, i;
>    m := -infinity;
>    for i in (args) do
>        if not type(i, numeric) then
>            RETURN('procname'(args));
>        fi;
>        if i>m then m := i fi;
```

```
>    od;
>    m;
> end:
> MAX(3,1,4);
```

$$4$$

```
> MAX(3,x,1,4);
```

$$\mathrm{MAX}(3, x, 1, 4)$$

Die Funktion sin und der Integrationsbefehl int arbeiten im wesentlichen wie die obige Prozedur MAX. Falls Maple das Ergebnis berechnen kann, liefert es das Ergebnis zurück, ansonsten kehren sin und int unausgewertet zurück.

Übung

1. Verbessern Sie die obige Prozedur MAX, so daß MAX(3,x,1,4) MAX(x,4) liefert, d.h. die Prozedur liefert den maximalen numerischen Wert und alle nichtnumerischen Werte.

5.6 Das Prozedurobjekt

Dieser Abschnitt beschreibt das Objekt Prozedur, seine Typen und Operanden, seine speziellen Auswertungsregeln und das Schreiben und Lesen in und aus eine Datei.

Auswerten zum letzten Namen

Maple wertet gewöhnliche Ausdrücke mit *voller rekursiver Auswertung* aus. Alle späteren Referenzen auf einen Namen, dem Sie einen Wert zuweisen, liefern den berechneten Wert anstelle des Namens.

```
> f := g;
```

$$f := g$$

```
> g := h;
```

$$g := h$$

```
> h := x^2;
```

$$h := x^2$$

Nun wird f zu x^2 ausgewertet.

```
> f;
```

$$x^2$$

Prozedur- und Tabellennamen sind Ausnahmen. Für solche Namen verwendet Maple das Verfahren der *Auswertung zum letzten Namen*. Dieses Modell vermeidet das Ausgeben aller Details der Prozedurdefinition.

```
> F := G;
```

$$F := G$$

```
> G := H;
```

$$G := H$$

```
> H := proc(x) x^2 end;
```

$$H := \mathbf{proc}(x)\, x^2\ \mathbf{end}$$

Nun wird F zu H ausgewertet, weil H der letzte Name vor der tatächlichen Prozedur ist.

```
> F;
```

$$H$$

Sie können den Befehl eval verwenden, um eine Prozedur vollständig auszuwerten.

```
> eval(F);
```

$$\mathbf{proc}(x)\, x^2\ \mathbf{end}$$

Siehe auch *Auswertungsregeln* auf Seite 43.

Typen und Operanden einer Prozedur

Für Maple sind alle Prozeduren (einschließlich derer, die mit der Notation mit Abbildung erzeugt wurden) sowie alle Namen, die Sie Prozeduren zuweisen, vom Typ procedure.

```
> type(F,name);
```

$$true$$

```
> type(F,procedure);
```

$$true$$

```
> type(eval(F),procedure);
```

$$true$$

So können Sie folgenden Test durchführen, um sicherzugehen, daß *F* der Name einer Prozedur ist.

```
> if type(F, name) and type(F, procedure) then ... fi
```

Eine Prozedur hat sechs Operanden:

1. die Folge der formalen Parameter,
2. die Folge der lokalen Variablen,
3. die Folge von Optionen,
4. die Merktabelle,
5. die Beschreibungszeichenkette,
6. die Folge von globalen Variablen.

Betrachten Sie das folgende als ein Beispiel für die Struktur einer Prozedur.

```
> f := proc(x::name, n::posint)
>    local i;
>    global y;
>    option Copyright;
>    description 'eine Summation';
>    sum( x[i] + y[i], i=1..n );
> end:
```

Fügen Sie einen Eintrag in die Merktabelle der Prozedur ein.

```
> f(t,3) := 12;
```

$$f(t, 3) := 12$$

Nachfolgend können Sie die verschiedenen Teile von *f* sehen.

Der Name der Prozedur:

```
> f;
```

$$f$$

Die Prozedur selbst:

```
> eval(f);
```

proc(*x*::*name*, *n*::*posint*) **description** '*eine Summation*' ... **end**

Die formalen Parameter:

```
> op(1, eval(f));
```

$$x::name, n::posint$$

Die lokalen Variablen:

```
> op(2, eval(f));
```

$$i$$

Die Optionen:

```
> op(3, eval(f));
```

$$Copyright$$

Die Merktabelle:

```
> op(4, eval(f));
```

$$table([$$
$$(t, 3) = 12$$
$$])$$

Die Beschreibung:

```
> op(5, eval(f));
```

$$eine\ Summation$$

Die globalen Variablen:

```
> op(6, eval(f));
```

$$y$$

Der Rumpf einer Prozedur ist *nicht* einer ihrer Operanden, also können Sie mit dem Befehl op keinen Zugang zum Prozedurrumpf bekommen. Siehe ?hackware zur Manipulation eines Prozedurrumpfs.

Speichern und Rückladen von Prozeduren

Während der Entwicklung einer neuen Prozedur können Sie Ihre Arbeit durch Speichern des gesamten Arbeitsblattes sichern. Wenn Sie zufrieden sind mit Ihrer Prozedur, weil sie in der gewünschten Weise funktioniert, möchten Sie sie vielleicht in einer .m-Datei speichern. Solche Dateien verwenden Maples internes Format, welches Maple das effiziente Rückladen dieser gespeicherten Objekte erlaubt.

```
> CMAX := proc(x::complex(numeric), y::complex(numeric))
>     if abs(x)>abs(y) then
>        x;
>     else
>        y;
```

```
>    fi;
> end:
```

Verwenden Sie den Befehl `save`, um Prozeduren auf gleiche Weise wie jedes andere Maple-Objekt zu speichern.

```
> save( CMAX, 'CMAX.m' );
```

Der Befehl `read` lädt die in einer .m-Datei gespeicherten Objekte.

```
> read( 'CMAX.m' );
```

Einige Benutzer von Maple bevorzugen es, Prozeduren mit Ihrem bevorzugten Texteditor zu schreiben. Sie können den Befehl `read` auch zum Einlesen von Daten aus solchen Dateien verwenden. Maple führt jede Zeile der Datei aus, als ob Sie sie direkt in Ihrer Sitzung eingegeben hätten.

Wenn Sie eine Anzahl verwandter Prozeduren erstellen, möchten Sie sie vielleicht als Maple-Paket speichern. Ein Paket ermöglicht Ihnen, die Prozeduren mit Hilfe des Befehls `with` zu laden. Siehe *Schreiben eigener Pakete* auf Seite 109.

5.7 Übungen

Der Sinn der Übungen dieses Abschnitts ist, Ihr Verständnis von der Funktionsweise der Maple-Prozeduren zu vertiefen. In manchen Fällen sollten Sie vielleicht die Online-Hilfeseiten der benötigten Maple-Befehle studieren.

1. Implementieren Sie die Funktion $f(x) = (\sqrt{1 - x^2})^3 - 1$ zuerst als Prozedur, danach unter Verwendung der Notation mit Abbildung. Berechnen Sie $f(1/2)$ und $f(0.5)$ und erläutern Sie die verschiedenen Ergebnisse. Verwenden Sie den Operator `D` zur Berechnung von f' und bestimmen Sie danach $f'(0)$.

2. Schreiben Sie eine Prozedur namens `SPLIT`, die auf Eingabe eines Produkts f und einer Variablen x eine Liste von zwei Werten liefert. Das erste Element der Liste soll das Produkt der Faktoren von f sein, die unabhängig sind von x, und das zweite Element soll das Produkt der Faktoren von f sein, die ein x enthalten. *Hinweis:* Verwenden Sie die Befehle `has`, `select` und `remove`.

3. Das folgende Programm versucht $1 - x^{|a|}$ zu berechnen.

```
> f := proc(a::integer, x::anything)
>    if a<0 then a := -a fi;
>    1-x^a;
> end:
```

Was ist in dieser Prozedur falsch? Verwenden Sie den Maple-Debugger, um den Fehler zu ermitteln. Siehe Kapitel 6.

4. ab/g ergibt das kleinste gemeinsame Vielfache zweier ganzen Zahlen a und b, wobei g der größte gemeinsame Teiler von a und b ist. Zum Beispiel ist 12 das kleinste gemeinsame Vielfache von 4 und 6. Schreiben Sie eine Maple-Prozedur namens LCM, die als Eingabe $n > 0$ ganze Zahlen $a_1, a_2, \ldots, a_n$ erhält und deren kleinstes gemeinsame Vielfache berechnet. Das kleinste gemeinsame Vielfache von null und jeder anderen Zahl soll als null angenommen werden.

5. Die folgende Rekurrenzrelation definiert die Tschebyscheff-Polynome erster Art $T_n(x)$.

$$T_0(x) = 0, \qquad T_1(x) = x, \qquad T_n(x) = 2x T_{n-1}(x) - T_{n-2}(x)$$

Die nächste Prozedur berechnet $T_n(x)$ in einer Schleife für jede gegebene ganze Zahl n.

```
> T := proc(n::integer, x)
>    local t1, tn, t;
>    t1 := 1; tn := x;
>    for i from 2 to n do
>        t := expand(2*x*tn - t1);
>        t1 := tn; tn := t;
>    od;
>    tn;
> end:
```

Die Prozedur hat mehrere Fehler. Welche Variablen hätten lokal deklariert werden müssen? Was passiert, falls n null oder negativ ist? Ermitteln und korrigieren Sie alle Fehler und verwenden Sie den Maple-Debugger wo möglich. Modifizieren Sie die Prozedur, so daß sie unausgewertet zurückkehrt, falls n ein symbolischer Wert ist.

5.8 Zusammenfassung

In diesem Kapitel haben Sie die Details des Befehls proc kennengelernt. Sie haben die Feinheiten der bei der Prozedurdefinition zu Ihrer Verfügung stehenden Optionen gesehen und die funktionalen Operatoren, die namenlosen Prozeduren und die Vereinfachung von Prozeduren kennengelernt.

Zusätzlich haben Sie Maples Auswertungsregeln gründlich wiederholt, die Kapitel 2 eingeführt hat. Zum Beispiel wertet Maple im allgemeinen lokale Variablen um eine Ebene und globale Variablen vollständig aus. Maple wertet die Argumente einer Prozedur zum Zeitpunkt ihres Aufrufs aus. Wie sie ausgewertet werden, hängt von der Umgebung ab, in welcher der Aufruf erfolgt, und in manchen Fällen von den in der Prozedurdefinition spezifizierten Typen. Sobald sie ausgewertet wurden, substituiert Maple die Werte durch die Prozedur und führt diese dann aus. Maple führt an den substituierten Werten keine weiteren Auswertungen aus, es sei denn, Sie verwenden explizit einen Befehl wie `eval`. Diese Regel macht es praktisch unmöglich, Parameter wie lokale Variablen zur Speicherung temporärer Ergebnisse zu verwenden.

Obwohl die Kapitel 1 und 2 Typdeklarationen behandelt haben, hat dieses Kapitel diese Deklarationen vollständig wiederholt. Typdeklarationen sind besonders hilfreich als Möglichkeit zur Angabe des beabsichtigten Einsatzes Ihrer Prozeduren und zur Lieferung von Fehlermeldungen an Benutzer, die sie mit unzulässigen Werten aufrufen.

Dieses Kapitel beendet die in Kapitel 4 begonnene formale Wiederholung der Sprache von Maple. Die restlichen Kapitel behandeln spezielle Bereiche der Maple-Programmierung. Kapitel 6 erörtert den Maple-Debugger, Kapitel 7 führt Ihnen die Details der numerischen Programmierung in Maple ein und Kapitel 8 zeigt, wie man Maples umfassenden Möglichkeiten zum Zeichnen Ihren Bedürfnissen entsprechend erweitert.

6 Debuggen von Maple-Programmen

Ein Programm, egal ob es in Maple oder einer anderen Sprache entwickelt wurde, arbeitet beim ersten Testen oft nicht korrekt aufgrund logischer Fehler beim Entwurf oder wegen Fehlern, die sich bei der Implementierung eingeschlichen haben. Viele Fehler sind sehr subtil und lassen sich nur schwer allein durch Experimentieren und Inspektion des Programms auffinden. Maple stellt einen Debugger zur Verfügung, der Ihnen hilft, diese Fehler zu finden.

Der Debugger von Maple erlaubt Ihnen, die Ausführung innerhalb einer Maple-Prozedur anzuhalten, die Werte der lokalen und globalen Variablen zu inspizieren und zu verändern und dann die Ausführung fortzusetzen, entweder bis zum Ende oder schrittweise. Sie können die Ausführung anhalten, wenn Maple eine bestimmte Anweisung erreicht, wenn es einen Wert an eine bestimmte lokale oder globale Variable zuweist oder wenn ein bestimmter Fehler auftritt. Diese Möglichkeiten gestatten Ihnen, die interne Arbeitsweise Ihres Programms zu verfolgen, um so zu bestimmen, warum es nicht das macht, was Sie erwarten.

6.1 Ein einführendes Beispiel

Dieser Abschnitt beschreibt den Gebrauch des Debuggers und verwendet dabei die folgende Maple-Prozedur als Fallbeispiel.

```
> sieve := proc(n::integer)
>     local i,k,flags,count,twice_i;
>     count := 0;
>     for i from 2 to n do flags[i] := true od;
>     for i from 2 to n do
```

```
>           if flags[i] then
>               twice_i := 2*i;
>               for k from twice_i by i to n do
>                   flags[k] = false;
>               od;
>               count := count+1
>           fi;
>       od;
>       count;
> end:
```

Diese Prozedur implementiert das Sieb des Eratosthenes. Für einen gegebenen Parameter n zählt sie alle Primzahlen, die kleiner oder gleich n sind. Beim Debuggen dieser Prozedur, sieve, sollten Sie einige Fehler finden.

Viele Befehle des Debuggers beziehen sich auf einzelne Anweisungen innerhalb der Prozeduren, die Sie bearbeiten. Anweisungsnummern stellen solche Bezüge her. Eine Anweisung entspricht nicht notwendigerweise einer Textzeile; eine Zeile könnte einem Teil einer Anweisung oder mehreren Anweisungen entsprechen. Der Befehl showstat, der in *Anzeigen der Anweisungen einer Prozedur* auf Seite 231 genauer beschrieben ist, zeigt Maple-Prozeduren mit Anweisungsnummern und demonstriert den Unterschied zwischen Textzeilen und Anweisungen.

```
> showstat(sieve);

sieve := proc(n::integer)
local i, k, flags, count, twice_i;
    1       count := 0;
    2       for i from 2 to n do
    3         flags[i] := true
            od;
    4       for i from 2 to n do
    5         if flags[i] then
    6           twice_i := 2*i;
    7           for k from twice_i by i to n do
    8             flags[k] = false
              od;
    9           count := count+1
            fi
          od;
   10       count
end
```

Zum Aufruf des Debuggers müssen Sie die Ausführung der Prozedur starten und die Ausführung muß innerhalb der Prozedur unterbrochen werden. Um eine Maple-Prozedur auszuführen, rufen Sie sie in einem Maple-Befehl auf der obersten Ebene oder aus einer anderen Prozedur auf. Die einfachste Art, die Ausführung innerhalb einer Prozedur zu unterbrechen, ist einen *Unterbrechungspunkt* (breakpoint) innerhalb der Prozedur zu setzen. Dafür benutzen Sie den Befehl `stopat`.

```
> stopat(sieve);
```

[*sieve*]

Dies setzt einen Unterbrechungspunkt vor die erste Anweisung der Prozedur `sieve`. Der Befehl `stopat` gibt auch eine Liste aller Prozeduren zurück, die Unterbrechungspunkte enthalten (`sieve` in diesem Fall). Wenn Sie danach `sieve` aufrufen, wird Maple vor der Ausführung der ersten Anweisung darin anhalten. Sobald die Ausführung unterbrochen wird, erscheint das Eingabezeichen des Debuggers. Das folgende Beispiel zeigt eine anfängliche Ausführung von `sieve`.

```
> sieve(10);

sieve:
   1*    count := 0;


DBG>
```

Vor dem Eingabezeichen des Debuggers („`DBG>`" in unserem Beispiel) kommen verschiedene Informationen.

1. Das vorher berechnete Ergebnis (hier wurde angehalten, bevor irgendwelche Berechnungen durchgeführt wurde, deshalb erscheint kein Resultat).

2. Der Name der Prozedur, in der die Ausführung unterbrochen wurde (`sieve` in diesem Beispiel).

3. Die Nummer der Anweisung, vor der die Ausführung unterbrochen wurde (1 in diesem Beispiel). Ein Stern (`*`) oder ein Fragezeichen (`?`) kann der Anweisungsnummer folgen, um anzuzeigen, ob es sich um einen Unterbrechungspunkt oder einen bedingten Unterbrechungspunkt handelt.

4. Anstatt alle Anweisungen auszuschreiben, die in den tieferen Ebenen einer zusammengesetzten Anweisung wie `if` oder `do` enthalten sind, zeigt Maple den Rumpf solcher Anweisungen als „`...`" an.

Nach dem Eingabezeichen des Debuggers können Sie Maple-Ausdrücke auswerten und Debugger-Befehle ausführen. Maple wertet Ausdrücke in dem Kontext der angehaltenen Prozedur aus. Sie haben Zugang zu genau denselben Prozedurparametern, lokalen, globalen oder Umgebungsvariablen wie die unterbrochene Prozedur. Sie haben `sieve` mit dem Parameter 10 aufgerufen, so hat der formale Parameter n jetzt den Wert 10.

```
DBG> n
10
sieve:
    1*    count := 0;
```

Beachten Sie, daß Maple nach jedem Ausdruck, den es auswertet, das Ergebnis anzeigt, gefolgt von dem Namen der angehaltenen Prozedur, der Anweisungsnummer, der Anweisung und einem neuen Eingabezeichen des Debuggers.

Sobald der Debugger aktiv ist, wird die Ausführung durch Debugger-Befehle gesteuert. Der am häufigsten benutzte Befehl ist next, was die angezeigte Anweisung ausführt und die weitere Ausführung vor der nächsten Anweisung auf derselben (oder einer höheren) Schachtelungsebene anhält.

```
DBG> next
0
sieve:
    2    for i from 2 to n do
            ...
         od;
```

Die 0 in der ersten Zeile stellt das Ergebnis der Zuweisung count := 0 dar. Es erscheint kein „*" nach der Anweisungsnummer, da es keinen Unterbrechungspunkt vor der Anweisung 2 gibt. Der Debugger zeigt den Rumpf der for-Schleife, der wieder aus Anweisungen (mit eigenen Anweisungsnummern) besteht, nicht an, bis die Ausführung tatsächlich innerhalb des Rumpfs angehalten wird.

Erneute Ausführung des Befehls next ergibt

```
DBG> next
true
sieve:
    4    for i from 2 to n do
            ...
         od;
```

Die Ausführung wird nun vor der Anweisung 4 angehalten. Anweisung 3 (der Rumpf der vorherigen for-Schleife) ist auf einer tieferen Schachtelungsebene. Daher wird sie von dem Befehl next übersprungen. Obwohl die Schleife ausgeführt wird (n−1 Mal), wird die Ausführung nicht innerhalb von ihr unterbrochen. Der Debugger zeigt jedoch das letzte Ergebnis an, das er innerhalb der Schleife berechnet hat (die Zuweisung des Werts true an flags[10]).

Um schrittweise durch eine verschachtelte Kontrollstruktur zu gehen, benutzen Sie den Befehl step.

```
DBG> step

true
sieve:
  5       if flags[i] then
             ...
          fi
DBG> step

true
sieve:
  6          twice_i := 2*i;
```

Wenn Sie den Befehl step benutzen und die auszuführende Anweisung ist nicht tiefer strukturiert, dann hat er die gleiche Wirkung wie der Befehl next.

```
DBG> step

4
sieve:
  7          for k from twice_i by i to n do
               ...
            od;
```

An diesem Punkt könnte es nützlich sein, den Befehl showstat zu benutzen, um die ganze Prozedur anzeigen zu lassen.

```
DBG> showstat

sieve := proc(n::integer)
local i, k, flags, count, twice_i;
   1*    count := 0;
   2     for i from 2 to n do
   3       flags[i] := true
         od;
   4     for i from 2 to n do
   5       if flags[i] then
   6          twice_i := 2*i;
   7 !        for k from twice_i by i to n do
   8            flags[k] = false
            od;
   9          count := count+1
         fi
       od;
  10     count
end
```

Der Debugger-Befehl `showstat` ist ähnlich zu dem gewöhnlichen Befehl `showstat`, außer daß er nur innerhalb des Debuggers funktioniert und die momentan angehaltene Prozedur anzeigt, falls Sie keine Prozedur angeben. Ein Ausrufezeichen (!) nach der Anweisungsnummer kennzeichnet die Anweisung, bei der angehalten wurde.

Gehen Sie nun in die innerste Schleife.

```
DBG> step

4
sieve:
   8            flags[k] = false
```

Ein verwandter Debugger-Befehl, `list`, zeigt nur die fünf vorherigen, die aktuelle und die nächste Anweisung an, um schnell einen groben Überblick zu verschaffen, wo die Prozedur angehalten wurde.

```
DBG> list
sieve := proc(n::integer)
local i, k, flags, count, twice_i;
       ...
   3      flags[i] := true
        od;
   4    for i from 2 to n do
   5      if flags[i] then
   6         twice_i := 2*i;
   7         for k from twice_i by i to n do
   8 !          flags[k] = false
            od;
   9         count := count+1
          fi
        od;
        ...
end
```

Benutzen Sie den Debugger-Befehl `outfrom`, um die Ausführung auf der momentanen Schachtelungsebene zu beenden und dann erneut anzuhalten, wenn die Ausführung eine Anweisung auf der nächsthöheren Ebene erreicht.

```
DBG> outfrom

true = false
sieve:
   9            count := count+1

DBG> outfrom

1
```

```
sieve:
  5      if flags[i] then
            ...
         fi
```

Der Befehl cont setzt die Ausführung fort, bis sie entweder normal beendet wird oder ein anderer Unterbrechungspunkt erreicht wird.

```
DBG> cont
```

$$9\,l$$

Sie sehen nun, daß die Prozedur nicht das erwartete Ergebnis liefert. Auch wenn Sie den Grund offensichtlich finden mögen aufgrund der bisherigen Beispiele von Debugger-Anweisungen, ist das in realen Anwendungen oft nicht der Fall. Tun Sie also so, als ob Sie das Problem nicht erkennen würden, und fahren Sie fort, den Debugger zu benutzen. Benutzen Sie zuerst den Befehl unstopat, um den Unterbrechungspunkt bei sieve zu entfernen.

```
> unstopat(sieve);
```

$$[]$$

Die Prozedur sieve merkt sich Änderungen im Ergebnis in der Variablen count. Ein logischer Platz zum Nachschauen ist daher, wo auch immer Maple count verändert. Die einfachste Art, dies zu erreichen, ist, einen *Beobachtungspunkt* (Watchpoint) zu verwenden. Ein Beobachtungspunkt ruft den Debugger jedes Mal auf, wenn Maple eine beobachtete Variable verändert. Benutzen Sie den Befehl stopwhen, um Beobachtungspunkte zu setzen. Hier wollen wir anhalten, wenn Maple die Variable count in der Prozedur sieve verändert.

```
> stopwhen([sieve,count]);
```

$$[[\textit{sieve, count}]]$$

Der Befehl stopwhen liefert eine Liste aller Variablen, die im Moment beobachtet werden.

Führen Sie die Prozedur sieve erneut aus.

```
> sieve(10);
```

```
count := 0
sieve:
  2      for i from 2 to n do
            ...
         od;
```

Wenn die Ausführung angehalten wird, weil Maple count verändert hat, zeigt der Debugger die Zuweisung count := 0 an. Danach zeigt der Debugger wie üblich den Namen der Prozedur sowie die nächste Anweisung in der Prozedur an. Beachten Sie, daß die Ausführung unterbrochen wird, *nachdem* Maple count einen Wert zugewiesen hat.

Offenkundig macht diese erste Zuweisung an count das Richtige. Benutzen Sie also den Debugger-Befehl cont, um die Ausführung fortzusetzen.

```
DBG> cont

count := 1
sieve:
    5       if flags[i] then
                ...
            fi
```

Wenn Sie nicht sorgfältig genug hinsehen, sieht dies auch richtig aus. Setzen Sie also die Ausführung fort.

```
DBG> cont

count := 2*l
sieve:
    5       if flags[i] then
                ...
            fi
```

Diese Ausgabe ist verdächtig, denn Maple hätte 2*1 vereinfacht, aber beachten Sie, daß es stattdessen 2*l ausgegeben hat. Ein Blick auf den Quelltext der Prozedur zeigt, daß der Buchstabe „l" anstelle der Zahl „1" eingegeben wurde. Da es keinen Sinn macht, die Ausführung weiter fortzusetzen, benutzen Sie den Befehl quit, um den Debugger zu verlassen.

```
DBG> quit
```

Nachdem Sie den Quelltext verbessert und erneut in Maple eingelesen haben, schalten Sie den Beobachtungspunkt aus und probieren Sie das Beispiel erneut.

```
> unstopwhen();
```

$$[]$$

```
> sieve(10);
```

$$9$$

Dies ist immer noch falsch. Es gibt vier Primzahlen, die kleiner sind als 10, nämlich 2, 3, 5 und 7. Rufen Sie daher erneut den Debugger auf und gehen

Sie zu den innersten Teilen der Prozedur. Da Sie nicht ganz am Anfang der Prozedur anhalten wollen, setzen Sie den Unterbrechungspunkt bei der Anweisung 6.

```
> stopat(sieve,6);
```

$$[sieve]$$

```
> sieve(10);
```

```
true
sieve:
   6*       twice_i := 2*i;

DBG> step

4
sieve:
   7        for k from twice_i by i to n do
            ...
            od;

DBG> step

4
sieve:
   8            flags[k] = false

DBG> step

true = false
sieve:
   8            flags[k] = false
```

Der letzte Schritt zeigt den Fehler. Das zuvor berechnete Ergebnis hätte false sein sollen (von der Zuweisung von false an flags[k]), war aber true = false stattdessen. Was eine Zuweisung hätte sein sollen, war tatsächlich eine Gleichung und daher setzte Maple den Wert von flags[k] nicht auf false. Verlassen Sie den Debugger und verbessern Sie den Quelltext.

```
DBG> quit
```

Das ist die verbesserte Prozedur.

```
> sieve := proc(n::integer)
> local i,k,flags,count,twice_i;
>      count := 0;
>      for i from 2 to n do flags[i] := true od;
>      for i from 2 to n do
>          if flags[i] then
```

```
>               twice_i := 2*i;
>               for k from twice_i by i to n do
>                   flags[k] := false;
>               od;
>               count := count+1
>           fi
>       od;
>       count
> end:
```

Nun liefert `sieve` die richtige Antwort.

```
> sieve(10);
```

4

6.2 Aufrufen des Debuggers

Sie rufen den Debugger über Unterbrechungspunkte, Beobachtungspunkte oder Fehlerbeobachtungspunkte auf. Dieser Abschnitt beschreibt, wie Sie solche Unterbrechungs- und Beobachtungspunkte setzen. Bevor Sie Unterbrechungspunkte setzen, müssen Sie die Anweisungsnummern der Prozedur(en) wissen, die Sie untersuchen wollen.

Anzeigen der Anweisungen einer Prozedur

Benutzen Sie den Befehl `showstat`, um sich die Anweisungen einer Prozedur zusammen mit ihren Nummern, wie sie der Debugger bestimmt hat, anzeigen zu lassen. Der Befehl `showstat` kann mit folgender Syntax benutzt werden.

```
showstat( Prozedur )
```

Hier ist *Prozedur* der Name der Prozedur, die angezeigt wird. Der Befehl `showstat` markiert unbedingte Unterbrechungspunkte (siehe *Unterbrechungspunkte* auf Seite 232) mit einem „*" und bedingte Unterbrechungspunkte mit einem „?".

Sie können den Befehl `showstat` auch benutzen, um sich eine einzelne Anweisung oder eine Reihe von Anweisungen anzeigen zu lassen.

```
showstat( Prozedur, AnweisungsNummer )
showstat( Prozedur, Bereich )
```

In diesen Fällen werden die Anweisungen, die nicht angezeigt werden, durch „. . ." angedeutet. Der Name der Prozedur, ihre Parameter und ihre lokalen und globalen Variablen werden immer angezeigt.

Sie können sich die Anweisungen einer Prozedur auch innerhalb des Debuggers anzeigen lassen. Der Debugger-Befehl `showstat` hat die folgende Syntax.

> `showstat` *Prozedur AnweisungsNummer oder Bereich*

Die Argumente sind die gleichen wie für den normalen Befehl `showstat`, außer daß Sie die *Prozedur* weglassen können. In diesem Fall zeigt der Debugger die angegebenen Anweisungen (alle, falls Sie keine angegeben haben) der momentan unterbrochenen Prozedur. Wenn der Debugger-Befehl `showstat` die im Augenblick angehaltene Prozedur anzeigt, setzt er ein Ausrufezeichen (!) neben die Nummer der Anweisung, bei der die Ausführung unterbrochen wurde.

Eine Reihe von Befehlen besitzt eine leicht unterschiedliche Form innerhalb und außerhalb des Debuggers. Der Befehl `showstat` ist ein Beispiel. In der Regel besteht der Unterschied darin, daß Sie innerhalb des Debuggers den Namen der Prozedur nicht angeben müssen. Außerhalb des Debuggers müssen Sie die Argumente eines Befehl in Klammern einschließen und sie durch Kommata trennen.

Unterbrechungspunkte

Benutzen Sie *Unterbrechungspunkte*, um den Debugger bei einer bestimmten Anweisung in einer Prozedur aufzurufen. Sie können Unterbrechungspunkte in Maple-Prozeduren setzen mit dem Befehl `stopat`. Benutzen Sie die folgende Methode zum Aufruf dieses Befehls.

> `stopat( ` *ProzedurName* `, ` *AnweisungsNummer* `, ` *Bedingung* ` )`

Hier steht *ProzedurName* für den Namen der Prozedur, in der der Unterbrechungspunkt gesetzt werden soll, und *AnweisungsNummer* für die Anweisungsnummer innerhalb der Prozedur, vor die der Unterbrechungspunkt kommen soll. Wenn Sie *AnweisungsNummer* weglassen, setzt der Debugger einen Unterbrechungspunkt vor die Anweisung 1 in der Prozedur (das heißt, die Ausführung hält an, sobald Sie die Prozedur aufrufen). Unbedingte Unterbrechungspunkte, die mit `stopat` gesetzt wurden, werden mit einem „*" gekennzeichnet, wenn `showstat` die Prozedur anzeigt.

Das optionale Argument *Bedingung* gibt eine boolesche Bedingung an, die wahr sein muß, damit die Ausführung unterbrochen wird. Diese Bedingung kann sich auf beliebige globale oder lokale Variablen oder auf

Parameter der Prozedur beziehen. Bedingte Unterbrechungspunkte, die mit `stopat` gesetzt wurden, werden mit einem „?" gekennzeichnet, wenn `showstat` die Prozedur anzeigt.

Sie können Unterbrechungspunkte auch innerhalb des Debuggers setzen. Der Debugger-Befehl `stopat` hat folgende Syntax.

```
stopat ProzedurName AnweisungsNummer Bedingung
```

Die Argumente sind dieselben wie beim normalen Befehl `stopat`, außer daß Sie auch den Prozedurnamen weglassen können. Dann setzt der Debugger den Unterbrechungspunkt bei der angegebenen Anweisung (der ersten, wenn Sie keine angeben) der momentan angehaltenen Prozedur.

Beachten Sie, daß `stopat` einen Unterbrechungspunkt *vor* die angegebene Anweisung setzt. Wenn Maple auf einen Unterbrechungspunkt stößt, wird die Ausführung unterbrochen und Maple ruft den Debugger vor der Anweisung auf. Das bedeutet, daß es unmöglich ist, einen Unterbrechungspunkt hinter die letzte Anweisung einer Anweisungsfolge zu setzen (das heißt an das Ende eines Schleifenrumpfs, des Rumpfs einer `if`-Anweisung oder einer Prozedur).

Wenn zwei identische Prozeduren existieren, hängt es davon ab, wie Sie sie erzeugt haben, ob sie sich die Unterbrechungspunkte teilen. Wenn Sie die Prozeduren einzeln geschrieben haben mit identischen Rümpfen, dann teilen sie die Unterbrechungspunkte *nicht*. Wenn Sie die eine erzeugt haben, indem Sie ihr den Rumpf der anderen zugewiesen haben, dann *teilen* sie sich Unterbrechungspunkte.

```
> f := proc(x) x^2 end:
> g := proc(x) x^2 end:
> h := op(g):
> stopat(g);
```

$$[g, h]$$

Benutzen Sie den Befehl `unstopat`, um Unterbrechungspunkte zu entfernen. Rufen Sie den Befehl `unstopat` wie folgt auf.

```
unstopat( ProzedurName, AnweisungsNummer )
```

Hier ist *ProzedurName* der Name der Prozedur, von der ein Unterbrechungspunkt entfernt werden soll, und *AnweisungsNummer* ist die Anweisungsnummer innerhalb der Prozedur. Wenn Sie die *AnweisungsNummer* weglassen, dann entfernt `unstopat` *alle* Unterbrechungspunkte in der Prozedur.

Sie können Unterbrechungspunkte auch innerhalb des Debuggers entfernen. Der Debugger-Befehl `unstopat` hat folgende Syntax.

> unstopat *ProzedurName AnweisungsNummer*

Die Argumente sind dieselben wie beim normalen Befehl unstopat, außer daß Sie *ProzedurName* weglassen können. Dies entfernt den Unterbrechungspunkt von der angegebenen Anweisung (alle Unterbrechungspunkte, wenn Sie keine angeben) der momentan angehaltenen Prozedur.

Explizite Unterbrechungspunkte   Sie können einen expliziten Unterbrechungspunkt in den Quelltext einer Prozedur einfügen, indem Sie einen Aufruf des Befehls DEBUG verwenden.

> DEBUG()

Wenn Sie den Befehl DEBUG ohne Argumente verwenden, dann hält die Ausführung bei der Anweisung, die auf den Befehl DEBUG folgt und der Debugger wird aufgerufen.
Wenn das Argument von DEBUG ein boolescher Ausdruck ist,

> DEBUG(*Boolesch*)

dann wird die Ausführung nur angehalten, wenn die Auswertung des Ausdrucks *Boolesch* true ergibt. Falls die Auswertung des Ausdrucks *Boolesch* false oder FAIL liefert, wird der Befehl DEBUG ignoriert.
Wenn das Argument des Befehls DEBUG etwas anderes als ein boolescher Ausdruck ist,

> DEBUG(*NichtBoolesch*)

dann zeigt der Debugger den Wert des Arguments anstelle des letzten Ergebnisses an, wenn die Ausführung bei der folgenden Anweisung unterbrochen wird.

```
> f := proc(x)
>   DEBUG('my breakpoint, current value of x:',x);
>    x^2
> end:
> f(3);

'my breakpoint, current value of x:'
3
f:
    2    x^2
```

Der Befehl showstat markiert explizite Unterbrechungspunkte nicht mit einem „*" oder einem „?".

```
DBG> showstat

f := proc(x)
   1    DEBUG('my breakpoint, current value of x:',x);
   2 !  x^2
end
```

Der Befehl unstopat kann explizite Unterbrechungspunkte nicht entfernen.

```
DBG> unstopat

[f]
f:
   2    x^2

DBG> showstat

f := proc(x)
   1    DEBUG('my breakpoint, current value of x:',x);
   2 !  x^2
end

DBG> quit
```

Unterbrechungspunkte, die Sie mit stopat eingefügt haben, erscheinen als ein Aufruf von DEBUG, wenn Sie sich die Prozedur von print oder lprint anzeigen lassen.

```
> f := proc(x) x^2 end:
> stopat(f);
```

$$[f]$$

```
> showstat(f);

f := proc(x)
   1*!  x^2
end

> print(f);
```

$$\mathbf{proc}(x)\,\mathrm{DEBUG}();\ x^2\ \mathbf{end}$$

Beobachtungspunkte

Beobachtungspunkte beobachten lokale oder globale Variablen und halten die Ausführung an, sobald Sie ihnen einen Wert zuweisen. Beobachtungspunkte sind eine nützliche Alternative zu Unterbrechungspunkte, wenn Sie die Ausführung unterbrechen wollen in Abhängigkeit von *was* passiert anstatt von *wo* es passiert.

Sie können Beobachtungspunkte mit dem Befehl `stopwhen` setzen. Rufen Sie den Befehl `stopwhen` auf eine der beiden folgenden Arten auf.

```
stopwhen( GlobalerVariablenName )
stopwhen( [ProzedurName, VariablenName] )
```

Die erste Form gibt an, daß der Debugger aufgerufen werden soll, sobald die globale Variable *GlobalerVariablenName* sich ändert. Auf diese Art können Sie Umgebungsvariablen von Maple wie `Digits` überwachen.

```
> stopwhen(Digits);
```

$$[Digits]$$

Die zweite Form gibt an, daß der Debugger aufgerufen werden soll, sobald die (lokale oder globale) Variable *VariablenName* in der Prozedur *ProzedurName* verändert wird. In jeder Form (oder wenn Sie `stopwhen` ohne Argumente aufrufen) gibt Maple eine Liste aller augenblicklich gesetzten Beobachtungspunkte zurück.

```
> f := proc(x)
>    local a;
>    x^2;
>    a:=";
>    sqrt(a);
> end:
> stopwhen([f, a]);
```

$$[Digits, [f, a]]$$

Wenn die Ausführung anhält, weil Maple eine beobachtete Variable verändert hat, zeigt der Debugger eine Zuweisung an anstelle des zuletzt berechneten Resultats (was die rechte Seite der Zuweisung wäre). Der Debugger zeigt dann wie immer den Namen der Prozedur und die nächste Anweisung in der Prozedur an. Beachten Sie, daß die Ausführung unterbrochen wird, *nachdem* Maple der beobachteten Variablen einen Wert zugewiesen hat.

Sie können Beobachtungspunkte auch mit dem Debugger-Befehl `stopwhen` setzen. Rufen Sie den Debugger-Befehl `stopwhen` innerhalb des Debugger wie folgt auf.

```
stopwhen GlobalerVariablenName
stopwhen [ProzedurName VariablenName]
```

Die Argumente sind dieselben wie beim normalen Befehl `stopwhen`.

Löschen Sie Beobachtungspunkte mit dem Befehl `unstopwhen` (oder dem Debugger-Befehl `unstopwhen`). Die Argumente sind dieselben wie für stopwhen. Wenn Sie bei unstopwhen keine Argumente angeben, werden *alle* Beobachtungspunkte gelöscht. Ähnlich zu stopwhen gibt unstopwhen eine Liste aller (übrigbleibenden) Beobachtungspunkte zurück.

Fehlerbeobachtungspunkte

Benutzen Sie Fehlerbeobachtungspunkte, um Maple-Fehler zu überwachen. Wenn ein beobachteter Fehler auftritt, wird die Ausführung angehalten und der Debugger zeigt die Anweisung an, in der der Fehler auftrat.

Benutzen Sie den Befehl stoperror, um Fehlerbeobachtungspunkte zu setzen. Der Befehl stoperror wird wie folgt aufgerufen.

```
stoperror( 'FehlerMeldung' )
```

Dies gibt an, daß der Debugger aufgerufen werden soll, sobald die *Fehler-Meldung* ausgegeben wird. Sie können auch all für *FehlerMeldung* eingeben, um anzugeben, daß die Ausführung bei *jeder* Fehlermeldung unterbrochen werden soll.

Der Befehl stoperror gibt eine Liste aller augenblicklich gesetzten Fehlerbeobachtungspunkte zurück; wenn Sie stoperror ohne Argumente aufrufen, ist das alles, was es macht.

```
> stoperror('division by zero');
```

$$[division\ by\ zero]$$

Fehler, die mit traperror abgefangen werden, erzeugen keine Fehlermeldung und stoperror kann sie daher nicht entdecken. Benutzen Sie den speziellen Befehl stoperror(traperror), um den Debugger aufzurufen, sobald ein abgefangener Fehler auftritt.

Sie können auch innerhalb des Debuggers Fehlerbeobachtungspunkte setzen. Der Debugger-Befehl stoperror hat folgende Syntax.

```
stoperror FehlerMeldung
```

Die Argumente sind dieselben wie beim gewöhnlichen Befehl stoperror, außer daß keine Apostrophe um die Fehlermeldung verlangt werden.

Löschen Sie Fehlerbeobachtungspunkte mit dem Befehl unstoperror (oder dem Debugger-Befehl unstoperror). Die Argumente sind dieselben wie bei stoperror. Wenn Sie keine Argumente angeben bei unstoperror, werden *alle* Fehlerbeobachtungspunkte gelöscht. Ähnlich wie stoperror gibt unstoperror eine Liste aller (übriggebliebenen) Fehlerbeobachtungspunkte zurück.

```
> unstoperror();
```

$$[]$$

Wenn die Ausführung aufgrund eines Fehlers angehalten wurde, können Sie sie nicht fortsetzen. Jeder der Befehle zur Kontrolle der Ausführung wie next oder step verarbeitet den Fehler, als ob der Debugger nicht eingeschritten wäre.

Dieses Beispiel definiert zwei Prozeduren. Die erste Prozedur, f, berechnet $1/x$. Die andere, g, ruft f auf, fängt aber den Fehler „division by zero" ab, der auftritt, wenn $x = 0$.

```
> f := proc(x) 1/x end:
> g := proc(x) local r;
>     r := traperror(f(x));
>     if r = lasterror then infinity
>     else r
>     fi
> end:
```

Wenn Sie die Prozedur ausprobieren, erhalten Sie den Kehrwert von $x = 9$.

```
> g(9);
```

$$\frac{1}{9}$$

Und für 0 erhalten Sie wie erwartet ∞.

```
> g(0);
```

$$\infty$$

Der Befehl stoperror hält die Ausführung an, wenn Sie f direkt aufrufen.

```
> stoperror('division by zero');
```

$$[\textit{division by zero}]$$

```
> f(0);

Error, division by zero
f:
    1   1/x

DBG> cont

Error, (in f) division by zero
```

Der Aufruf von f aus g erfolgt innerhalb von traperror, so daß der Fehler „division by zero" nicht den Debugger aufruft.

```
> g(0);
```

$$\infty$$

Versuchen Sie stattdessen, `stoperror(traperror)` zu benutzen.

```
> unstoperror('division by zero');
```

$$[]$$

```
> stoperror('traperror');
```

$$[\textit{traperror}]$$

Jetzt hält Maple nicht bei dem Fehler in `f`,

```
> f(0);

Error, (in f) division by zero
```

aber Maple ruft den Debugger auf, wenn der abgefangene Fehler auftritt.

```
> g(0);

Error, division by zero
f:
    1    1/x

DBG> step

Error, division by zero
1
g:
    2    if r = lasterror then
            ...
         else
            ...
         fi

DBG> step

Error, division by zero
g:
    3        infinity

DBG> step
```

$$\infty$$

6.3   Untersuchung und Änderung des Systemzustands

Wenn die Ausführung anhält, können Sie den Zustand der globalen Variablen, der lokalen Variablen und der Parameter der angehaltenen Prozedur untersuchen. Sie können auch Ausdrücke auswerten, bestimmen, wo die Ausführung unterbrochen wurde (sowohl auf statischer wie auf dynamischer Ebene), und Prozeduren untersuchen.

Der Debugger kann jeden Maple-Ausdruck auswerten und Zuweisungen an lokale und globale Variablen ausführen. Um einen Ausdruck auszuwerten, geben Sie ihn einfach nach dem Eingabezeichen des Debuggers ein.

```
> f := proc(x) x^2 end:
> stopat(f);
```

$$[f]$$

```
> f(10);

f:
    1*   x^2

DBG> sin(3.0)

.1411200081
f:
    1*   x^2

DBG> cont
```

$$100$$

Der Debugger wertet jeden Variablennamen, den Sie in dem Ausdruck verwenden, im Kontext der angehaltenen Prozedur aus. Namen von Parametern oder lokalen Variablen werden zu ihren aktuellen Werten innerhalb der Prozedur ausgewertet. Namen von globalen Variablen werden zu ihren aktuellen Werten ausgewertet. Umgebungsvariablen wie `Digits` werden zu ihren Werten in der Umgebung der angehaltenen Prozedur ausgewertet.

Falls ein Ausdruck einem Debugger-Befehl entspricht (zum Beispiel, wenn Ihre Prozedur eine lokale Variable mit dem Namen `step` hat), können Sie sie trotzdem auswerten, indem Sie sie in Klammern einschließen.

```
> f := proc(step)
>    local i;
>    for i to 10 by step do i^2 od;
> end:
> stopat(f,2);
```

$$[f]$$

```
> f(3);

f:
    2*      i^2
```

```
DBG> step

1
f:
    2*      i^2

DBG> (step)

3
f:
    2*      i^2

DBG> quit
```

Solange die Ausführung unterbrochen ist, können Sie lokale und globale Variablen mit dem Zuweisungsoperator (:=) verändern. Das folgende Beispiel setzt nur dann einen Unterbrechungspunkt in die Schleife, wenn die Indexvariable gleich 5 ist.

```
> sumn := proc(n)
>    local i, sum;
>    sum := 0;
>    for i to n do sum := sum + i od;
> end:
> showstat(sumn);

sumn := proc(n)
local i, sum;
    1    sum := 0;
    2    for i to n do
    3        sum := sum+i
         od
end

> stopat(sumn,3,i=5);
```

$$[f, sumn]$$

```
> sumn(10);

10
sumn:
    3?      sum := sum+i
```

Setzen Sie den Index zurück auf 3, so daß der Unterbrechungspunkt später noch einmal erreicht wird.

```
DBG> i := 3

sumn:
    3?      sum := sum+i
```

```
DBG> cont

17
sumn:
    3?      sum := sum+i
```

Nun hat Maple die Zahlen 1, 2, 3, 4, 3 und 4 addiert. Wenn Sie ein zweites Mal fortsetzen, wird die Prozedur beendet und addiert zusätzlich die Zahlen 5, 6, 7, 8, 9 und 10.

```
DBG> cont
```

62

Zwei Debugger-Befehle geben Informationen über den Zustand der Ausführung. Der Befehl `list` zeigt Ihnen die Stelle innerhalb einer Prozedur, an der die Ausführung anhielt, und der Befehl `where` zeigt Ihnen den Stapel der Prozeduraufrufe.

Benutzen Sie den Debugger-Befehl `list` wie folgt.

`list` *ProzedurName AnweisungsNummer*

Der Befehl `list` ist ähnlich wie `showstat`, außer in dem Fall, daß Sie keine Argumente angeben. Dann zeigt `list` die fünf vorherigen Anweisungen, die aktuelle Anweisung und die nächste Anweisung. Dies ergibt etwas Kontext in der angehaltenen Prozedur. Mit anderen Worten, es zeigt die statische Stelle, an der die Ausführung unterbrochen wurde.

Der Debugger-Befehl `where` zeigt Ihnen den Stapel der Prozeduraufrufe. Auf oberster Ebene beginnend zeigt er Ihnen die Anweisung, die der Debugger gerade ausführt, und die Parameter, die er an die aufgerufene Prozedur übergibt. Der Befehl `where` wiederholt dies für jede Ebene von Prozeduraufrufen, bis er die aktuelle Anweisung in der aktuellen Prozedur erreicht. Mit anderen Worten, er zeigt Ihnen die dynamische Stelle, an der die Ausführung unterbrochen wurde. Die Syntax des Befehls `where` ist wie folgt.

`where` *AnzahlEbenen*

Diese Prozedur ruft die oben definierte Prozedur `sumn` auf.

```
> check := proc(i)
>    local p, a, b;
>    p := ithprime(i);
>    a := sumn(p);
>    b := p*(p+1)/2;
>    evalb( a=b );
> end:
```

In sumn gibt es einen (bedingten) Unterbrechungspunkt.

```
> showstat(sumn);

sumn := proc(n)
local i, sum;
    1     sum := 0;
    2     for i to n do
    3?        sum := sum+i
          od
end
```

Wenn check sumn aufruft, schaltet der Unterbrechungspunkt den Debugger ein.

```
> check(9);

10
sumn:
    3?        sum := sum+i
```

Der Debugger-Befehl where sagt, daß check auf oberster Ebene mit dem Argument „9" aufgerufen wurde, dann rief check sumn mit dem Argument „23" auf und jetzt wurde die Ausführung bei der Anweisung 3 in sumn unterbrochen.

```
DBG> where

TopLevel: check(9)
        [9]
check: a := sumn(p)
        [23]
sumn:
    3?        sum := sum+i

DBG> cont
```

true

Das folgende Beispiel demonstriert den Gebrauch von where in einer rekursiven Funktion.

```
> fact := proc(x)
>     if x <= 1 then 1
>     else x * fact(x-1) fi;
> end:
> showstat(fact);

fact := proc(x)
    1     if x <= 1 then
    2         1
```

```
          else
   3         x*fact(x-1)
          fi
end

> stopat(fact,2);
```

$$[f, \textit{fact}, \textit{sumn}]$$

```
> fact(5);

fact:
   2*      1

DBG> where

TopLevel: fact(5)
        [5]
fact: x*fact(x-1)
        [4]
fact: x*fact(x-1)
        [3]
fact: x*fact(x-1)
        [2]
fact: x*fact(x-1)
        [1]
fact:
   2*      1
```

Wenn Sie nicht an der gesamten Geschichte der verschachtelten Prozedur-aufrufe interessiert sind, können Sie where sagen, daß es nur eine gewisse Anzahl von Ebenen ausgeben sollen.

```
DBG> where 3

fact: x*fact(x-1)
        [2]
fact: x*fact(x-1)
        [1]
fact:
   2*      1

DBG> quit
```

Der Befehl showstop (oder der Debugger-Befehl showstop) gibt Informationen über alle augenblicklich gesetzten Unterbrechungspunkte, Beobachtungspunkte und Fehlerbeobachtungspunkte aus. Außerhalb des Debuggers nimmt der Befehl showstop folgende Form an.

```
showstop()
```

Innerhalb des Debuggers benutzen Sie den Debugger-Befehl `showstop`.

showstop

Definieren Sie eine Prozedur.

```
> f := proc(x)
>    local y;
>    if x < 2 then
>        y := x;
>        print(y^2);
>    fi;
>    print(-x);
>    x^3;
> end:
```

Setzen Sie einige Unterbrechungspunkte.

```
> stopat(f):
> stopat(f,2):
> stopat(int);
```

$$[f, fact, int, sumn]$$

Setzen Sie einige Beobachtungspunkte.

```
> stopwhen(f,y):
> stopwhen(Digits);
```

$$[[f, y], Digits, [f, a], Digits]$$

Setzen Sie einen Fehlerbeobachtungspunkt.

```
> stoperror('division by zero');
```

$$[division\ by\ zero, traperror]$$

Der Befehl `showstop` meldet alle Unterbrechungs- und Beobachtungspunkte, eingeschlossen der der früher definierten Prozedur `f`.

```
> showstop();

Breakpoints in:
    f
    fact
    int
    sumn
Watched variables:
    y in procedure f
    Digits
    a in procedure f
```

```
    Digits
Watched errors:
    'division by zero'
    traperror
```

6.4 Kontrolle der Ausführung

Wenn Maple aufgrund eines Unterbrechungspunkts, eines Beobachtungs-
punkts oder eines Fehlerbeobachtungspunkts die Ausführung unterbricht
und den Debugger aufruft, zeigt es entweder ein Debugger-Eingabezeichen
oder ein Debugger-Fenster. Solange die Prozedur angehalten ist, können Sie
die Werte von Variablen untersuchen oder andere Experimente durchführen.
An dieser Stelle können Sie eine Fortsetzung der Ausführung auf verschiedene Arten veranlassen.

Die Beispiele unten benutzen die folgenden zwei Prozeduren.

```
> f := proc(x)
>    if g(x) < 25 then
>        print('less than five');
>        x^2;
>    fi;
>    x^3;
> end:
> g := proc(x)
>    2*x;
>    x^2;
> end:
> showstat(f);

f := proc(x)
   1    if g(x) < 25 then
   2        print('less than five');
   3        x^2
        fi;
   4    x^3
end

> showstat(g);

g := proc(x)
   1    2*x;
   2    x^2
end

> stopat(f);
```

$$[f]$$

Der Debugger-Befehl `quit` verläßt den Debugger und kehrt zum Maple-Eingabezeichen zurück. Der Debugger-Befehl `cont` weist den Debugger an, mit der Ausführung von Anweisungen fortzufahren, bis entweder ein Unterbrechungs- oder ein Beobachtungspunkt erreicht wird oder die Prozedur normal beendet wird.

Der Debugger-Befehl `next` führt die aktuelle Anweisung aus. Falls diese eine Kontrollstruktur ist (eine `if`-Anweisung oder eine Schleife), führt der Debugger alle Anweisung innerhalb der Struktur aus, die normalerweise ausgeführt werden würden, und hält vor der nächsten Anweisung nach der Kontrollstruktur an. Falls die Anweisung Prozeduraufrufe enthält, führt der Debugger diese vollständig aus, bevor die Ausführung erneut unterbrochen wird. Wenn es keine weiteren Anweisungen nach der aktuellen Anweisung gibt (zum Beispiel, weil es sich um die letzte Anweisung innerhalb eines Zweigs einer `if`-Anweisung oder die letzte Anweisung in einer Prozedur handelt), dann wird die Ausführung nicht unterbrochen, bis der Debugger eine andere Anweisung (auf einer niedrigeren Schachtelungsebene) erreicht.

```
> f(3);

f:
   1*   if g(x) < 25 then
           ...
        fi;
```

Führen Sie die gesamte `if`-Anweisung aus, eingeschlossen des Aufrufs der Prozedur g.

```
DBG> next
```

less than five

```
9
f:
   4    x^3

DBG> quit
```

Der Debugger-Befehl `step` führt ebenfalls die aktuelle Anweisung aus. Die Ausführung wird jedoch vor der nächsten Anweisung angehalten unabhängig davon, ob diese auf derselben, einer höheren oder einer tieferen Schachtelungsebene liegt. Mit anderen Worten, der Befehl `step` geht in verschachtelte Anweisungen und Prozeduraufrufe.

```
> f(3);

f:
   1*   if g(x) < 25 then
           ...
        fi;
```

Um den Ausdruck g(x)<25 auszuwerten, muß Maple die Prozedur g aufrufen, so daß die nächste angezeigte Anweisung in g liegt.

```
DBG> step

g:
    1    2*x;
```

Innerhalb von g gibt es nur eine Ebene, so daß die Debugger-Befehle next und step gleichwertig sind.

```
DBG> next

6
g:
    2    x^2

DBG> step

f:
    2        print('less than five');
```

Nach der Rückkehr aus g sind wir nun innerhalb der if-Anweisung.

```
DBG> quit
```

Der Debugger-Befehl into liegt von der Funktion her zwischen next und step. Die Ausführung wird bei der nächsten Anweisung in der aktuellen Prozedur unterbrochen unabhängig davon, ob sie auf der aktuellen Schachtelungsebene liegt oder innerhalb des Rumpfs einer Kontrollstruktur (einer if-Anweisung oder einer Schleife). Mit anderen Worten, der Befehl into geht in verschachtelte Anweisungen aber *nicht* in Prozeduraufrufe.

```
> f(3);

f:
    1*    if g(x) < 25 then
            ...
          fi;
```

Gehen Sie direkt in die if-Anweisung.

```
DBG> into

f:
    2        print('less than five');

DBG> quit
```

Der Debugger-Befehl outfrom veranlaßt die vollständige Ausführung der Anweisungen auf der aktuellen Schachtelungsebene. Die Ausführung wird wieder unterbrochen, sobald eine höhere Ebene erreicht wird, das heißt, wenn eine Schleife, ein Zweig einer `if`-Anweisung oder die aktuelle Prozedur beendet ist.

```
> f(3);

f:
   1*   if g(x) < 25 then
           ...
         fi;
```

Gehen Sie in die `if`-Anweisung.

```
DBG> into

f:
   2      print('less than five');
```

Führen Sie beide Anweisungen im Rumpf der `if`-Anweisung aus.

```
DBG> outfrom
```

less than five

```
9
f:
   4    x^3
```

```
DBG> quit
```

Der Debugger-Befehl `return` veranlaßt die vollständige Ausführung der aktuellen Prozedur. Die Ausführung wird erneut unterbrochen bei der ersten Anweisung nach dieser Prozedur.

```
> f(3);

f:
   1*   if g(x) < 25 then
           ...
         fi;
```

Gehen Sie in die Prozedur g.

```
DBG> step

g:
   1    2*x;
```

Kehren Sie zu `f` zurück von g.

```
DBG> return

f:
   2      print('less than five');

DBG> quit
```

Die Hilfeseite ?debugger faßt die Möglichkeiten aller verfügbaren Debugger-Befehle zusammen.

6.5 Beschränkungen

Die einzigen Maple-Anweisungen, die nach dem Eingabezeichen des Debuggers erlaubt sind, sind Ausdrücke, Zuweisungen und quit (oder done oder stop). Der Debugger erlaubt keine Anweisungen wie if, while, for, read oder save. Sie können aber den if-Operator benutzen, um eine if-Anweisung zu simulieren, und den Befehl seq, um eine Schleife zu simulieren.

Der Debugger kann keine Unterbrechungspunkte in Kernroutinen wie diff und has setzen oder in diese gehen; diese sind in C implementiert und zu dem Maple-Kern kompiliert. Über diese Routinen sind keine Debugginginformationen zugänglich für Maple, da sie mit Objekten auf einer tieferen Ebene arbeiten, als der Debugger behandeln kann. Sie können den Debugger nicht benutzen, um den Debugger zu untersuchen, obwohl er in der Maple-Sprache geschrieben ist. Dies geschieht nicht aus Geheimhaltungsgründen (schließlich können Sie mit dem Debugger Maple-Bibliotheksfunktionen untersuchen), sondern um eine unendliche Rekursion zu verhindern, die auftreten würde, wenn Sie einen Unterbrechungspunkt im Debugger setzen würden.

Zu guter Letzt kann der Debugger nicht mit absoluter Sicherheit die Anweisung bestimmen, bei der die Ausführung unterbrochen wurde, wenn eine Prozedur zwei identische Anweisungen enthält, die auch noch Ausdrücke sind. Wenn dies passiert, können Sie immer noch den Debugger benutzen und die Ausführung kann auch fortgesetzt werden. Der Debugger gibt lediglich eine Warnung aus, daß die angezeigte Anweisungsnummer falsch sein könnte. Dieses Problem rührt daher, daß Maple alle identischen Ausdrücke nur einmal abspeichert und es für den Debugger keine Möglichkeit gibt, festzustellen, bei welchem Aufruf die Ausführung angehalten wurde.

7 Numerisches Programmieren in Maple

Das Darstellen und Manipulieren von Ausdrücken in symbolischer Form, das heißt, in Form von Variablen, Funktionen und exakten Konstanten ist ein mächtiges Werkzeug des Maple-Systems. Praktisches wissenschaftliches Rechnen benötigt jedoch auch *Gleitkommarechnungen*, bei denen Größen durch genäherte *numerische* Werte dargestellt werden. In der Regel werden numerische Rechnungen aus einem von drei Gründen eingesetzt.

Erstens besitzen nicht alle Probleme eine analytische oder symbolische Lösung. Zum Beispiel kennt man nur für einen kleinen Teil der vielen bekannten partiellen Differentialgleichungen geschlossene Lösungen. Aber Sie können in der Regel numerische Lösungen finden.

Zweitens kann die analytische Lösung, die Maple zu Ihrem Problem liefert, sehr groß oder kompliziert sein. Sie werden wahrscheinlich keine Handrechnungen durchführen mit Zahlen mit vielen Stellen oder mit Gleichungen bestehend aus Hunderten von Termen, aber Maple macht das nichts aus. Zum besseren Verständnis großer Ausdrücke ist es manchmal hilfreich, eine Gleitkommanäherung zu berechnen.

Drittens benötigen Sie nicht immer eine exakte Antwort. Die Berechnung einer analytischen Antwort mit beliebiger Genauigkeit ist überflüssig, wenn Sie lediglich an einer Näherung interessiert sind. Diese Situation entsteht typischerweise beim Zeichnen. Eine zu genaue Berechnung der Punkte eines Graphen ist eine Verschwendung, da normale Zeichengeräte nicht in der Lage sind, mit einer entsprechend hohen Auflösung zu arbeiten.

Während der Rest dieses Buchs in erster Linie die mächtigen symbolischen Methoden von Maple zeigt, liegt der Schwerpunkt dieses Kapitels darauf, wie man Gleitkommarechnungen mit Maple machen kann. Sie werden schnell entdecken, daß Maple einige ganz besondere Fähigkeiten in dieser Richtung besitzt. Sie können wählen zwischen softwarebasierten

Gleitkommarechnungen beliebiger Genauigkeit oder hardwarebasierter Gleitkommaarithmetik. Erstere sind bis auf die Geschwindigkeit unabhängig von der Maschine, die Sie benutzen. Letztere wird von der Architektur Ihres Computers bestimmt, bietet aber den Vorteil außerordentlicher Geschwindigkeit.

7.1 Die Grundlagen von `evalf`

Der Befehl `evalf` ist das wichtigste Hilfsmittel in Maple für Gleitkommarechnungen. Er veranlaßt Maple, im Softwaregleitkommamodus auszuwerten. Die softwarebasierte Gleitkommaarithmetik (siehe *Softwarebasierte Gleitkommazahlen* auf Seite 262) von Maple stützt sich auf das IEEE-Gleitkommamodell, erlaubt aber Berechnungen mit beliebiger Genauigkeit. Die Umgebungsvariable `Digits`, die am Anfang auf 10 gesetzt ist, bestimmt die normalerweise bei Rechnungen verwendete Stellenzahl.

```
> evalf(Pi);
```

$$3.141592654$$

Sie können die Anzahl der Stellen ändern, indem Sie entweder den Wert von `Digits` ändern oder die Anzahl als zweites Argument an `evalf` übergeben. Beachten Sie, daß `Digits` unverändert bleibt, wenn Sie die Stellenzahl als Argument bei `evalf` angeben.

```
> Digits := 20:
> evalf(Pi);
```

$$3.1415926535897932385$$

```
> evalf(Pi, 50);
```

$$3.1415926535897932384626433832795028841971693993751$$

```
> evalf(sqrt(2));
```

$$1.4142135623730950488$$

```
> Digits := 10:
```

Die Stellenzahl, die Sie angeben, bezieht sich auf die Anzahl *dezimaler* Stellen, die Maple bei Berechnungen benutzt. Die Vorgabe einer größeren Stellenzahl führt in der Regel zu genaueren Antworten und der Wert von `Digits` ist theoretisch unbegrenzt. Abhängig von Ihrem Computer können Sie unter Umständen Rechnungen mit einer halben Million Stellen durchführen. Im Gegensatz zu den meisten Hardwareimplementationen einer Gleitkommaarithmetik speichert Maple Gleitkommazahlen in der Basis 10 und rechnet auch in dieser.

Ergebnisse von `evalf` haben nicht notwendigerweise die von `Digits` vorgegebene Genauigkeit. Wenn Sie mehrfach Operationen durchführen, können sich Fehler fortpflanzen — manchmal dramatisch. Sie sind vielleicht überrascht, daß Maple Zwischenrechnungen nicht automatisch mit höherer Genauigkeit ausführt, um sicherzustellen, daß das Ergebnis so genau wie möglich ist. Maple führt Gleitkommarechnungen so aus, wie in *Softwarebasierte Gleitkommazahlen* auf Seite 262 beschrieben. Mit Absicht beschränkt Maple die Menge der sehr genauen Operationen auf solche, die Sie in normalen arithmetischen Rechnungen antreffen. So können Sie bekannte numerische Methoden benutzen, um vorherzusagen, wann Ergebnisse verdächtig sind. Viel Forschungsarbeit wurde zur Genauigkeit von Gleitkommarechnungen mit dem verbreiteten IEEE-Modell geleistet; Bücher und Aufsätze existieren zu vielen Aspekten dieses Gebietes. Da das Modell von Maple dem von IEEE so ähnlich ist, können Sie dieses leicht erweitern, um die Genauigkeit von Berechnungen mit Maple vorherzusagen, wann immer höchste Genauigkeit und Verläßlichkeit von Bedeutung sind. Andernfalls, wenn Maple versuchen würde, Ihre Gedanken zu erraten, würden Sie nie wissen, wann das von Maple benutzte Modell vielleicht versagt, und könnten sich *nie* auf Ihre Ergebnisse verlassen.

Manchmal besitzt ein bestimmtes Integral keine geschlossene Lösung, die durch bekannte mathematische Funktionen ausgedrückt werden kann. Sie können `evalf` benutzen, um eine Antwort mittels numerischer Integration zu erhalten.

```
> r := Int(exp(x^3), x=0..1);
```

$$r := \int_0^1 e^{(x^3)}\, dx$$

```
> value(r);
```

$$\int_0^1 e^{(x^3)}\, dx$$

```
> evalf(r);
```

$$1.341904418$$

In anderen Fällen kann Maple eine exakte Lösung finden, aber ihre Form ist praktisch unverständlich. Die Funktion Beta unten ist eine der speziellen Funktionen, die in der mathematischen Literatur auftauchen. Beachten Sie, daß das große griechische Beta fast nicht von einem großen B zu unterscheiden ist.

```
> q := Int( x^99 * (1-x)^199 / Beta(100, 200), x=0..1/5 );
```

$$q := \int_0^{1/5} \frac{x^{99}\,(1-x)^{199}}{B(100, 200)}\, dx$$

```
> value(q);
```

278522905457805211792552486504343059984038498009969\
03421704176220527155238977619068281669644205184169\
47452471818797202945961766386779717574634134906442\
27501861101435750157352018112989492972548449/78545\
54447636248495323512797804102876034481999911930417\
78587499368407554745370336156614459731123643493714\
42110056210686697766795502444920237185743415236049\
74313577908566230689757503569126129150390625

> evalf(q);

$$.3546007367\,10^{-7}$$

Beachten Sie, daß in den beiden obigen Beispiel der Befehl Int anstelle von int für die Integration benutzt wird. Wenn Sie int verwendet, versucht Maple, Ihren Ausdruck zuerst symbolisch zu integrieren. Beim Auswerten der folgenden Befehle verwendet Maple also Zeit, um eine symbolische Antwort zu finden, und wandelt diese dann in eine Gleitkommanäherung um anstatt direkt eine numerische Integration durchzuführen.

```
> evalf( int(x^99 * (1-x)^199 / Beta(100, 200), x=0..1/5) );
```

$$.3546007367\,10^{-7}$$

Wenn Sie mit Maple numerische Berechnungen machen wollen, sollten Sie keine Befehle benutzen wie int, limit oder sum, die ihre Argumente symbolisch auswerten.

7.2 Hardwarebasierte Gleitkommazahlen

Maple bietet eine Alternative zu den softwarebasierten Gleitkommazahlen: die hardwarebasierte Gleitkommaarithmetik Ihres Computers. Hardwarebasierte Gleitkommarechnungen sind in der Regel viel schneller als softwarebasierte. Die hardwarebasierte Gleitkommaarithmetik hängt jedoch von dem Typ Ihres Computers ab und Sie können die Genauigkeit nicht erhöhen.

Der Befehl evalhf wertet einen Ausdruck unter Verwendung der hardwarebasierten Gleitkommaarithmetik aus.

```
> evalhf( 1/3 );
```

$$.333333333333333315$$

```
> evalhf( Pi );
```

$$3.14159265358979312$$

Ihr Computer macht höchstwahrscheinlich die hardwarebasierte Gleitkommaarithmetik mit einer festen Anzahl binärer Stellen. Die spezielle Konstruktion `evalhf(Digits)` berechnet näherungsweise die entsprechende Anzahl dezimaler Stellen.

```
> d := evalhf(Digits);
```

$$d := 15.$$

Daher liefern `evalhf` und `evalf` ähnliche Ergebnisse, falls `evalf` mit einen Wert für `Digits` benutzt, der nahe bei `evalhf(Digits)` liegt. Maple zeigt in der Regel ein oder zwei Stellen mehr an als der Wert von `evalhf(Digits)` angibt. Wenn Sie hardwarebasierte Gleitkommarechnungen machen, muß Maple alle softwarebasierten Gleitkommazahlen mit der Basis 10 umwandeln in hardwarebasierte mit der Basis 2 und anschließend das Ergebnis wieder in die Basis 10 umwandeln. Die zusätzlichen Dezimalstellen erlauben Maple, die binäre Zahl wieder exakt zu reproduzieren, wenn Sie sie erneut in einer nachfolgenden hardwarebasierten Gleitkommarechnung benutzen.

```
> expr := ln( 2 / Pi * ( exp(2)-1 ) );
```

$$expr := \ln(2\,\frac{e^2-1}{\pi})$$

```
> evalhf( expr );
```

$$1.40300383684168617$$

```
> evalf( expr, round(d) );
```

$$1.40300383684169$$

Die Ergebnisse, die `evalhf` zurückgibt, eingeschlossen `evalhf(Digits)`, werden von dem Wert von `Digits` nicht beeinflußt.

```
> Digits := 4658;
```

$$Digits := 4658$$

```
> evalhf( expr );
```

$$1.40300383684168617$$

```
> evalhf(Digits);
```

15.

```
> Digits := 10;
```

$$Digits := 10$$

Sie können mittels der Konstruktion `evalhf(Digits)` abschätzen, ob die hardwarebasierte Gleitkommaarithmetik genügend Genauigkeit für eine bestimmte Anwendung liefert. Wenn `Digits` kleiner ist als `evalhf(Digits)`, sollten Sie den Vorteil der schnelleren hardwarebasierten Gleitkommarechnungen nutzen; andernfalls sollten Sie die softwarebasierte Gleitkommaarithmetik mit genügend vielen Stellen für die Rechnung verwenden. Die Prozedur `evaluate` unten nimmt einen *nicht ausgewerteten* Parameter `expr`. Ohne die `uneval`-Vereinbarung, würde Maple `expr` symbolisch auswerten, bevor es `evaluate` aufruft.

```
> evaluate := proc(expr::uneval)
>    if Digits < evalhf(Digits) then
>        evalhf(expr);
>    else
>        evalf(expr);
>    fi;
> end:
```

Der Befehl `evalhf` kann viele der Funktionen von Maple auswerten aber nicht alle. Sie können zum Beispiel keine Integrale mit der hardwarebasierten Gleitkommaarithmetik auswerten.

```
> evaluate( Int(exp(x^3), x=0..1) );
```

```
Error, (in evaluate)
unable to evaluate function 'Int' in evalhf
```

Sie können die Prozedur `evaluate` verbessern, so daß sie solche Fehler abfängt und versucht, den Ausdruck stattdessen mit softwarebasierten Gleitkommazahlen auszuwerten.

```
> evaluate := proc(expr::uneval)
>    local result;
>    if Digits < evalhf(Digits) then
>       result := traperror( evalhf(expr) );
>       if result = lasterror then
>          evalf(expr);
>       else
>          result;
>       fi;
>    else
```

```
>       evalf(expr);
>    fi;
> end:
> evaluate( Int(exp(x^3), x=0..1) );
```

$$1.341904418$$

Die Prozedur `evaluate` zeigt, wie man Prozeduren schreibt, die die Vorteile der hardwarebasierten Gleitkommaarithmetik ausnützen, wann immer es möglich ist.

Newton-Iterationen

Sie können das Newton-Verfahren benutzen, um numerische Lösungen von Gleichungen zu finden. Wie *Erzeugen einer Newton-Iteration* auf Seite 81 beschreibt, wenn x_n eine Näherungslösung für die Gleichung $f(x) = 0$ ist, dann ist in der Regel x_{n+1}, gegeben durch die folgende Formel, eine bessere Näherung.

$$x_{n+1} = x_n - \frac{f(x_n)}{f'(x_n)}$$

Dieser Abschnitt zeigt, wie man die hardwarebasierte Gleitkommaarithmetik vorteilhaft ausnützen kann, um Newton-Iterationen zu berechnen.

Die Prozedur `iterate` unten erwartet als Eingaben für die Gleichung $f(x) = 0$ eine Funktion, `f`, deren Ableitung, `df`, sowie eine Anfangsnäherung, `x0`. `iterate` berechnet höchstens `N` aufeinanderfolgende Newton-Iterationen, bis die Differenz zwischen der neuen Näherung und der vorherigen klein ist. Die Prozedur `iterate` gibt die Folge der Näherungswerte aus, so daß Sie die Arbeitsweise der Prozedur verfolgen können.

```
> iterate := proc( f::procedure, df::procedure,
>                  x0::numeric, N::posint )
>    local xold, xnew;
>    xold := x0;
>    xnew := evalf( xold - f(xold)/df(xold) );
>    to  N-1 while abs(xnew-xold) > 10^(1-Digits) do
>       xold := xnew;
>       print(xold);
>       xnew := evalf( xold - f(xold)/df(xold) );
>    od;
>    xnew;
> end:
```

Die nachfolgende Prozedur berechnet die Ableitung von f und gibt alle nötigen Informationen weiter an `iterate`.

```
> Newton := proc( f::procedure, x0::numeric, N::posint )
>    local df;
>    df := D(f);
>    print(x0);
>    iterate(f, df, x0, N);
> end:
```

Jetzt können Sie `Newton` verwenden, um die Gleichung $x^2 - 2 = 0$ zu lösen.

```
> f := x -> x^2 - 2;
```

$$f := x \rightarrow x^2 - 2$$

```
> Newton(f, 1.5, 15);
```

$$1.5$$
$$1.416666667$$
$$1.414215686$$
$$1.414213562$$
$$1.414213562$$

Die folgende Version von `Newton` benutzt die hardwarebasierte Gleitkommaarithmetik, wo immer es möglich ist. Da `iterate` nur versucht, eine Lösung mit einer Genauigkeit von `10^(1-Digits)` zu finden, verwendet `Newton evalf`, um das Ergebnis der hardwarebasierten Gleitkommarechnung auf eine angemessene Zahl von Stellen zu runden.

```
> Newton := proc( f::procedure, x0::numeric, N::posint )
>    local df, result;
>    df := D(f);
>    print(x0);
>    if Digits < evalhf(Digits) then
>       result := traperror(evalhf(iterate(f, df, x0, N)));
>       if result=lasterror then
>          iterate(f, df, x0, N);
>       else
>          evalf(result);
>       fi;
>    else
>       iterate(f, df, x0, N);
>    fi;
> end:
```

Unten benutzt `Newton` hardwarebasierte Gleitkommaarithmetik für die Iterationen und rundet das Ergebnis auf die Genauigkeit der softwarebasierten. Sie können erkennen, welche Zahlen hardwarebasiert sind, da sie bei dem vorgegebenen Wert von Digits mehr Stellen haben als softwarebasierte.

```
> Newton(f, 1.5, 15);
```

$$1.5$$

$$1.41666666666666674$$

$$1.41421568627450989$$

$$1.41421356237468987$$

$$1.41421356237309515$$

$$1.414213562$$

Es wird Sie vielleicht überraschen, daß Newton softwarebasierte Gleitkommaarithmetik benutzen muß, um eine Nullstelle der Bessel-Funktion
zu finden.

```
> F := z -> BesselJ(1, z);
```

$$F := z \rightarrow \text{BesselJ}(1, z)$$

```
> Newton(F, 4, 15);
```

$$4$$

$$3.826493523$$

$$3.831702467$$

$$3.831705970$$

$$3.831705970$$

Der Grund liegt darin, daß der Code für BesselJ den Befehl type benutzt,
was evalhf nicht erlaubt.

```
> evalhf( BesselJ(1, 4) );
```

```
Error, unable to evaluate function 'type' in evalhf
```

Die Verwendung von traperror wie in der obigen Prozedur Newton erlaubt Ihrer Prozedur, selbst dann zu funktionieren, wenn evalhf versagt.

Sie wundern sich vielleicht, warum die Prozedur Newton so viele Stellen ausgibt, wenn sie versucht, eine zehnstellige Näherung zu finden. Der
Grund ist, daß der Befehl print innerhalb der Prozedur iterate liegt,
welche wiederum in einem Aufruf von evalhf steht, wo alle Zahlen hardwarebasiert sind und daher als solche ausgegeben werden.

Rechnen mit Feldern von Zahlen

Benutzen Sie den Befehl `evalhf` für Rechnungen mit Zahlen. Das einzige strukturierte Maple-Objekt, das in einem Aufruf von `evalhf` vorkommen darf, ist ein Feld von Zahlen. Wenn ein Feld undefinierte Einträge hat, initialisiert `evalhf` sie mit Null. Die nachstehende Prozedur berechnet den Wert des Polynoms $2 + 5x + 4x^2$.

```
> p := proc(x)
>    local a, i;
>    a := array(0..2);
>    a[0] := 2;
>    a[1] := 5;
>    a[2] := 4;
>    sum( a[i]*x^i, i=0..2 );
> end:
> p(x);
```

$$2 + 5x + 4x^2$$

Wenn Sie beabsichtigen, p in einem Aufruf von `evalhf` zu beutzen, können Sie das lokale Feld a nicht mit `array(1..3, [2,5,4])` definieren, da Listen in `evalhf` nicht erlaubt sind. Sie können jedoch p in einem Aufruf von `evalhf` benutzen, wenn der Parameter x eine Zahl ist.

```
> evalhf( p(5.6) );
```

$$155.439999999999998$$

Sie können auch ein Zahlenfeld als ein Parameter in einem Aufruf von `evalhf` übergeben. Die folgende Prozedur berechnet die Determinante einer 2×2-Matrix. Die $(2, 2)$-Komponente des Felds a unten ist undefiniert.

```
> det := proc(a::array(2))
>    a[1,1] * a[2,2] - a[1,2] * a[2,1];
> end:
> a := array( [[2/3, 3/4], [4/9]] );
```

$$a := \begin{bmatrix} \frac{2}{3} & \frac{3}{4} \\ \frac{4}{9} & a_{2,2} \end{bmatrix}$$

```
> det(a);
```

$$\frac{2}{3} a_{2,2} - \frac{1}{3}$$

Wenn Sie det in einem Aufruf von `evalhf` benutzen, verwendet Maple den Wert 0 für das undefinierte Element a[2,2].

```
> evalhf( det(a) );
```

$$-.333333333333333315$$

evalhf übergibt Felder mit ihrem Wert, so daß das Element (2, 2) von a immer noch undefiniert ist.

```
> a[2,2];
```

$$a_{2,2}$$

Wenn Sie wollen, daß evalhf ein Feld verändert, das Sie als Parameter an eine Prozedur übergeben, müssen Sie den Namen des Felds in eine var-Konstruktion einschließen. Diese Konstruktion existiert extra für evalhf und wird nur dann gebraucht, wenn Sie wollen, daß evalhf ein Zahlenfeld verändert, das auf Sitzungsebene zugänglich ist.

```
> evalhf( det( var(a) ) );
```

$$-.333333333333333315$$

Jetzt ist a ein Feld von Gleitkommazahlen.

```
> eval(a);
```

$$\begin{bmatrix} .666666666666666630 & .750000000000000000 \\ .444444444444444420 & 0 \end{bmatrix}$$

Der Befehl evalhf gibt immer eine einzelne Gleitkommazahl zurück, aber die var-Konstruktion erlaubt Ihnen, ein ganzes Zahlenfeld mit einem Aufruf von evalhf zu berechnen. *Gitter von Punkten generieren* auf Seite 325 zeigt die Verwendung von var, um ein Gitter von Funktionswerten zu berechnen, das Sie zum Zeichnen verwenden können.

7.3 Gleitkommamodelle in Maple

Sie können eine reelle Zahl in Gleitkommanotation darstellen. Sie schreiben einfach eine Reihe von Ziffern und fügen einen Dezimalpunkt (oder Komma) ein, um kennzuzeichnen, welche Ziffern ganze Zahlen und welche Bruchzahlen darstellen. Wenn Sie dies auf einem Blatt Papier versuchen, werden Sie wahrscheinlich die Zahlen in der Basis 10 schreiben, aber die meisten Computer benutzen die Basis 2. Wenn Sie zum Beispiel die Zahl 34.5 schreiben, meinen Sie das Folgende:

$$3 \times 10^1 + 4 \times 10^0 + 5 \times 10^{-1}.$$

Manchmal wollen Sie Zahlen in *wissenschaftlicher Notation* schreiben, vor allem wenn sie sehr groß oder sehr klein sind. Das bedeutet, daß Sie die Zahl als eine Zahl größer oder gleich 1 schreiben, damit die erste Ziffer nicht Null ist, multipliziert mit einer Zehnerpotenz. Sie würden also 34.5 wie folgt schreiben:

$$3.45 \times 10^1.$$

Ein Computer muß Platz haben, um sich auch das Vorzeichen der Zahl zu merken, also könnten Sie noch einen Faktor $(-1)^0$ davor setzen, um sich darin zu erinnern, daß die Zahl positiv ist.

$$(-1)^0 \times 3.45 \times 10^1$$

Der Ausdruck *Gleitkommazahl* rührt daher, daß Sie zur Darstellung einer reellen Zahl das *Komma gleiten* lassen, um es gerade rechts der ersten von Null verschiedenen Ziffer zu plazieren.

Natürlich müssen Sie unendlich viele Stellen benutzen, um alle Zahlen darstellen zu können, weil viele Zahlen wie π unendlich viele Stellen besitzen. In der Tat ist es aus zwei Gründen schwierig, die reellen Zahlen in Gleitkommanotation darzustellen: die reellen Zahlen sind ein *Kontinuum* (wenn x eine Zahl zwischen zwei reellen Zahlen ist, dann ist x ebenfalls reell) und wie die ganzen Zahlen sind die reellen *unbeschränkt* (keine Zahl ist die größte).

In den letzten Jahren entstand ein *Gleitkommamodell*, das definiert, wie man Hardwareimplementationen entwirft. Dieser Standard deckt nicht nur Arithmetik mit der Basis 2 ab, da die meisten Computerchips Zahlen im Binärformat abspeichern, sondern auch Operationen in anderen Basen. Sie können jede von Null verschiedene Zahl in der Basis β darstellen als

$$(-1)^{sign} \times (d_0.d_1 d_2 \dots d_{Digits-1}) \times \beta^e.$$

Eine besondere Darstellung existiert für die Null. Die Schranke für die Größe des Exponenten, e, hängt davon ab, wieviel Platz Sie reservieren, um ihn zu speichern. Im allgemeinen liegt er zwischen einer unteren Schranke L und einer oberen U, die Schranken eingeschlossen. Die Ziffern $d_0.d_1 d_2 \dots d_{Digits-1}$ werden *signifikante* Stellen genannt.

Softwarebasierte Gleitkommazahlen

Die Basis für softwarebasierte Gleitkommazahlen ist in Maple $\beta = 10$. Die Wahl einer dezimalen Basis anstelle einer binären, wie es bei Hardwareimplementationen verbreitet ist, gestattet es der Arithmetik, die Arithmetik, die Sie von Hand durchführen, sehr ähnlich nachzubilden. Außerdem ist keine Umwandlung vor der Ausgabe nötig.

Eine wichtige Eigenschaft der softwarebasierten Gleitkommazahlen ist, daß Sie als Genauigkeit, *Digits*, eine beliebige natürliche Zahl vorgeben können, indem Sie sie einfach der Umgebungsvariablen `Digits` zuweisen. Der größte mögliche Wert hängt von der Implementation ab, aber er ist im allgemeinen größer, als Sie es in irgendeiner normalen Rechnung brauchen — in der Regel mehr als 500 000 Dezimalstellen.

Die größte ganze Zahl in einfacher Genauigkeit des verwendeten Computersystems ist die Schranke für den Exponenten von softwarebasierten Gleitkommazahlen. Bei einem typischen 32-Bit Computer ist diese Zahl $2^{31} - 1$ und so liegen die Schranken bei $L = -(2^{31} - 1)$ und $U = 2^{31} - 1$.

Der Hauptunterschied zwischen dem Maple-Format und dem Standardgleitkommamodell ist, daß die Folge der signifikanten Ziffern einen impliziten Dezimalpunkt nach der *letzten* Ziffer besitzt anstatt sofort nach der ersten. Also wird 34.5 in Maple dargestellt als

$$(-1)^0 \times 345. \times 10^{-1}.$$

Auf einem typischen 32-Bit Computer ist damit die größte positive Zahl

$$9\,999\,999\,999. \times 10^{2^{31}-1},$$

falls Sie `Digits` auf den Standardwert 10 setzen.

Hardwarebasierte Gleitkommazahlen

Sie können auch das Gleitkommazahlensystem Ihres Computers mittels des Befehls `evalhf` benützen. In diesem Fall verwendet Maple die doppeltgenauen Gleitkommazahlen Ihres Computers. Natürlich hängen die Details von Ihrem Computer ab. Ein typischer 32-Bit Computer arbeitet mit der Basis $\beta = 2$ und benutzt zwei Worte, das heißt 64 Bit, um eine doppeltgenaue Zahl zu speichern.

Der IEEE-Standard für Gleitkommazahlen für binäre doppeltgenaue Gleitkommaarithmetik auf einem 32-Bit Computer vereinbart, daß Maple ein Bit für das Vorzeichen und elf Bit für den Exponenten reserviert. Der Standard gibt außerdem an, daß die Schranken für den Exponenten bei $L = -1022$ und $U = 1023$ liegen. Damit bleiben 52 Bit (von 64) zur Darstellung der signifikanten Ziffern übrig. Dies zieht scheinbar eine Genauigkeit von *Digits* = 52 nach sich. Die führende Ziffer darf jedoch nicht Null sein und muß daher in einem binären System immer Eins sein. Der Standard gibt also vor, daß *Digits* = 53 und daß das führende Bit, d_0, ein *implizites Bit* mit dem Wert 1 ist. Die Zahl Null wird durch einen besonderen Wert im Exponenten kodiert.

Diese Genauigkeit von 53 Bit der binären Darstellung entpricht in etwa sechzehn Dezimalstellen. Die größte positive Zahl, umgewandelt in eine Dezimalzahl, liegt gerade unter

$$2 \times 2^{1023} \approx 1.8 \times 10^{308}$$

und die kleinste positive Zahl ist

$$2^{-1022} \approx 2.2 \times 10^{-308}.$$

Im Gegensatz zu den softwarebasierten Gleitkommazahlen, die Maple auf jedem Rechnertyp gleich implementiert, hängen die hardwarebasierten Gleitkommazahlen von Ihrem Computer ab. Daher kann die Genauigkeit von hardwarebasierten Rechnungen im Gegensatz zu softwarebasierten Operationen sich ändern, wenn Sie auf einen anderen Rechner wechseln. Ferner speichert Maple Zahlen *niemals* im Hardwareformat, obwohl es die Hardware Ihres Computers voll einsetzt. Maple wandelt das Ergebnis jeder Rechnung in sein eigenes Gleitkommaformat um.

Rundungsfehler

Wenn Sie die Gleitkommaarithmetik verwenden, egal ob software- oder hardwarebasiert, benutzen Sie *Näherungswerte* anstelle exakter reeller Zahlen oder Ausdrücke. Maple kann mit exakten (symbolischen) Ausdrücken arbeiten. Die Differenz zwischen einer exakten reellen Zahlen und ihrer Gleitkommanäherung nennt man den *Rundungsfehler*. Nehmen Sie zum Beispiel an, daß Sie eine Gleitkommadarstellung von π haben möchten.

```
> pie := evalf(Pi);
```

$$pie := 3.141592654$$

Maple rundet den genauen Wert π auf zehn signifikante Stellen, weil `Digits` auf den Standardwert 10 gesetzt ist. Sie können den Rundungsfehler annähern, indem Sie vorübergehend den Wert von `Digits` auf 15 erhöhen.

```
> evalf(Pi - pie, 15);
```

$$-.41021\,10^{-9}$$

Rundungsfehler entstehen nicht nur aus der Darstellung der Eingabedaten sondern auch als Ergebnis arithmetischer Operationen. Jedes Mal, wenn Sie eine arithmetische Operation mit zwei Gleitkommazahlen durchführen, wird das unendlich genaue Ergebnis in der Regel nicht im Gleitkommazahlensystem darstellbar sein und das berechnete Ergebnis wird daher mit einem Rundungsfehler behaftet sein.

Nehmen Sie zum Beispiel an, daß Sie zwei zehnstellige Zahlen multiplizieren wollen. Das Ergebnis kann leicht neunzehn oder zwanzig Stellen haben, aber Maple kann in einem zehnstelligen Gleitkommazahlensystem nur die ersten zehn davon speichern.

```
> 1234567890 * 1937128552;
```

$$2391516709101395280$$

```
> evalf(1234567890) * evalf(1937128552);
```

$$.2391516709\,10^{19}$$

Maple hält sich an den Gleitkommastandard, der verlangt, daß, wann immer Sie eine der vier arithmetischen Grundoperationen (Addition, Subtraktion, Multiplikation und Division) auf zwei Gleitkommazahlen anwenden, das Ergebnis eine korrekt gerundete Darstellung des unendlich genauen Resultats ist, es sei denn, Über- oder Unterlauf tritt ein. Natürlich muß Maple unter Umständen hinter den Kulissen ein oder zwei Extrastellen berechnen, um sicherzustellen, daß die Antwort korrekt ist.

Aber selbst so kann sich manchmal ein überraschend großer Fehler aufbauen, insbesondere bei der Subtraktion zweier Zahlen ähnlicher Größe. In der nachfolgenden Rechnung ist die genaue Summe von x, y und z $y = 3.141592654$.

```
> x := evalf(987654321);
```

$$x := .987654321\,10^{9}$$

```
> y := evalf(Pi);
```

$$y := 3.141592654$$

```
> z := -x;
```

$$z := -.987654321\,10^{9}$$

```
> x + y + z;
```

$$3.1$$

Dieses Phänomen wird als *Auslöschung* bezeichnet. Bei der Subtraktion löschen sich die acht führenden Stellen aus und so verbleiben nur zwei signifikante Stellen im Ergebnis.

Ein Vorteil der softwarebasierten Gleitkommazahlen von Maple im Gegensatz zu Gleitkommazahlensystemen fester Genauigkeit liegt darin, daß der Benutzer die Genauigkeit erhöhen kann, um einige Folgen von Rundungsfehlern abzumildern. So führt zum Beispiel eine Erhöhung von `Digits` auf 20 zu einer dramatischen Verbesserung des Resultats.

```
> Digits := 20;
```

$$Digits := 20$$

```
> x + y + z;
```

$$3.141592654$$

Sie sollten die üblichen numerischen Programmiertechniken verwenden, um zu verhindern, daß sich in Ihren Rechnungen große Fehler aufbauen. Oft kann eine andere Anordnung der Operationen zu einem genaueren Endresultat führen. Wenn Sie zum Beispiel eine Summe berechnen, addieren Sie zuerst die kleinsten Zahlen.

7.4 Erweitern des Befehls `evalf`

Der Befehl `evalf` kann viele Funktionen oder Konstanten wie `sin` und `Pi` auswerten. Sie können auch Ihre eigenen Funktionen oder Konstanten definieren und `evalf` erweitern, indem Sie Informationen hinzufügen, wie diese Funktionen oder Konstanten berechnet werden sollen.

Definition eigener Konstanten

Sie können eine neue Konstante definieren und Prozeduren schreiben, die diese Konstante symbolisch manipulieren. Sie sollten dann auch eine Prozedur schreiben, die eine Gleitkommanäherung für Ihre Konstante mit beliebiger Stellenzahl berechnen kann. Wenn Sie dieser Prozedur einen Namen der Form `'evalf/constant/name'` geben, ruft Maple sie auf, wenn Sie `evalf` benutzen, um einen Ausdruck auszuwerten, der Ihre Konstante *name* enthält.

Nehmen Sie an, daß Sie wollen, daß der Name `MyConst` die folgende unendliche Reihe darstellt:

$$MyConst = \sum_{i=1}^{\infty} \frac{(-1)^i \pi^i}{2^i i!}.$$

Sie können mit dieser Reihe auf viele Arten Näherungen berechnen; die nachfolgende Prozedur ist eine mögliche Implementierung. Beachten Sie, daß, wenn a_i der i-te Term in der Summe ist, dann liefert $a_{i+1} = -a_i(\pi/2)/i$ den nächsten. Sie können eine Näherung für die Reihe berechnen, indem Sie Terme addieren, bis das von Maple verwendete Modell für softwarebasierte Gleitkommazahlen die neue Teilsumme nicht mehr von der vorherigen unterscheiden kann. Mit der Theorie des numerischen Programmierens können Sie beweisen, daß dieser Algorithmus `MyConst` auf `Digits` Stellen genau berechnet, wenn Sie innerhalb des Algorithmus mit zwei Extrastellen arbeiten. Deshalb erhöht die nachfolgende Prozedur `Digits` um zwei und benutzt `evalf`, um das Ergebnis auf die richtige Stellenzahl zu runden, bevor es zurückgegeben wird. Die Prozedur muß `Digits` nicht auf den alten Wert zurücksetzen, weil `Digits` eine Umgebungsvariable ist.

```
> `evalf/constant/MyConst` := proc()
>     local i, term, halfpi, s, old_s;
>     Digits := Digits + 2;
>     halfpi := evalf(Pi/2);
>     old_s := 1;
>     term := 1.0;
>     s := 0;
>     for i from 1 while s <> old_s do
>        term := -term * halfpi / i;
>        old_s := s;
>        s := s + term;
>     od;
>     evalf(s, Digits-2);
> end:
```

Wenn Sie evalf für einen Ausdruck mit `MyConst` aufrufen, ruft Maple `evalf/constants/MyConst` auf, um einen Näherungswert zu berechnen.

```
> evalf(MyConst);
```

$$-.7921204236$$

```
> evalf(MyConst, 40);
```

$$-.7921204236492380914530443801650212299661$$

Sie können diese spezielle Konstante, `MyConst`, in geschlossener Form schreiben und diese Form benutzen, um Näherungen für `MyConst` effizienter zu bestimmen.

```
> Sum( (-1)^i * Pi^i / 2^i / i!, i=1..infinity );
```

$$\sum_{i=1}^{\infty} \frac{(-1)^i \, \pi^i}{2^i \, i!}$$

```
> value(");
```

$$e^{(-1/2\,\pi)} \, (1 - e^{(1/2\,\pi)})$$

```
> expand(");
```

$$\frac{1}{\sqrt{e^\pi}} - 1$$

```
> evalf(");
```

$$-.7921204237$$

Definition eigener Funktionen

Wenn Sie eigene Funktionen definieren, können Sie eine Prozedur schreiben, die Gleitkommanäherungen für die Funktionswerte berechnet. Wenn Sie `evalf` für einen Ausdruck aufrufen, der einen unausgewerteten Aufruf der Funktion F enthält, dann ruft Maple die Prozedur `'evalf/F'` auf, falls diese existiert.

Nehmen Sie an, daß Sie die Funktion $x \mapsto (x - \sin(x))/x^3$ untersuchen wollen.

```
> MyFcn := x -> (x - sin(x)) / x^3;
```

$$MyFcn := x \to \frac{x - \sin(x)}{x^3}$$

Diese Funktion ist für $x = 0$ nicht definiert, aber Sie können sie stetig fortsetzen, indem Sie den Grenzwert in die Merktabelle von `MyFcn` eintragen.

```
> MyFcn(0) := limit( MyFcn(x), x=0 );
```

$$MyFcn(0) := \frac{1}{6}$$

Für kleine Werte von x sind $\sin(x)$ und x fast gleich, so daß die Subtraktion $x - \sin(x)$ in der Definition von `MyFcn` zu Ungenauigkeiten aufgrund von Auslöschung führen kann. Wenn Sie unten v auf zehn Stellen auswerten, sind nur die ersten beiden korrekt.

```
> v := 'MyFcn'( 0.000195 );
```

$$v := MyFcn(.000195)$$

```
> evalf(v);
```

$$.1618368482$$

```
> evalf(v, 2*Digits);
```

$$.16666666634973617222$$

Wenn Sie genaue numerische Näherungen von `MyFcn` benötigen, müssen Sie eine eigene Prozedur für ihre Berechnung schreiben. Sie könnten eine solche Prozedur schreiben, indem Sie die Reihenentwicklung von `MyFcn` ausnützen.

```
> series( MyFcn(x), x=0, 11 );
```

$$\frac{1}{6} - \frac{1}{120}x^2 + \frac{1}{5040}x^4 - \frac{1}{362880}x^6 + O(x^8)$$

Das allgemeine Glied in dieser Reihe ist

$$a_i = (-1)^i \frac{x^{2i}}{(2i+3)!}, \qquad i \geq 0.$$

Beachten Sie, daß $a_i = -a_{i-1}x^2/((2i+2)(2i+3))$. Für kleine Werte von x können Sie damit eine Näherung von `MyFcn(x)` berechnen, indem Sie Terme addieren, bis das von Maple verwendete Modell für softwarebasierte Gleitkommazahlen eine neue Teilsumme nicht mehr von der vorherigen unterscheiden kann. Für größere Werte von x bereitet die Auslöschung keine Probleme, so daß Sie `evalf` benutzen können, um den Ausdruck auszuwerten. Mit der Theorie des numerischen Programmierens können Sie beweisen, daß dieser Algorithmus den Funktionswert auf `Digits` Stellen genau bestimmt, wenn Sie innerhalb des Algorithmus drei Extrastellen verwenden. Daher erhöht die nachfolgende Prozedur `Digits` um drei und benutzt `evalf`, um das Ergebnis auf die richtige Stellenzahl zu runden, bevor es zurückgegeben wird.

```
> 'evalf/MyFcn' := proc(xx::algebraic)
>    local x, term, s, old_s, xsqr, i;
>    x := evalf(xx);
>    Digits := Digits+3;
>    if type(x, numeric) and abs(x)<0.1 then
>        xsqr := x^2;
>        term := evalf(1/6);
>        s := term;
>        old_s := 0;
>        for i from 1 while s <> old_s do
>            term := -term * xsqr / ((2*i+2)*(2*i+3));
>            old_s := s;
>            s := s + term;
>        od;
>    else
>        s := evalf( (x-sin(x))/x^3 );
>    fi;
>    evalf(s, Digits-3);
> end:
```

Wenn Sie `evalf` für einen Ausdruck aufrufen, der einen nicht ausgewerteten Aufruf von `MyFcn` enthält, ruft Maple `'evalf/MyFcn'` auf.

```
> evalf( 'MyFcn'(0.000195) );
```

$$.1666666663$$

Sie sollten nun die symbolische Version von MyFcn abändern, so daß sie `evalf/MyFcn` ausnutzt, wenn das Argument eine Gleitkommazahl ist.

```
> MyFcn := proc(x::algebraic)
>    if type(x, float) then
>        'evalf/MyFcn'(x);
>    else
>        (x - sin(x)) / x^3;
>    fi;
> end:
> MyFcn(0) := limit( MyFcn(x), x=0 );
```

$$\text{MyFcn}(0) := \frac{1}{6}$$

Nun können Sie MyFcn sowohl mit numerischen als auch mit symbolischen Argumenten sauber auswerten.

```
> MyFcn(x);
```

$$\frac{x - \sin(x)}{x^3}$$

```
> MyFcn(0.099999999);
```

$$.1665833532$$

```
> MyFcn(0.1);
```

$$.1665833532$$

Erweiterungs von Maple auf Seite 99 beschreibt, wie auch viele andere Befehle von Maple erweitert werden können.

7.5 Zusammenfassung

Die verschiedenen Techniken, die in diesem Kapitel beschrieben wurden, stellen eine wichtige Erweiterung der Programmiersprache von Maple und seiner symbolischen Fähigkeiten dar. Nachdem Ihnen nun auch numerische Techniken zur Verfügung stehen, können Sie Gleichungen lösen, die sonst unlösbar wären, die Eigenschaften komplizierter Lösungen untersuchen und schnell numerische Abschätzungen erhalten.

Symbolische Berechnungen liefern exakte Darstellungen, können aber in manchen Fällen teuer sein, selbst mit einem so mächtigen Hilfsmittel wie

Maple. Im anderen Extrem gestattet die hardwarebasierte Gleitkomma-arithmetik schnelle Rechnungen direkt in Maple. Dies bedingt jedoch eine begrenzte Genauigkeit. Softwarebasierte Gleitkommazahlen bieten einen Mittelweg. Sie sind nicht nur viel schneller als symbolische Berechnungen, Sie haben auch die Möglichkeit, die Genauigkeit und damit die Fehler in Ihren Berechnungen zu kontrollieren.

Softwarebasierte Gleitkommarechnungen und -darstellungen folgen eng dem IEEE-Standard, ausgenommen dem großen Vorteil der beliebigen Genauigkeit. Aufgrund der Ähnlichkeit zu diesem verbreiteten Standard können Sie leicht das Wissen über die Fehlerfortpflanzung und numerische Programmierprinzipien einsetzen, das in vielen Büchern und Aufsätzen beschrieben ist. Wenn Sie wissen müssen, daß Ihren Rechnungen genau sind, dann sollte Ihnen diese Fülle von verfügbaren Informationen Vertrauen in Ihre Ergebnisse geben.

8 Graphisches Programmieren mit Maple

Maple enthält eine große Sammlung von Befehlen zur Generierung zwei- und dreidimensionaler Zeichnungen. Für mathematische Ausdrücke können Sie Bibliotheksfunktionen wie `plot` und `plot3d` verwenden oder eine der vielen spezialisierten Graphikroutinen der Pakete `plots` und `plottools`, des Pakets `DEtools` (zum Arbeiten mit Differentialgleichungen) und des Pakets `stats` (für statistische Daten). Die Eingaben an diese Befehle sind typischerweise eine oder mehrere Maple-Formeln, Operatoren oder Funktionen mit Informationen über Definitionsbereiche und möglicherweise Wertebereiche. In allen Fällen ermöglichen die Graphikbefehle das Setzen von Optionen zum Spezifizieren von Attributen wie Änderung des Farbverlaufs, Schattierung und Darstellung der Achsen.

Das Ziel dieses Kapitels ist, die Struktur der Prozeduren aufzuzeigen, die Maple zur Generierung graphischer Ausgaben verwendet, und Ihnen zu ermöglichen, Ihre eigenen Graphikprozeduren zu generieren. Dieses Kapitel beinhaltet Basisinformationen über Argumentkonventionen, das Setzen von Standardwerten und das Bearbeiten von Zeichenoptionen. Ein wesentlicher Teil des Stoffs beschreibt die Datenstrukturen, die Maple für Zeichnungen verwendet, und verschiedene Techniken zum Aufbau solcher Datenstrukturen, um Graphiken in Maple zu erstellen. Zusätzlich werden Sie sehen, wie einige existierende Funktionen der Pakete `plots` und `plottools` spezifische Datenstrukturen für Zeichnungen erzeugen.

8.1 Fundamentale Funktionen zum Zeichnen

Dieser Abschnitt illustriert einige der grundlegenden Abläufe der Graphikprozeduren in Maple und ebenso einige der Eigenschaften, die allen Befehlen zum Zeichnen von Maple gemeinsam sind. Er behandelt außerdem das Zeichnen von Maple-Operatoren oder Funktionen im Gegensatz zu Formelausdrücken und das Setzen optionaler Information.

Mehrere der Graphikprozeduren von Maple erhalten mathematische Ausdrücke als Eingabe. Beispiele solcher Befehle sind plot, plot3d, animate, animate3d und complexplot. All diese Befehle erlauben, daß die Eingabe eine der folgenden beiden Formen hat: Formeln oder Funktionen. Die erstere besteht aus Ausdrücken wie $x^2 y - y^3 + 1$ oder $3 \sin(x) \sin(y) + x$, beides Formeln in den Variablen x und y. Wenn p und q Funktionen mit zwei Argumenten sind, ist $p + q$ ein Beispiel für einen Funktionsausdruck. Die Graphikprozeduren verwenden die Art, in der Sie die Informationen über den Definitionsbereich angeben, um festzustellen, ob die Eingabe ein Funktionsausdruck oder eine Formel in einer vorgegebenen Menge von Variablen ist. Der nachfolgende Befehl generiert zum Beispiel eine drei-dimensionale Zeichnung der Oberfläche, die $\sin(x) \sin(y)$ definiert. Diese Formel ist von x und y abhängig.

```
> plot3d( sin(x) * sin(y), x=0..4*Pi, y=-2*Pi..2*Pi );
```

Wenn Sie stattdessen zwei Funktionen mit jeweils zwei Argumenten definieren,

```
> p := (x, y) -> sin(x):   q := (x, y) -> sin(y):
```

können Sie die durch $p * q$ bestimmte Oberfläche in folgender Weise zeichnen:

```
> plot3d( p * q, 0..4*Pi, -2*Pi..2*Pi );
```

Beide Fälle erzeugen die gleiche dreidimensionale Zeichnung. Im ersten Beispiel liefern Sie die Information, daß die Eingabe ein Ausdruck in x und y ist, durch Angabe des zweiten und dritten Arguments in der Form x = *Bereich* und y = *Bereich*, während im zweiten Beispiel keine Variablennamen vorhanden sind.

Das Arbeiten mit Formelausdrücken ist einfach, aber in vielen Fällen stellen Funktionen einen besseren Mechanismus zur Konstruktion mathematischer Funktionen bereit. Nachfolgend wird eine mathematische Funktion gebildet, die zu einer gegebenen Eingabe die Anzahl von Iterationen (bis zu einem Maximum von 10) berechnet, die die Folge $z_{n+1} = z_n^4 + c$ zum Verlassen des Kreises mit Radius 2 für verschiedene komplexe Startpunkte $c = x + iy$ benötigt.

```
> mandelbrotSet := proc(x, y)
>    local z, m;
>    z := evalf( x + y*I );
>    m := 0;
>    to 10 while abs(z) < 2 do
>       z := z^4 + (x+y*I);
>       m := m + 1;
>    od:
>    m;
> end:
```

Sie haben nun eine geeignete Methode zur Berechnung einer dreidimensionalen Mandelbrotmenge für z^4 in einem 50×50 Gitter.

```
> plot3d( mandelbrotSet, -3/2..3/2, -3/2..3/2, grid=[50,50] );
```

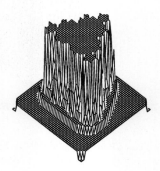

Beim Erzeugen einer Maple-Graphik auf der Befehlsebene wird die Graphik auf dem Zeichengerät angezeigt (zum Beispiel auf Ihrem Bildschirm). In vielen Fällen können Sie den Graphen interaktiv mit Hilfe der mit diesen Zeichengeräten verfügbaren Werkzeugen verändern. Beispiele solcher Änderungen sind die Änderung des Zeichenstils, der Darstellung der Achsen und des Blickpunkts. Diese Informationen können Sie durch Angabe optionaler Argumente in `plot3d` hinzunehmen.

```
> plot3d( sin(x)*sin(y), x=-2*Pi..2*Pi, y=-2*Pi..2*Pi,
>          style=patch, axes=frame );
```

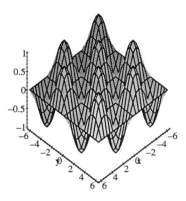

```
> plot3d( mandelbrotSet, -1.5..1.5, -1.5..1.5, grid=[50,50],
>          style=patch, orientation=[143,31] );
```

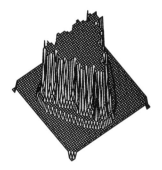

Alle Prozeduren zum Zeichnen erlauben optionale Argumente. Sie geben die optionale Information in der Form *Name=Option* an. Einige dieser Optionen beeinflussen die die Funktion betreffende Informationsmenge, die Sie den Zeichenprozeduren angeben. Die Option `grid` im Beispiel der Mandelbrotmenge ist solch ein Beispiel. Sobald Sie die graphischen Punkte bestimmt haben, können Sie weitere Optionen zur Spezifikation visueller Informationen verwenden. Die Darstellung der Achsen, Schattierung, Oberflächenstil, Linienstil und Einfärbung sind nur einige der verfügbaren Optionen in dieser Kategorie. Mit Hilfe der Hilfeseiten `?plot,options` und `?plot3d,options` erhalten Sie Informationen über die erlaubten Optionen für die zwei- und dreidimensionalen Zeichnungen.

Jede von Ihnen erstellte Graphikroutine sollte den Benutzern eine ähnliche Menge von Optionen erlauben. Übergeben Sie einfach mögliche optionale Argumente direkt an die existierenden Routinen, wenn Sie Programme schreiben, die existierende Maple-Graphikroutinen aufrufen.

8.2 Programmieren mit Zeichenfunktionen der Bibliothek

Dieser Abschnitt präsentiert Beispiele für das Programmieren mit den Graphikroutinen von Maple.

Zeichnen eines geschlossenen Linienzugs

Betrachten Sie das erste Problem des Zeichnens eines geschlossenen Linienzugs aus einer Liste von Daten.

```
> L1 := [ [5,29], [11,23], [11,36], [9,35] ];
```

$$L1 := [[5, 29], [11, 23], [11, 36], [9, 35]]$$

Der Befehl plot zeichnet Linien zwischen den aufgelisteten Punkten.

```
> plot( L1 );
```

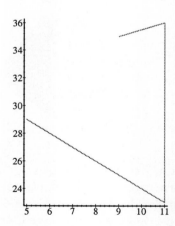

Sie möchten vielleicht eine Prozedur schreiben, die auch eine Linie vom letzten zum ersten Punkt zeichnet. Sie müssen dazu nur den ersten Punkt aus L1 an das Ende von L1 anhängen.

```
> L2 := [ op(L1), L1[1] ];
```

$$L2 := [[5, 29], [11, 23], [11, 36], [9, 35], [5, 29]]$$

```
> plot( L2 );
```

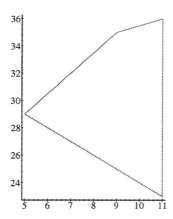

Die Prozedur `loopplot` automatisiert diese Technik.

```
> loopplot := proc( L )
>     plot( [ op(L), L[1] ] );
> end;
```

$$loopplot := \mathbf{proc}(L)\, plot([op(L), L_1])\ \mathbf{end}$$

Diese Prozedur hat einige Mängel. Sie sollten die Eingabe L von `loopplot` immer daraufhin überprüfen, daß sie eine Liste von Punkten ist, wobei ein Punkt eine Liste mit zwei Konstanten ist. Das heißt, L sollte vom Typ `list([constant, constant])` sein. Der Befehl `loopplot` sollte außerdem eine Anzahl von Optionen zum Zeichnen erlauben. Alles, was `loopplot` tun muß, ist die Optionen an `plot` zu übergeben. Innerhalb einer Prozedur ist `args` die Argumentfolge im Aufruf der Prozedur und `nargs` die Anzahl von Argumenten. Also ist `args[2..nargs]` die an `loopplot` übergebene Optionsfolge. Die Prozedur `loopplot` sollte alle Argumente außer dem ersten Argument L direkt an `plots` übergeben.

```
> loopplot := proc( L::list( [constant, constant] ) )
>     plot( [ op(L), L[1] ], args[2..nargs] );
> end:
```

Die obige Version von `loopplot` liefert eine informative Fehlermeldung, falls Sie sie mit unzulässigen Argumenten aufrufen, und erlaubt Zeichenoptionen.

```
> loopplot( [[1, 2], [a, b]] );

Error, loopplot expects its 1st argument, L,
```

```
to be of type list([constant, constant]),
but received [[1, 2], [a, b]]

> loopplot( L1, linestyle=3 );
```

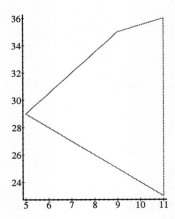

Vielleicht möchten Sie loopplot verbessern, damit es die leere Liste als Eingabe bearbeiten kann.

Prozedur zum Zeichnen von Bändern

Dieser Abschnitt endet mit dem Erstellen einer Prozedur namens ribbon-plot, einer dreidimensionalen Zeichnung einer Liste von zweidimensiona-len Formeln oder Funktionen. Dies ist ein erster Versuch von ribbonplot.

```
> ribbonplot := proc( Flist, r1 )
>    local i, m, p, y;
>    m  := nops(Flist);
>    # Erzeugt m verschobene Zeichnungen.
>    p := seq( plot3d( Flist[i], r1, y=(i-1)..i ), i=1..m );
>    plots[display]( p );
> end:
```

Die Prozedur ribbonplot verwendet zum Anzeigen der Zeichnungen die Prozedur display aus dem Paket plots. Diese Prozedur wird explizit mit ihrem vollen Namen aufgerufen, so daß ribbonplot funktionieren wird, auch wenn das Paket plots nicht geladen wurde.

Nun können Sie die Prozedur ausprobieren.

```
> ribbonplot( [cos(x), cos(2*x), sin(x), sin(2*x)],
```

```
>    x=-Pi..Pi );
```

Die obige Prozedur `ribbonplot` verwendet zu viele Gitterpunkte in y-Richtung, zwei sind ausreichend. Also brauchen Sie eine Option `grid=[numpoints, 2]` zu dem Befehl `plot3d` in `ribbonplot`. Dabei ist *numpoints* die Anzahl von Punkten, die `ribbonplot` in x-Richtung verwenden sollte; Sie sollten sie mit einer Option für `ribbonplot` setzen. Der Befehl `hasoption` hilft Ihnen, Optionen zu handhaben. In der nächsten Prozedur `ribbonplot` liefert `hasoption false`, falls numpoints nicht unter den in opts aufgelisteten Optionen ist. Wenn opts eine Option numpoints enthält, weist `hasoption` n den Wert der Option numpoints zu und liefert die restlichen Optionen im vierten Argument (in diesem Fall modifiziert es den Wert der Liste opts).

```
> ribbonplot := proc( Flist, r1::name=range )
>    local i, m, p, y, n, opts;
>    opts := [ args[3..nargs] ];
>    if not hasoption( opts, 'numpoints', 'n', 'opts' )
>    then n := 25 # Standardwert von  numpoints.
>    fi;
>
>    m := nops( Flist );
>    # op(opts) sind weitere Optionen.
>    p := seq( plot3d( Flist[i], r1, y=(i-1)..i,
>                      grid=[n, 2], op(opts) ),
>          i=1..m );
>    plots[display]( p );
> end:
```

Nun verwendet `ribbonplot` die Anzahl der von Ihnen geforderten Gitterpunkte.

```
> ribbonplot( [cos(x), cos(2*x), sin(x), sin(2*x)],
```

```
>                    x=-Pi..Pi, numpoints=16 );
```

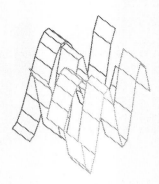

Die Eingabe an die obige Version von `ribbonplot` muß eine Liste von Ausdrücken sein. Sie sollten `ribbonplot` erweitern, damit es auch eine Liste von Funktionen akzeptiert. Eine Schwierigkeit dieser Erweiterung ist, daß Sie zweidimensionale Funktionen aus eindimensionalen Funktionen erzeugen müssen, was in den ursprünglichen Beispielen von `ribbonplot` kein Problem war. Hierfür können Sie eine Hilfsprozedur `extend` erstellen, die den Befehl `unapply` verwendet.

```
> extend := proc(f)
>    local x,y;
>    unapply(f(x), x, y);
> end:
```

Zum Beispiel konvertiert die Prozedur `extend` die $R \to R$ Funktion $x \mapsto \cos(2x)$ in eine $R^2 \to R$ Funktion.

```
> p := x -> cos(2*x):
> q := extend(p);
```

$$q := (x, y) \to \cos(2\,x)$$

Es folgt die neue Implementierung von `ribbonplot`.

```
> ribbonplot := proc( Flist, r1::{range, name=range} )
>    local i, m, p, n, opts, newFlist;
>    opts := [ args[3..nargs] ];
>    if type(r1, range) then
>    #  Eingabe einer Funktion.
>       if not hasoption( opts, 'numpoints', 'n', 'opts' )
>       then n := 25 # Standardwert von  numpoints.
>       fi;
>       m := nops( Flist );
>    #  Neues plot3d mit Funktion als Eingabe.
```

```
>        p := seq( plot3d( extend( Flist[i] ), r1, (i-1)..i,
>                         grid=[n,2], op(opts) ),
>                i=1..m );
>        plots[display]( p );
>    else
>     #  Konvertiert Ausdruecke in eine Funktion von lhs(r1).
>        newFlist := map( unapply, Flist, lhs(r1) );
>     #  Benutzt lhs(r1) als Standardbeschriftung der x-Achse.
>        opts := [ 'labels'=[lhs(r1), '', '' ],
>                 args[3..nargs] ];
>        ribbonplot( newFlist, rhs(r1), op(opts) )
>    fi
> end:
```

Hier ist eine Zeichnung der Bänder von drei Funktionen.

```
> ribbonplot( [cos, sin, cos + sin], -Pi..Pi );
```

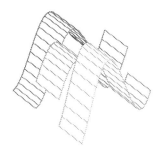

Wenn Sie `ribbonplot` zum Zeichnen von Ausdrücken einsetzen, verwendet es den Namen der Bereichsspezifikation als Standardbeschriftung für die x-Achse. Dieses Verhalten gleicht jenem von Maples Befehl `plot`.

8.3 Maples Datenstrukturen für Zeichnungen

Maple generiert Zeichnungen durch Senden eines unausgewerteten PLOT- oder PLOT3D-Funktionsaufrufs an die Benutzeroberfläche (die *Iris*). Die Informationen, die in diesen Funktionen enthalten sind, bestimmen die Objekte, die sie graphisch darstellen werden. Jeder Befehl des Pakets `plots` erzeugt solch eine Funktion. Betrachten Sie diesen Informationsfluß auf folgende Weise. Ein Maple-Befehl erzeugt eine PLOT-Struktur und übergibt sie an die Iris. In der Iris erzeugt Maple primitive Graphikobjekte, die auf der PLOT-Struktur basieren. Es übergibt dann diese Objekte den gewählten

Gerätetreibern zum Anzeigen. Dieser Prozeß wird nachfolgend schematisch dargestellt.

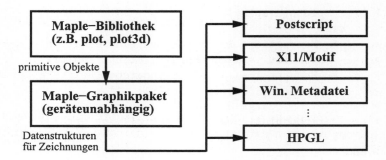

Sie können die Datenstrukturen für Zeichnungen an Variablen zuweisen, in andere Strukturen umwandeln, speichern oder sogar ausgeben.

Beispiele einer Zeichenstruktur in zwei oder drei Dimensionen können Sie durch zeilenweise Ausgabe einer solchen Struktur sehen.

```
> lprint( plot(2*x+3, x=0..5, numpoints=3, adaptive=false) );

PLOT(CURVES([[0, 3.], [2.61565849999999989, 8.23131700\
000000066], [5., 13.]],COLOUR(RGB,1.0,0,0)))
```

Hier generiert plot eine Datenstruktur PLOT, die die Information für eine einzige durch drei Punkte definierte Kurve enthält, wobei die Kurve mit den Rot-Grün-Blau-Werten (RGB) (1.0, 0, 0) gefärbt ist, die Rot entsprechen. Die Zeichnung hat eine von 0 nach 5 verlaufende horizontale Achse. Maple bestimmt standardmäßig die Skala entlang der vertikalen Achse mit Hilfe der Information, die Sie in der vertikalen Komponente der Kurve bereitstellen. Die Einstellungen numpoints = 3 und adaptive = false stellen sicher, daß die Kurve nur aus drei Punkten besteht.

Das zweite Beispiel ist der Graph von $z = xy$ über einem 3×4-Drahtrahmenmodell. Die Struktur PLOT3D enthält ein Gitter von z Werten über der rechteckigen Region $[0, 1] \times [0, 2]$.

```
> lprint( plot3d(x*y, x=0..1, y=0..2, grid=[3,4]) );

PLOT3D(GRID(0 .. 1.,0 .. 2.,[[0, 0, 0, 0], [0, .333333\
333333333315, .666666666666666630, 1.], [0, .666666666\
666666630, 1.33333333333333326, 2.]]),AXESLABELS(x,y,
''))
```

Die Struktur enthält die Beschriftungen x und y für die Ebene, aber keine Beschriftung für die z-Achse.

Das dritte Beispiel ist erneut der Graph von $z = xy$, aber diesmal in zylindrischen Koordinaten. Die PLOT3D-Struktur enthält nun ein Netzwerk von Punkten, die die Oberfläche bilden, und die Information, daß das Zeichengerät die Oberfläche in der Punkt-Darstellung anzeigen sollte.

```
> lprint( plot3d( x*y, x=0..1, y=0..2, grid=[3,2],
>                 coords=cylindrical, style=point ) );
```

```
PLOT3D(MESH([[[0, 0, 0], [0, 0, 2.]], [[0, 0, 0], [.87\
7582561890372759, .479425538604203005, 2.]], [[0, 0, 0
], [1.08060461173627953, 1.68294196961579301, 2.]]]),
STYLE(POINT))
```

Da die Zeichnung nicht mit kartesischen Koordinaten ist, gibt es keine voreingestellten Beschriftungen, also enthält die PLOT3D-Struktur keine AXESLABELS.

Die Datenstruktur PLOT

Sie können eine Datenstruktur für Zeichnungen direkt erzeugen und manipulieren, um zwei- und dreidimensionale Zeichnungen zu erstellen. Alles, was Sie benötigen, ist eine korrekte Anordnung der geometrischen Information innerhalb einer der Funktionen PLOT oder PLOT3D. Die Informationen innerhalb dieser Funktionen bestimmen die Objekte, die das Zeichengerät anzeigt. Hier wertet Maple den Ausdruck

```
> PLOT( CURVES( [ [0,0], [2,1] ] ) );
```

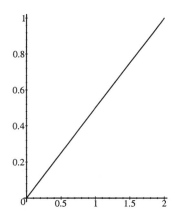

aus und übergibt ihn an die Maple-Schnittstelle, die feststellt, daß es eine Datenstruktur für Zeichnungen ist. Die Maple-Schnittstelle zerlegt danach den Inhalt und übergibt die Information an einen Treiber für Zeichnungen, der dann die graphische Information bestimmt, die er auf dem Zeichengerät wiedergeben wird. Im letzten Beispiel ist das Ergebnis eine einzelne Linie vom Ursprung zu dem Punkt (2, 1). Die Datenstruktur CURVES besteht aus einer oder mehreren Listen von Punkten, die alle jeweils eine Kurve generieren, und einigen optionalen Argumenten (zum Beispiel Informationen über die Liniendarstellung oder Linienbreite). Somit generiert der Ausdruck

```
> n := 200:
> points := [ seq( [2*cos(i*Pi/n), sin(i*Pi/n) ], i=0..n) ]:
> PLOT( CURVES( evalf(points) ) );
```

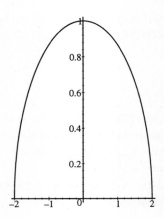

die Zeichnung einer Folge von $n + 1$ Punkten in der Ebene. Die Punkte innerhalb der Datenstruktur PLOT müssen numerisch sein. Wenn Sie die Anweisung evalf weglassen, verursachen nichtnumerische Objekte wie $\sin(\pi/200)$ innerhalb der Struktur PLOT einen Fehler.

```
> PLOT( CURVES( points ) );
```

```
Error in iris-plot: Non-numeric vertex definition
```

```
> type( sin(Pi/n), numeric );
```

false

Daher wird keine Zeichnung generiert.

Alle Argumente innerhalb einer PLOT-Struktur sind im allgemeinen von der Form

> *Objektname(Objektinformation, LokaleInformation)*

wobei *Objektname* ein Funktionsname ist, zum Beispiel CURVES, POLYGONS, POINTS oder TEXT; *Objektinformation* enthält die wichtigsten geometrischen Punktinformationen, die das einzelne Objekt beschreiben, und das optionale *LokaleInformation* enthält Informationen über die Optionen, die nur auf dieses einzelne Objekt angewendet werden. *Objektinformation* ist von *Objektname* abhängig. Im Fall, daß *Objektname* CURVES oder POINTS ist, besteht *Objektinformation* aus einer oder mehreren Listen von zweidimensionalen Punkten. Jede Liste liefert die Menge von Punkten, die eine einzige Kurve in der Ebene bilden. Ähnlich besteht *Objektinformation* aus einer oder mehreren Listen von Punkten, wobei jede Liste die Knoten eines einzelnen Polygons in der Ebene beschreibt, falls *Objektname* POLYGONS ist. Falls *Objektname* TEXT ist, besteht die Objektinformation aus einem Punkt und einer textuellen Zeichenkette. Die optionale Information ist ebenfalls in der Form eines unausgewerteten Funktionsaufrufs. Im zweidimensionalen Fall enthält dies die Optionen AXESSTYLE, STYLE, LINESTYLE, THICKNESS, SYMBOL, FONT, AXESTICKS, AXESLABELS, VIEW und SCALING.

Einige davon können Sie auch als *LokaleInformation* innerhalb eines POINTS-, CURVES-, TEXT- oder POLYGONS-Objekts plazieren; *LokaleInformation* überschreibt die globale Option für das Berechnen dieses Objekts. Die Option COLOR erlaubt ein weiteres Format, falls Sie sie für ein Objekt angeben. Wenn ein Objekt mehrere Unterobjekte (zum Beispiel vielfache Punkte, Linien oder Polygone) hat, können Sie jedes Objekt mit einen Farbwert versehen.

Hier ist eine einfache Art, ein ausgefülltes Histogramm von dreiundsechzig Werten der Funktion $y = \sin(x)$ von 0 bis 6.3 zu generieren. Maple färbt jedes Trapez einzeln durch den Wert HUE entsprechend zu $y = |\cos(x)|$.

```
> p := i -> [ [(i-1)/10, 0], [(i-1)/10, sin((i-1)/10)],
>             [i/10, sin(i/10)], [i/10, 0] ]:
```

Nun ist p(i) die Liste von Eckpunkten des i-ten Trapezes. Zum Beispiel enthält p(2) die Eckpunkte des zweiten Trapezes.

```
> p(2);
```

$$[[\frac{1}{10}, 0], [\frac{1}{10}, \sin(\frac{1}{10})], [\frac{1}{5}, \sin(\frac{1}{5})], [\frac{1}{5}, 0]]$$

Definieren Sie die Funktion h, so daß sie die Farbe jedes Trapezes festlegt.

```
> h := i -> abs( cos(i/10) ):
> PLOT( seq( POLYGONS( evalf( p(i) ),
>              COLOR(HUE, evalf( h(i) )) ),
>           i = 1..63) );
```

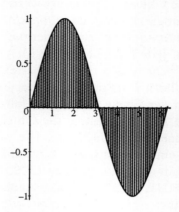

Eine Summenzeichnung

Sie können Prozeduren direkt erzeugen, indem Sie PLOT-Datenstrukturen bilden. Zu einer gegebenen Summe können Sie zum Beispiel die Teilsummen berechnen und die Werte in einer CURVES-Struktur ablegen.

```
> s := Sum( 1/k^2, k=1..10 );
```

$$s := \sum_{k=1}^{10} \frac{1}{k^2}$$

Sie können den Befehl typematch verwenden, um die unausgewertete Summe in ihre Komponenten zu zerlegen.

```
> typematch( s, 'Sum'( term::algebraic,
>            n::name=a::integer..b::integer ) );
```

true

Der Befehl typematch weist die Teile der Summe den gegebenen Namen zu.

```
> term, n, a, b;
```

$$\frac{1}{k^2}, k, 1, 10$$

Sie können nun die Teilsummen berechnen.

```
> sum( term, n=a..a+2 );
```

$$\frac{49}{36}$$

Nachfolgend wird eine Prozedur namens psum definiert, die den Gleitkommawert der m-ten Teilsumme berechnet.

```
> psum := evalf @ unapply( Sum(term, n=a..(a+m)), m );
```

$$psum := evalf@\left(m \rightarrow \sum_{k=1}^{1+m} \frac{1}{k^2}\right)$$

Sie können nun die benötigte Liste von Punkten erzeugen.

```
> points := [ seq( [[i,psum(i)], [i+1,psum(i)]],
>     i=1..(b-a+1) ) ];
```

$points := [[[1, 1.250000000], [2, 1.250000000]],$

$[[2, 1.361111111], [3, 1.361111111]],$

$[[3, 1.423611111], [4, 1.423611111]],$

$[[4, 1.463611111], [5, 1.463611111]],$

$[[5, 1.491388889], [6, 1.491388889]],$

$[[6, 1.511797052], [7, 1.511797052]],$

$[[7, 1.527422052], [8, 1.527422052]],$

$[[8, 1.539767731], [9, 1.539767731]],$

$[[9, 1.549767731], [10, 1.549767731]],$

$[[10, 1.558032194], [11, 1.558032194]]]$

```
> points := map( op, points );
```

$points := [[1, 1.250000000], [2, 1.250000000], [2, 1.361111111],$

$[3, 1.361111111], [3, 1.423611111], [4, 1.423611111],$

$[4, 1.463611111], [5, 1.463611111], [5, 1.491388889],$

$[6, 1.491388889], [6, 1.511797052], [7, 1.511797052],$

$[7, 1.527422052], [8, 1.527422052], [8, 1.539767731],$

$[9, 1.539767731], [9, 1.549767731], [10, 1.549767731],$

$[10, 1.558032194], [11, 1.558032194]]$

Diese Liste hat die richtige Form.

```
> PLOT( CURVES( points ) );
```

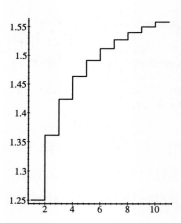

Die Prozedur sumplot automatisiert diese Technik.

```
> sumplot := proc( s )
>     local term, n, a, b, psum, m, points, i;
>     if typematch( s, 'Sum'( term::algebraic,
>          n::name=a::integer..b::integer ) ) then
>        psum := evalf @ unapply( Sum(term, n=a..(a+m)), m );
>        points := [ seq( [[i,psum(i)], [i+1,psum(i)]],
>          i=1..(b-a+1) ) ];
>        points := map(op, points);
>        PLOT( CURVES( points ) );
>     else
>        ERROR( 'Summenstruktur als Eingabe erwartet' )
>     fi
> end:
```

Hier ist eine Summenzeichnung einer alternierenden Reihe.

```
> sumplot( Sum((-1)^k/k, k=1..25 ));
```

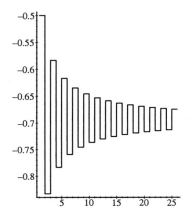

Der Grenzwert dieser Summe ist $-\ln 2$.

```
> Sum((-1)^k/k, k=1..infinity):    " = value(");
```

$$\sum_{k=1}^{\infty} \frac{(-1)^k}{k} = -\ln(2)$$

Siehe ?plot,structure für weitere Details über die Datenstruktur PLOT.

Die Datenstruktur PLOT3D

Die dreidimensionale Datenstruktur zum Zeichnen hat eine ähnliche Form wie die Datenstruktur PLOT. Also generiert zum Beispiel der nachfolgende Maple-Ausdruck eine dreidimensionale Zeichnung dreier Linien und Achsen vom Typ frame.

```
> PLOT3D( CURVES( [ [3, 3, 0], [0, 3, 1],
>                   [3, 0, 1], [3, 3, 0] ] ),
>         AXESSTYLE(FRAME) );
```

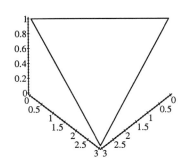

Die folgende Prozedur erzeugt die Seiten eines Quaders und färbt sie gelb.

```
> yellowsides := proc(x, y, z, u)
>   # (x,y,0) = Koordinaten eines Eckpunkts
>   # z = Hoehe des Quaders
>   # u = Seitenlaenge des Quaders
>   POLYGONS(
>     [ [x,y,0], [x+u,y,0], [x+u,y,z], [x,y,z] ],
>     [ [x,y,0], [x,y+u,0], [x,y+u,z], [x,y,z] ],
>     [ [x+u, y,0], [x+u,y+u,0], [x+u,y+u,z], [x+u,y,z] ],
>     [ [x+u, y+u,0], [x,y+u,0], [x,y+u,z], [x+u,y+u,z] ],
>           COLOR(RGB,1,1,0) );
> end:
```

Die Prozedur `redtop` generiert für den Quader einen roten Deckel.

```
> redtop := proc(x, y, z, u)
>   # (x,y,z) = Koordinaten eines Eckpunkts
>   # u = Seitenlaenge des Quadrats
>   POLYGONS( [ [x,y,z], [x+u,y,z], [x+u,y+u,z], [x,y+u,z] ],
>             COLOR(RGB, 1, 0, 0) );
>   end:
```

Sie können nun die Seiten und den Deckel in einer PLOT3D-Struktur ablegen, um sie anzuzeigen.

```
> PLOT3D( yellowsides(1, 2, 3, 0.5),
>         redtop(1, 2, 3, 0.5),
>         STYLE(PATCH) );
```

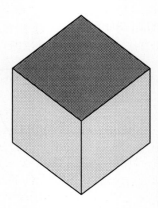

Mit Hilfe von `yellowsides` und `redtop` können sie eine dreidimensionale Histogrammzeichnung erzeugen. Hier ist das entsprechende Histogramm zu $z = 1/(x + y + 4)$, für $0 \leq x \leq 4$ und $0 \leq y \leq 4$.

```
> sides := seq( seq( yellowsides(i, j, 1/(i+j+4), 0.75),
>      j=0..4), i=0..4):
> tops := seq( seq( redtop( i, j, 1/(i+j+4), 0.75),
>      j=0..4 ), i=0..4 ):
```

Histogramme wirken schön, wenn Sie sie mit Achsen umrahmen. Die Achsen werden mit `AXESSTYLE` generiert.

```
> PLOT3D( sides, tops, STYLE(PATCH), AXESSTYLE(BOXED) );
```

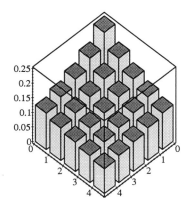

Sie können die obige Konstruktion leicht modifizieren, um eine Prozedur `listbarchart3d` zu erstellen, die zu einer gegebenen Liste von Listen von Höhen ein dreidimensionales Balkendiagramm als Ausgabe liefert.

Die Namen der Objekt, die in einer `PLOT3D`-Datenstruktur auftreten können, enthalten all jene, die Sie in einer `PLOT`-Datenstruktur verwenden können. Somit sind `POINTS`, `CURVES`, `POLYGONS` und `TEXT` auch zur Verwendung innerhalb eines unausgewerteten `PLOT3D`-Aufrufs verfügbar. Wie im zweidimensionalen Fall besteht die Punktinformation aus einer oder mehreren Listen von dreidimensionalen Punkten, falls der Objektname `CURVES` oder `POINTS` ist, wobei jede Liste die Menge von Punkten liefert, die eine einzelne Kurve im dreidimensionalen Raum bilden. Im Fall einer Struktur `POLYGONS` besteht die Punktinformation aus einer oder mehreren Listen von Punkten. In diesem Fall beschreibt jede Liste die Knoten eines einzelnen Polygons im dreidimensionalen Raum. Für `PLOT3D`-Strukturen gibt es zwei zusätzliche Objekte. `GRID` ist eine Struktur, die ein funktionales Gitter beschreibt. Es besteht aus zwei Bereichen, die ein Gitter in der x–y-Ebene definieren, und einer Liste von Listen von z-Werten über diesem Gitter. Im folgenden Beispiel enthält LL 4 Listen jeweils mit der Länge 3. Deswegen ist das Gitter 4×3 und x läuft von 1 bis 3 mit Schrittweite 2/3, während y von 1 bis 2 läuft mit Schrittweite 1/2.

```
> LL := [ [0,1,0], [1,1,1], [2,1,2], [3,0,1] ]:

> PLOT3D( GRID( 1..3, 1..2, LL ), AXESLABELS(x,y,z),
>         ORIENTATION(135, 45), AXES(BOXED) );
```

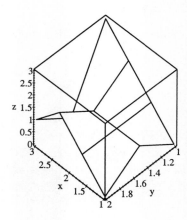

Die Struktur MESH enthält eine Liste von Listen von dreidimensionalen Punkten, die eine Oberfläche in drei Dimensionen beschreiben.

```
> LL := [ [ [0,0,0], [1,0,0], [2,0,0], [3,0,0] ],
>         [ [0,1,0], [1,1,0], [2.1, 0.9, 0],
>                            [3.2, 0.7, 0] ],
>         [ [0,1,1], [1,1,1], [2.2, 0.6, 1],
>                            [3.5, 0.5, 1.1] ] ];
```

$$LL := [[[0, 0, 0], [1, 0, 0], [2, 0, 0], [3, 0, 0]],$$

$$[[0, 1, 0], [1, 1, 0], [2.1, .9, 0], [3.2, .7, 0]],$$

$$[[0, 1, 1], [1, 1, 1], [2.2, .6, 1], [3.5, .5, 1.1]]]$$

Die Struktur MESH repräsentiert das durch

$$LL_{i,j}, LL_{i,j+1}, LL_{i+1,j}, LL_{i+1,j+1}$$

für alle geeigneten Werte von i und j aufgespannte Viereck.

```
> PLOT3D( MESH( LL ), AXESLABELS(x,y,z), AXES(BOXED),
```

```
>        ORIENTATION(-140, 45) );
```

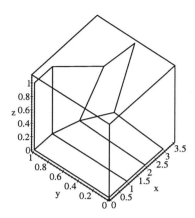

Alle für PLOT verfügbaren Optionen sind auch für PLOT3D verfügbar. Sie können zusätzlich auch die Optionen GRIDSTYLE, LIGHTMODEL und AMBIENTLIGHT verwenden. Siehe ?plot3d,structure für weitere Details über die verschiedenen Optionen der Struktur PLOT3D.

8.4 Programmieren mit Datenstrukturen für Zeichnungen

Dieser Abschnitt beschreibt einige der Werkzeuge, die zum Programmieren auf der PLOT- und PLOT3D-Datenstrukturebene verfügbar sind. Das Zeichnen von Datenstrukturen hat den Vorteil, daß es *direkten* Zugang zu all der Funktionalität ermöglicht, die Maples Zeicheneinrichtung bereitstellt. Die Beispiele aus *Maples Datenstrukturen für Zeichnungen* auf Seite 281 zeigen die Mächtigkeit dieser Einrichtung. Sie können die Linien in der Summenzeichnung leicht dicker darstellen, indem Sie lokale Informationen den Objekten des Beispiels hinzufügen. Dieser Abschnitt stellt eine einfache Menge von Beispielen bereit, die beschreibt, wie man auf dieser niedrigeren Ebene programmiert.

Schreiben von Graphikprimitiven

Sie können Prozeduren erstellen, die es Ihnen ermöglichen, mit Zeichenobjekten auf einer konzeptuelleren Ebene zu arbeiten. Die Befehle line und disk des Pakets plottools stellen ein Modell zum Programmieren von Primitiven wie Punkte, Linien, Kurven, Kreise, Rechtecke und beliebige Polygone in zwei und drei Dimensionen bereit. In allen Fällen können Sie

Optionen wie Linien- und Fülldarstellung und Färbung im gleichen Format spezifizieren wie in anderen Zeichenprozeduren von Maple.

```
> line := proc(x::list, y::list)
>    # x und y sind Punkte in 2D oder 3D.
>    local opts;
>    opts := [ args[3..nargs] ];
>    opts := convert( opts, PLOToptions );
>    CURVES( evalf( [x, y] ), op(opts) );
> end:
```

Innerhalb einer Prozedur ist nargs die Anzahl von Argumenten und args die Folge von aktuellen Argumenten. Also ist in line args[3..nargs] die Folge von Argumenten, die x und y folgen. Der Befehl convert(..., PLOToptions) konvertiert Optionen der Benutzerebene in das von PLOT geforderte Format.

```
> convert( [axes=boxed, color=red], PLOToptions );
```

$$[\text{AXESSTYLE}(BOX), \text{COLOUR}(RGB, 1.00000000, 0, 0)]$$

Die nachfolgende Prozedur disk ähnelt line mit der Ausnahme, daß Sie die Anzahl von Punkten angeben können, die disk zur Generierung des Kreises verwenden soll. Deswegen muß disk die Option numpoints getrennt behandeln. Der Befehl hasoption bestimmt, ob eine bestimmte Option vorkommt.

```
> disk := proc(x::list, r::algebraic)
>    # Zeichnet in 2D Kreis mit Radius r und Mittelpunkt x.
>    local i, n, opts, vertices;
>    opts := [ args[3..nargs] ] ;
>    if not hasoption( opts, numpoints, n, 'opts' )
>    then n := 50;
>    fi;
>    opts := convert(opts, PLOToptions);
>    vertices := seq( evalf( [ x[1] + r*cos(2*Pi*i/n),
>                              x[2] + r*sin(2*Pi*i/n) ] ),
>                     i = 0..n );
>    POLYGONS( [vertices], op(opts) );
> end:
```

Sie können nun wie folgt zwei durch eine Linie verbundene Kreise anzeigen.

```
> with(plots):
> display( disk([-1, 0], 1/2, color=plum),
>          line([-1, 1/2], [1, 1/2]),
```

```
>       disk([1, 0], 1/2, thickness=3),
>       scaling=constrained );
```

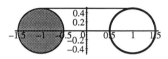

Beachten Sie, daß die Optionen der einzelnen Objekte nur auf diese angewendet werden.

Zeichnen von Zahnrädern

Dieses Beispiel zeigt, wie Sie Datenstrukturen für Zeichnungen manipulieren können, um zweidimensionale Zeichnungen in eine dreidimensionale Umgebung einzubetten. Die nächste Prozedur erzeugt einen kleinen Teil der Umrandung eines zweidimensionalen Graphen einer zahnradähnlichen Struktur.

```
> outside := proc(a, r, n)
>    local p1, p2;
>    p1 := evalf( [ cos(a*Pi/n), sin(a*Pi/n) ] );
>    p2 := evalf( [ cos((a+1)*Pi/n), sin((a+1)*Pi/n) ] );
>    if r = 1 then p1, p2;
>    else p1, r*p1, r*p2, p2;
>    fi
> end:
```

Zum Beispiel:

```
> outside( Pi/4, 1.1, 16 );
```

[.9881327882, .1536020604], [1.086946067, .1689622664],

[1.033097800, .3777683623], [.9391798182, .3434257839]

```
> PLOT( CURVES( ["] ), SCALING(CONSTRAINED) );
```

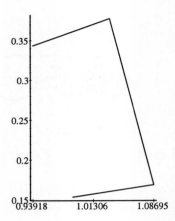

Wenn Sie die Teile zusammensetzen, erhalten Sie ein Zahnrad. Das Objekt SCALING(CONSTRAINED), das der Option scaling=constrained entspricht, stellt sicher, daß das Zahnrad rund erscheint.

```
> points := [ seq( outside(2*a, 1.1, 16), a=0..16 ) ]:
> PLOT( CURVES(points), AXESSTYLE(NONE), SCALING(CONSTRAINED) );
```

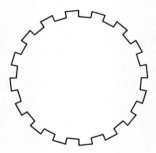

Sie können dieses Objekt mit Hilfe des Objekts POLYGONS ausfüllen. Sie müssen jedoch vorsichtig sein, da Maple davon ausgeht, daß Polygone konvex sind. Deshalb sollten Sie jeden keilförmigen Abschnitt des Zahnrads als ein dreieckiges Polygon zeichnen.

```
> a := seq( [ [0, 0], outside(2*j, 1.1, 16) ], j=0..15 ):
> b := seq( [ [0, 0], outside(2*j+1, 1, 16) ], j=0..15 ):
```

```
> PLOT( POLYGONS(a,b), AXESSTYLE(NONE), SCALING(CONSTRAINED) );
```

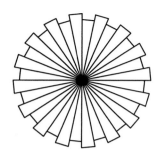

Das Hinzufügen von STYLE(PATCHNOGRID) zur obigen Struktur und ihre Kombination mit der Kurve des ersten Bildes liefert Ihnen eine gefüllte, zahnradähnliche Struktur. Um sie in drei Dimensionen mit einer Dicke von beispielsweise *t* Einheiten einzubetten, können Sie die Hilfsprozedur

```
> double := proc( L, t )
>    local u;
>    [ seq( [u[1], u[2], 0], u=L ) ],
>    [ seq( [u[1], u[2], t], u=L ) ];
> end:
```

verwenden, die eine Liste von Knoten erhält und zwei Kopien im dreidimensionalen Raum erzeugt, eine mit der Höhe 0 und die zweite mit der Höhe *t*.

```
> border := proc( L1, L2 )
>    local i, n;
>    n := nops(L1);
>    seq( [ L1[i], L2[i], L2[i+1], L1[i+1] ], i = 1..n-1 ),
>       [ L1[n], L2[n], L2[1], L1[1] ];
> end:
```

erhält die zwei Listen von Knoten als Eingabe und die zugehörigen Knoten aus jeder Liste zusammenfügt zu Knoten, die Vierecke bilden. Sie können die obersten und untersten Knoten des Zahnrads im dreidimensionalen Raum eingebettet wie folgt erzeugen:

```
> faces :=
> seq( double(p,1/2),
>       p=[ seq( [ outside(2*a+1, 1.1, 16), [0,0] ],
>              a=0..16 ),
>           seq( [ outside(2*a, 1,16), [0,0] ], a=0..16 )
>       ] ):
```

Nun ist faces eine Folge von doppelten äußeren Werten.

```
> PLOT3D( POLYGONS( faces ) );
```

Wie oben liegen folgende Punkte auf dem Umriß eines Zahnrads

```
> points := [ seq( outside(2*a, 1.1, 16), a=0..16 ) ]:
> PLOT( CURVES(points), AXESSTYLE(NONE), SCALING(CONSTRAINED) );
```

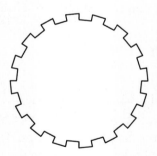

Wenn Sie diese Punkte verdoppeln, erhalten Sie die Knoten der Polygone, die den Rand des dreidimensionalen Zahnrads bilden.

```
> bord := border( double( [ seq( outside(2*a+1, 1.1, 16),
>                                  a=0..15 ) ], 1/2) ):
> PLOT3D( seq( POLYGONS(b), b=bord ) );
```

Um das Zahnrad anzuzeigen, müssen Sie diese in eine einzige PLOT3D-Struktur zusammenlegen. Geben Sie STYLE(PATCHNOGRID) als lokale Option für die Ober- und Unterseite des Zahnrads an, damit sie nicht in Form einzelner Dreiecke erscheinen.

```
> PLOT3D( POLYGONS(faces, STYLE(PATCHNOGRID) ),
>         seq( POLYGONS(b), b=bord ),
>     STYLE(PATCH), SCALING(CONSTRAINED) );
```

Beachten Sie, daß die globalen Optionen STYLE(PATCH) und SCALING (CONSTRAINED) auf die gesamte PLOT3D-Struktur angewendet werden, außer dort, wo die lokale Option STYLE(PATCHNOGRID) für die Ober- und Unterseite des Zahnrads die globale Option STYLE(PATCH) überschreibt.

Polygonnetze

Die Datenstruktur PLOT3D auf Seite 289 beschreibt die Datenstruktur MESH, die Sie beim Zeichnen einer parametrisierten Oberfläche mit plot3d generieren. Diese einfache Tatsache beinhaltet die Konvertierung eines Netzes von Punkten in eine Menge von Knoten für entsprechende Polygone. Das Verwenden von Polygonen anstelle einer Struktur MESH ermöglicht Ihnen, die einzelnen Polygone zu modifizieren. Die Prozedur polygongrid erzeugt die Knoten eines Vierecks am (i, j)-ten Gitterwert.

```
> polygongrid := proc(gridlist, i, j)
>     gridlist[j][i], gridlist[j][i+1],
>     gridlist[j+1][i+1], gridlist[j+1][i];
> end:
```

Sie können danach makePolygongrid zur Konstruktion des entsprechenden Polygons benutzen.

```
> makePolygongrid := proc(gridlist)
>     local m,n,i,j;
>     n := nops(gridlist);
>     m := nops(gridlist[1]);
>     POLYGONS( seq( seq( [ polygongrid(gridlist, i, j) ],
>             i=1..m-1), j=1..n-1) );
> end:
```

Es folgt ein Netz von Punkten im zweidimensionalen Raum.

```
> L := [ seq( [ seq( [i-1, j-1], i=1..3 ) ], j=1..4 ) ];
```

$$L := [[[0, 0], [1, 0], [2, 0]], [[0, 1], [1, 1], [2, 1]], [[0, 2], [1, 2], [2, 2]],$$

$$[[0, 3], [1, 3], [2, 3]]]$$

Die Prozedur makePolygongrid erzeugt die zu L entsprechende Struktur POLYGONS.

```
> grid1 := makePolygongrid( L );
```

$$grid1 := \text{POLYGONS}([[0, 0], [1, 0], [1, 1], [0, 1]],$$

$$[[1, 0], [2, 0], [2, 1], [1, 1]], [[0, 1], [1, 1], [1, 2], [0, 2]],$$

$$[[1, 1], [2, 1], [2, 2], [1, 2]], [[0, 2], [1, 2], [1, 3], [0, 3]],$$

$$[[1, 2], [2, 2], [2, 3], [1, 3]])$$

Setzen Sie die Polygone in eine Struktur PLOT, um sie anzuzeigen.

```
> PLOT( grid1 );
```

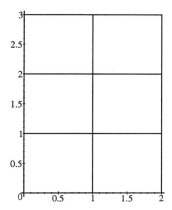

Sie können auch den Befehl `convert(..., POLYGONS)` verwenden, um GRID- oder MESH-Strukturen in Polygone zu konvertieren; siehe `?convert`, `POLYGONS`. `convert(..., POLYGONS)` ruft die Prozedur `'convert/POLY GONS'` auf, die im Fall einer MESH-Struktur wie die obige Prozedur `make Polygongrid` arbeitet.

8.5   Programmieren mit dem Paket `plottools`

Während die Datenstruktur für Zeichnungen den Vorteil hat, daß sie direkten Zugriff auf die volle Funktionalität erlaubt, die Maples Einrichtung zum Zeichnen bereitstellt, erlaubt sie Ihnen nicht, Farben (wie Rot oder Blau) in einer intuitiven Weise zu spezifizieren und sie erlaubt Ihnen auch nicht, alle von Maple bereitgestellten Repräsentationen von numerischen Daten wie π oder $\sqrt{2}$ zu verwenden.

Dieser Abschnitt zeigt Ihnen, wie man mit den zugrundeliegenden Graphikobjekten auf einer höheren Ebene als jene der Datenstrukturen für Zeichnungen arbeitet. Das Paket `plottools` stellt Befehle zur Erzeugung von Linien, Kreisen und anderen Polygondaten zusammen mit Befehlen zur Generierung von Formen wie Kugeln, Tori und Polyeder bereit. Man kann zum Beispiel eine Kugel mit Einheitsradius zusammen mit einem Torus an einem spezifizierten Mittelpunkt zeichnen, indem man das Annähern durch Flächensegmente und den Achsenstil `frame` auswählt.

```
> with(plots): with(plottools):
> display( sphere( [0, 0, 2] ), torus( [0, 0, 0] ),
```

```
>            style=patch, axes=frame, scaling=constrained );
```

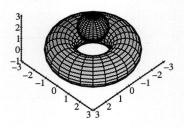

Rotieren Sie sie um verschiedene Winkel mit Hilfe der Funktionen des Pakets plottools.

```
> rotate( ", Pi/4, -Pi/4, Pi/4 );
```

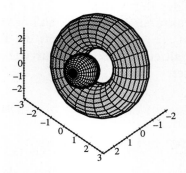

Ein Kreisdiagramm

Sie können eine Zeichenprozedur schreiben, um ein Kreisdiagramm für eine Liste von ganzzahligen Daten zu bilden. Die nächste Prozedur piechart verwendet folgende Prozedur partialsum, welche die Teilsummen einer Liste von Zahlen bis zu einem vorgegebenen Term berechnet.

```
> partialsum := proc(d, i)
>     local j;
>     evalf( Sum( d[j], j=1..i ) )
> end:
```

Zum Beispiel:

```
> partialsum( [1, 2, 3, -6], 3 );
```

6.

Die Prozedur `piechart` berechnet zuerst die relativen Gewichte der Daten zusammen mit den Mittelpunkten jedes Kreissegments. `piechart` verwendet eine TEXT-Struktur, um die Dateninformationen in das Zentrum jedes Kreissegments zu plazieren, und den Befehl `pieslice` aus dem Paket `plottools`, um die Kreissegmente zu generieren. Außerdem variiert `piechart` die Farben jedes Segments durch Definition einer Färbungsfunktion, die auf größenabhängigem Färben basiert.

```
> piechart := proc( data::list(integer) )
>    local b, c, i, n, x, y, total;
>
>    n := nops(data);
>    total := partialsum(data, n);
>    b := 0, seq( evalf( 2*Pi*partialsum(data, i)/total ),
>              i =1..n );
>    x := seq( ( cos(b[i])+cos(b[i+1]) ) / 3, i=1..n ):
>    y := seq( ( sin(b[i])+sin(b[i+1]) ) / 3, i=1..n ):
>    c := (i, n) -> COLOR(HUE, i/(n + 1)):
>    PLOT( seq( plottools[pieslice]( [0, 0], 1,
>                  b[i]..b[i+1], color=c(i, n) ),
>              i=1..n),
>          seq( TEXT( [x[i], y[i]],
>                  convert(data[i], name) ),
>              i = 1..n ),
>          AXESSTYLE(NONE), SCALING(CONSTRAINED) );
> end:
```

Hier ist ein Kreisdiagramm mit sechs Segmenten.

```
> piechart( [ 8, 10, 15, 10, 12, 16 ] );
```

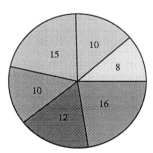

Die Option AXESSTYLE(NONE) stellt sicher, daß Maple keine Achsen für das Kreisdiagramm zeichnet.

Eine Schattenwurfprojektion

Sie können die existierenden Prozeduren verwenden, um andere Arten von Zeichnungen zu erzeugen, die nicht Teil der verfügbaren Maple-Graphikbibliothek sind. Die nächste Prozedur berechnet zum Beispiel die dreidimensionale Zeichnung einer Oberfläche $z = f(x, y)$, die eine Schattenprojektion auf eine Ebene wirft, die sich unterhalb der Oberfläche befindet. Die Prozedur verwendet die Befehle contourplot, contourplot3d und display aus dem Paket plots und transform aus dem Paket plottools.

```
> dropshadowplot := proc(F::algebraic, r1::name=range,
>        r2::name=range, r3::name=range)
>    local minz, p2, p3, coption, opts, f, g, x, y;
>
>    # Setzt  die Anzahl von Konturen (Standard 8).
>    opts := [args[5..nargs]];
>    if not hasoption( opts, 'contours', coption, 'opts' )
>    then coption := 8;
>    fi;
>
>    # Bestimmt die Basis der Achsen der Zeichnung
>    # aus dem dritten Argument.
>    if type(r3, range) then
>       minz := lhs(r3)
>    else
>       minz := lhs( rhs(r3) );
>    fi;
>    minz := evalf(minz);
>
>
>    # Erzeugt 2D-und 3D-Konturzeichnungen fuer F.
>    p3 := plots[contourplot3d]( F, r1, r2,
>             'contours'=coption, op(opts) );
>    p2 := plots[contourplot]( F, r1, r2,
>             'contours'=coption, op(opts) );
>
>    # Bettet Konturzeichnung in R^3
>    # mit plottools[transform] ein.
>    g := unapply( [x,y,minz], x, y );
>    f := plottools[transform]( g );
>    plots[display]([ f(p2), p3 ]);
> end:
```

Die Option filled=true zu contourplot und contourplot3d veranlaßt diese beiden Befehle, die Regionen zwischen den Höhenlinien mit einer Farbe zu füllen, die zur Größe korrespondiert.

```
> expr := -5 * x / (x^2+y^2+1);
```

$$expr := -5 \frac{x}{x^2 + y^2 + 1}$$

```
>  dropshadowplot( expr, x=-3..3, y=-3..3, z=-4..3,
>      filled=true, contours=3, axes=frame );
```

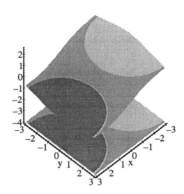

Der erste Abschnitt von dropshadowplot bestimmt, ob Sie die Option contours in den optionalen Argumenten (diejenigen nach dem vierten Argument) mit Hilfe der Prozedur hasoption angegeben haben. Der nächste Abschnitt von dropshadowplot bestimmt den z-Wert der Basis. Beachten Sie, daß Sie aufpassen müssen, da Sie Bereiche für Funktionen oder Funktionseingaben unterschiedlich spezifizieren. Die restlichen Abschnitte erzeugen die korrekten Zeichenobjekte, welche die zwei Typen von Konturzeichnungen repräsentieren. dropshadowplot bettet die zweidimensionale Konturzeichnung in den dreidimensionalen Raum durch Verwendung der Transformation $R^2 \rightarrow R^3$

$$(x, y) \mapsto [x, y, minz]$$

ein. Zuletzt zeigt sie die zwei Zeichnungen zusammen in einem dreidimensionalen Zeichenobjekt an.

Beachten Sie, daß Sie eine alternative Anzahl von Abstufungen bereitstellen oder sogar die genauen Konturschwellen mit Hilfe der Option contours spezifizieren können. Auf diese Weise erzeugt

```
>  dropshadowplot( expr, x=-3..3, y=-3..3, z=-4..3,
>              filled=true, contours=[-2,-1,0,1,2] );
```

eine ähnliche Zeichnung wie die obige, mit Ausnahme, daß es jetzt 5 Konturen auf den Ebenen $-2, -1, 0, 1$ und 2 erzeugt.

Erzeugen von Parkettierungen

Das Paket plottools stellt die passende Umgebung zum Programmieren von Graphikprozeduren bereit. Sie können zum Beispiel Kreisbögen in einem Einheitsquadrat zeichnen.

```
> with(plots): with(plottools):
> a := rectangle( [0,0], [1,1] ),
>       arc( [0,0], 0.5, 0..Pi/2 ),
>       arc( [1,1], 0.5, Pi..3*Pi/2 ):
> b := rectangle( [1.5,0], [2.5,1] ),
>       arc( [1.5,1], 0.5, -Pi/2..0 ),
>       arc( [2.5,0], 0.5, Pi/2..Pi ):
```

Sie müssen display aus plots verwenden, um die von rectangle und arc erzeugten Objekte anzuzeigen.

```
> display( a, b, axes=none, scaling=constrained );
```

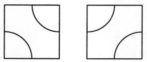

Sie können die Ebene mit Rechtecken vom Typ a und b parkettieren. Die nächste Prozedur erzeugt solch eine $m \times n$-Parkettierung mit Hilfe einer Funktion g, die festlegt, wann man ein a-Parkettmuster und wann man ein b-Parkettmuster verwendet. Die Funktion g soll 0 liefern, falls ein a-Parkettmuster verwendet werden soll, und 1, falls ein b-Parkettmuster verwendet werden soll.

```
> tiling := proc(g, m, n)
>     local i, j, r, h, boundary, tiles;
>
>     # Definiert ein a-Parkettmuster.
>     r[0] := plottools[arc]( [0,0], 0.5, 0..Pi/2 ),
>             plottools[arc]( [1,1], 0.5, Pi..3*Pi/2 );
>     # Definiert ein b-Parkettmuster.
>     r[1] := plottools[arc]( [0,1], 0.5, -Pi/2..0 ),
>             plottools[arc]( [1,0], 0.5, Pi/2..Pi );
>     boundary := plottools[curve]( [ [0,0], [0,n],
>                     [m,n], [m,0], [0,0]] );
>     tiles := seq( seq( seq( plottools[translate](h, i, j),
>             h=r[g(i, j)] ), i=0..m-1 ), j=0..n-1 );
>     plots[display]( tiles, boundary, args[4..nargs] );
> end:
```

Definieren Sie als Beispiel folgende Prozedur, die zufällig entweder 0 oder 1 liefert.

```
> oddeven := proc() rand() mod 2 end:
```

Erzeugen Sie eine 20 × 10-Parkettierung (Truchet-Parkettierung genannt) mit umrahmenden Achsen und maßstabsgetreuer Skalierung.

```
> tiling( oddeven, 20, 10, scaling=constrained, axes=none);
```

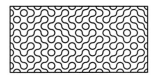

Wenn Sie die gleiche Prozedur erneut aufrufen, ist die zufällige Parkettierung verschieden.

```
> tiling( oddeven, 20, 10, scaling=constrained, axes=none);
```

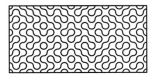

Ein Smith-Diagramm

Die Befehle des Pakets `plottools` ermöglichen das leichte Erstellen solch nützlicher Graphen wie das in der Analyse von Schaltkreisen mit Mikrowellen verwendete Smith-Diagramm.

```
> smithChart := proc(r)
>    local i, a, b, c ;
>    a := PLOT( seq( plottools[arc]( [-i*r/4,0],
>                                    i*r/4, 0..Pi ),
>             i = 1..4 ),
>        plottools[arc]( [0,r/2], r/2,
>                    Pi-arcsin(3/5)..3*Pi/2 ),
>        plottools[arc]( [0,r], r, Pi..Pi+arcsin(15/17) ),
```

```
>          plottools[arc]( [0,2*r], 2*r,
>                          Pi+arcsin(3/5)..Pi+arcsin(63/65) ),
>          plottools[arc]( [0,4*r], 4*r,
>                          Pi+arcsin(15/17)..Pi+arcsin(63/65) )
>               );
>     b := plottools[transform]( (x, y) -> [x,-y] )(a);
>     c := plottools[line]( [ 0, 0], [ -2*r, 0] ):
>   plots[display]( a, b, c, axes = none,
>                   scaling = constrained,
>                   args[2..nargs] );
> end:
```

Hier ist ein Smith-Diagramm mit Radius 1.

```
> smithChart( 1 );
```

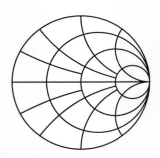

Konstruieren Sie ein Smith-Diagramm, indem Sie passende Kreisbögen über den Achsen bilden, eine an den Achsen gespiegelte Kopie (mit der Prozedur `transform`) erzeugen und danach eine letzte horizontale Linie hinzufügen. Der Parameter *r* bezeichnet den Radius des größten Kreises. Die Modifikation der Prozedur `smithChart`, so daß sie Text hinzufügt, um zugehörige Gittermarkierungen zu erstellen, ist eine einfache Operation.

Modifikation von Polygonnetzen

Sie können leicht ein neues Werkzeug zum Zeichnen erstellen, das wie jene des Pakets `plottools` arbeitet. Sie können zum Beispiel Polygonstrukturen ausschneiden und modifizieren, indem Sie zunächst mit einzelnen Flächen arbeiten und danach die Ergebnisse auf ganze Polygone abbilden. So können Sie eine Prozedur erstellen, die die Innenseite einer einzelnen Fläche eines Polygons ausschneidet.

```
> cutoutPolygon := proc( vlist::list, scale::numeric )
>    local i, center, outside, inside, n, edges, polys;
```

```
>
>      n := nops(vlist);
>      center := add( i, i=vlist ) / n;
>      inside := seq( scale*(vlist[i]-center) + center,
>                     i=1..n);
>      outside := seq( [ inside[i],  vlist[i],
>                        vlist[i+1], inside[i+1] ],
>                      i=1..n-1 ):
>      polys := POLYGONS( outside,
>                         [ inside[n], vlist[n],
>                           vlist[1], inside[1] ],
>                         STYLE(PATCHNOGRID) );
>      edges := CURVES( [ op(vlist), vlist[1] ],
>                       [ inside, inside[1] ] );
>      polys, edges;
> end:
```

Das folgende sind die Eckpunkte eines Dreiecks.

```
> triangle := [ [0,2], [2,2], [1,0] ];
```

$$triangle := [[0, 2], [2, 2], [1, 0]]$$

Die Prozedur cutoutPolygon konvertiert triangle in drei Polygone (einen für jede Seite) und zwei Kurven.

```
> cutoutPolygon( triangle, 1/2 );
```

$$POLYGONS([[\frac{1}{2}, \frac{5}{3}], [0, 2], [2, 2], [\frac{3}{2}, \frac{5}{3}]], [[\frac{3}{2}, \frac{5}{3}], [2, 2], [1, 0], [1, \frac{2}{3}]],$$

$$[[1, \frac{2}{3}], [1, 0], [0, 2], [\frac{1}{2}, \frac{5}{3}]], STYLE(PATCHNOGRID)),$$

$$CURVES([[0, 2], [2, 2], [1, 0], [0, 2]], [[\frac{1}{2}, \frac{5}{3}], [\frac{3}{2}, \frac{5}{3}], [1, \frac{2}{3}], [\frac{1}{2}, \frac{5}{3}]])$$

Verwenden Sie den Befehl display aus dem Paket plots zum Anzeigen des Dreiecks.

```
> plots[display]( ", color=red );
```

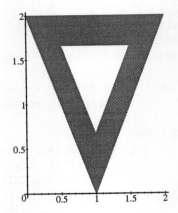

Die nächste Prozedur cutout wendet cutoutPolygon auf jede Fläche eines Polyeders an.

```
> cutout := proc(polyhedron, scale)
>    local v;
>    seq( cutoutPolygon( v, evalf(scale) ), v=polyhedron);
> end:
```

Sie können nun 3/4 von jeder Fläche eines Dodekaeders ausschneiden.

```
> display( cutout( dodecahedron([1, 2, 3]), 3/4 ),
>          scaling=constrained);
```

Als zweites Beispiel können Sie ein Polygon nehmen und sein Baryzentrum erhöhen oder senken.

```
> stellateFace := proc( vlist::list, aspectRatio::numeric )
>    local apex, i, n;
>
>    n := nops(vlist);
>    apex :=  add( i, i = vlist ) * aspectRatio / n;
>    POLYGONS( seq( [ apex, vlist[i],
>                     vlist[modp(i, n) + 1] ],
>                i=1..n) );
> end:
```

Das folgende sind die Eckpunkte eines Dreiecks im dreidimensionalen Raum.

```
> triangle := [ [1,0,0], [0,1,0], [0,0,1] ];
```

$$triangle := [[1, 0, 0], [0, 1, 0], [0, 0, 1]]$$

Die Prozedur `stellateFace` erzeugt drei Polygone, einen für jede Seite des Dreiecks.

```
> stellateFace( triangle, 1 );
```

$$POLYGONS([[\tfrac{1}{3}, \tfrac{1}{3}, \tfrac{1}{3}], [1, 0, 0], [0, 1, 0]], [[\tfrac{1}{3}, \tfrac{1}{3}, \tfrac{1}{3}], [0, 1, 0], [0, 0, 1]],$$

$$[[\tfrac{1}{3}, \tfrac{1}{3}, \tfrac{1}{3}], [0, 0, 1], [1, 0, 0]])$$

Da diese Polygone im dreidimensionalen Raum sind, müssen Sie sie zum Anzeigen in eine PLOT3D-Struktur einbetten.

```
> PLOT3D( " );
```

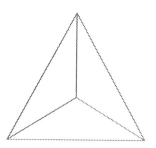

Sie können erneut `stellateFace` erweitern, damit es mit beliebigen Polyedern mit mehr als einer Fläche funktioniert.

```
> stellate := proc( polyhedron, aspectRatio)
>     local v;
>     seq( stellateFace( v, evalf(aspectRatio) ),
>         v=polyhedron );
> end:
```

Dies ermöglicht die Konstruktion von Sternpolyedern.

```
> stellated := display( stellate( dodecahedron() ), 3),
>         scaling= constrained ):
```

```
> display( array( [dodecahedron(), stellated] ) );
```

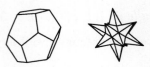

Sie können convert(..., POLYGONS) verwenden, um eine GRID- oder MESH-Struktur in die äquivalente Menge von POLYGONS zu konvertieren. Hier ist eine POLYGONS-Version der Kleinschen Flasche.

```
> kleinpoints := proc()
>    local bottom, middle, handle, top, p, q;
>
>    top := [ (2.5 + 1.5*cos(v)) * cos(u),
>             (2.5 + 1.5*cos(v)) * sin(u), -2.5 * sin(v) ]:
>    middle := [ (2.5 + 1.5*cos(v)) * cos(u),
>             (2.5 + 1.5*cos(v)) * sin(u), 3*v - 6*Pi ]:
>    handle := [ 2 - 2*cos(v) + sin(u), cos(u),
>             3*v - 6*Pi ]:
>    bottom := [ 2 + (2+cos(u))*cos(v), sin(u),
>             -3*Pi + (2+cos(u)) * sin(v) ]:
>    p := plot3d( {bottom, middle, handle, top},
>             u=0..2*Pi, v=Pi..2*Pi, grid=[9,9] ):
>    p := select( x -> op(0,x)=MESH, [op(p)] );
>    seq( convert(q , POLYGONS), q=p );
> end:
> display( kleinpoints(), style=patch,
>          scaling=constrained, orientation=[-110,71] );
```

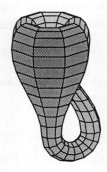

Dann können Sie die Befehle zur Manipulation von Polygonen benutzen, um die Inneseite der obigen Flasche von Klein zu betrachten.

```
> display( seq( cutout(k, 3/4), k=kleinpoints() ),
>           scaling=constrained );
```

8.6 Beispiel: Zeichnungen von Vektorfeldern

Dieser Abschnitt beschreibt das Problem des Zeichnens eines Vektorfelds mit zweidimensionalen Vektoren in der Ebene. Das Beispiel dieses Abschnitts dient dem Vorstellen einiger Werkzeuge, die zum Zeichnen von Objekten auf Gittern im zwei- und dreidimensionalen Raum verfügbar sind.

Der Befehl zum Zeichnen eines Vektorfelds sollte die folgende Syntax haben.

```
vectorfieldplot( F, r1, r2 , Optionen )
```

Die Eingabe *F* ist eine Liste der Größe zwei und gibt die Funktionen an, die die horizontalen und vertikalen Komponenten des Vektorfelds bilden. Die Argumente *r1* und *r2* beschreiben das Bereichsgitter der Vektoren. Die drei Argumente *F*, *r1* und *r2* haben eine ähnliche Form wie die Eingabe von `plot3d`. Ähnlich enthalten die optionalen Informationen alle gültigen Spezifikationen, die `plot` oder `plot3d` erlauben. Somit sind Optionen der Form `grid = [m,n]`, `style = patch` und `color = ` *Färbungsfunktion* zulässige Optionen.

Das erste Problem ist das Zeichnen eines Vektors. [*x*, *y*] repräsentiere den Anfangspunkt des Pfeils und [*a*, *b*] die Komponenten des Vektors. Sie können die Darstellung eines Pfeils mit drei Parametern *t*1, *t*2 und *t*3 festlegen. *t*1 bezeichnet dabei die Dicke des Pfeils, *t*2 die Dicke der Pfeilspitze und *t*3 das Verhältnis zwischen Länge der Pfeilspitze und Länge des Pfeils.

Die nachfolgende Prozedur `arrow` aus dem Paket `plottools` erzeugt sieben Knotenpunkte eines Pfeils. Sie bildet dann den Pfeil durch Konstruktion zweier Polygone: eines Dreiecks (aufgespannt durch v_5, v_6 und v_7) für die Pfeilspitze und eines Rechtecks (aufgespannt durch v_1, v_2, v_3 und v_4) für den Pfeilstrich. Danach löscht sie die Grenzlinien durch Setzen der Option `style` in der Polygonstruktur. Sie konstruiert auch die Umrandung des gesamten Pfeils mittels einer geschlossenen Kurve durch die Knotenpunkte.

```
> arrow := proc( point::list, vect::list, t1, t2, t3)
>    local a, b, i, x, y, L, Cos, Sin, v, locopts;
>
>    a := vect[1]; b := vect[2];
>    if has( vect, 'undefined') or (a=0 and b=0) then
>        RETURN( POLYGONS( [ ] ) );
>    fi;
>    x := point[1]; y := point[2];
>    # L = Laenge des Pfeils
>    L := evalf( sqrt(a^2 + b^2) );
>    Cos := evalf( a / L );
>    Sin := evalf( b / L );
>    v[1] := [x + t1*Sin/2, y - t1*Cos/2];
>    v[2] := [x - t1*Sin/2, y + t1*Cos/2];
>    v[3] := [x - t1*Sin/2 - t3*Cos*L + a,
>             y + t1*Cos/2 - t3*Sin*L + b];
>    v[4] := [x + t1*Sin/2 - t3*Cos*L + a,
>             y - t1*Cos/2 - t3*Sin*L + b];
>    v[5] := [x - t2*Sin/2 - t3*Cos*L + a,
>             y + t2*Cos/2 - t3*Sin*L + b];
>    v[6] := [x + a, y + b];
>    v[7] := [x + t2*Sin/2 - t3*Cos*L + a,
>             y  - t2*Cos/2 - t3*Sin*L + b];
>    v := seq( evalf(v[i]), i= 1..7  );
>
>    # Konvertiert optionale Argumente in
>    # die Datenstrukturform PLOT.
>    locopts := convert( [style=patchnogrid,
>                         args[ 6..nargs ] ],
>                       PLOToptions );
>    POLYGONS( [v[1], v[2], v[3], v[4]],
>              [v[5], v[6], v[7]], op(locopts) ),
>    CURVES( [v[1], v[2], v[3], v[5], v[6],
>            v[7], v[4], v[1]] );
> end:
```

Beachten Sie, daß Sie die Polygonstruktur des Pfeils in zwei Teilen bilden müssen, weil jedes Polygon konvex sein muß. Falls beide Komponenten des

Vektors gleich null sind oder der Vektor eine undefinierte Komponente hat, wie zum Beispiel einen Wert, der von einem nichtnumerischen Wert resultiert (zum Beispiel ein komplexer Wert oder eine Singularität), liefert die Prozedur `arrow` ein triviales Polygon. Hier sind vier Pfeile.

```
> arrow1 := PLOT(arrow( [0,0], [1,1], 0.2, 0.4, 1/3,
>             color=red) ):
> arrow2 := PLOT(arrow( [0,0], [1,1], 0.1, 0.2, 1/3,
>             color=yellow) ):
> arrow3 := PLOT(arrow( [0,0], [1,1], 0.2, 0.3, 1/2,
>             color=blue) ):
> arrow4 := PLOT(arrow( [0,0], [1,1], 0.1, 0.5, 1/4,
>             color=green) ):
```

Der Befehl `display` des Pakets `plots` kann ein Feld von Zeichnungen anzeigen.

```
> with(plots):

> display( array( [[arrow1, arrow2], [arrow3, arrow4 ]] ),
>     scaling=constrained );
```

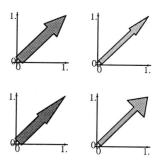

Der Rest dieses Abschnitts präsentiert mehrere Lösungen zum Problem des Programmierens einer Vektorfeldzeichnung, wobei jede ein wenig mächtiger als ihre Vorgängerin ist. Die erste und einfachste Lösung erfordert eine Eingabe in funktionaler Form (statt eines Ausdrucks). Sie brauchen zunächst drei Hilfsprozeduren, die die Bereichsinformationen bearbeiten, ein Gitter von Funktionswerten generieren und die Informationen in eine PLOT3D-Struktur ablegen.

Die Prozedur `domaininfo` bestimmt die Endpunkte und Schrittweite des Gitters. `domaininfo` erhält als Eingabe die zwei Bereiche `r1` und `r2` und die zwei Gittergrößen m und n und liefert die Gitterinformationen in den Argumenten fünf bis acht.

```
> domaininfo := proc(r1, r2, m, n, a, b, dx, dy)
>    a := lhs( r1 ); b :=  lhs( r2 );
>    dx := evalf( (rhs(r1) - lhs(r1))/(m-1) );
>    dy := evalf( (rhs(r2) - lhs(r2))/(n-1) );
> end:
```

Hier ist ein Beispiel.

```
> domaininfo( 0..12, 20..100, 7, 9,
>       'a', 'b', 'dx', 'dy' ):
```

Nun haben a, b, dx und dy die folgenden Werte.

```
> a, b, dx, dy;
```

$$0, 20, 2., 10.$$

Für die Konversion in ein Gitter von numerischen Punkten können Sie die Erweiterbarkeit des Maple-Befehls convert ausnutzen. Die nächste Prozedur 'convert/grid' erhält eine Funktion f als Eingabe und wertet sie über dem Gitter, das durch r1, r2, m und n aufgespannt wird, aus.

```
> 'convert/grid' := proc(f, r1, r2, m, n)
>    local a, b, i, j, dx, dy;
>    # Erhaelt Informationen ueber den Bereich.
>    domaininfo( r1, r2, m, n, a, b, dx, dy );
>    # Gibt Gitter von Funktionswerten aus.
>    [ seq( [ seq( evalf( f( a + i*dx, b + j*dy ) ),
>        i=0..(m-1) ) ], j=0..(n-1) ) ];
> end:
```

Nun können Sie die undefinierte Funktion f wie folgt auf einem Gitter auswerten.

```
> convert( f, grid, 1..2, 4..6, 3, 2 );
```

$$[[f(1, 4), f(1.500000000, 4), f(2.000000000, 4)],$$
$$[f(1, 6.), f(1.500000000, 6.), f(2.000000000, 6.)]]$$

Die letzte Hilfsprozedur legt die Skalierung fest, wodurch sichergestellt wird, daß sich die Pfeile nicht überlappen. generateplot ruft zum Zeichnen der Vektoren die Prozedur arrow auf. Beachten Sie, daß generateplot den Anfangspunkt jedes Pfeils verschiebt, um ihn über seinem Gitterpunkt zu zentrieren.

```
> generateplot := proc(vect1, vect2, m, n, a, b, dx, dy)
>    local i, j, L, xscale, yscale, mscale;
>
>    # Bestimmt Skalierungsfaktoren.
```

```
>      L := max( seq( seq( vect1[j][i]^2 + vect2[j][i]^2,
>                i=1..m ), j=1..n ) );
>      xscale := evalf( dx/2/L^(1/2) );
>      yscale := evalf( dy/2/L^(1/2) );
>      mscale := max(xscale, yscale);
>
>      # Generiert Datenstruktur fuer Zeichnungen.
>      # Jeder Pfeil wird ueber seinem Punkt zentriert.
>      PLOT( seq( seq( arrow(
>        [ a + (i-1)*dx - vect1[j][i]*xscale/2,
>          b + (j-1)*dy - vect2[j][i]*yscale/2 ],
>        [ vect1[j][i]*xscale, vect2[j][i]*yscale ],
>        mscale/4, mscale/2, 1/3 ), i=1..m), j=1..n) );
>      # Dicke des Pfeilstrichs = mscale/4
>      # Dicke der Pfeilspitze = mscale/2
> end:
```

Mit diesen Hilfsfunktionen ausgerüstet sind Sie bereit, den ersten Befehl `vectorfieldplot` zu schreiben, indem Sie die Funktionen zusammenfügen.

```
> vectorfieldplot := proc(F, r1, r2, m, n)
>    local vect1, vect2, a, b, dx, dy;
>
>    # Generiert jede Komponente ueber dem Gitter von Punkten.
>    vect1 := convert( F[1], grid, r1, r2 ,m, n );
>    vect2 := convert( F[2], grid, r1, r2 ,m, n );
>
>    # Erhaelt Bereichsinformationen des Gitters aus r1 und r2.
>    domaininfo(r1, r2, m, n, a, b, dx, dy);
>
>    # Generiert endgueltige Zeichenstruktur.
>    generateplot(vect1, vect2, m, n, a, b, dx, dy)
> end:
```

Testen Sie die Prozedur mit dem Vektorfeld $(\cos(xy), \sin(xy))$.

```
> p := (x,y) -> cos(x*y): q := (x,y) -> sin(x*y):
> vectorfieldplot( [p, q], 0..Pi, 0..Pi, 15, 20 );
```

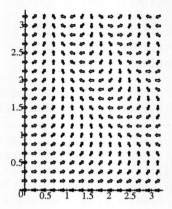

Der Programmtext von `vectorfieldplot` zeigt, wie man eine Prozedur schreibt, die Zeichnungen von Vektorfeldern mit einer alternativen
Beschreibungen der Eingabe generiert. Sie könnten zum Beispiel eine Prozedur `listvectorfieldplot` erstellen, deren Eingabe aus einer Liste von
m Listen besteht, wobei jede von ihnen aus *n* Punktepaaren besteht. Jedes Paar von Punkten repräsentiert die Komponenten eines Vektors. Das
Bereichsgitter wäre $1, \ldots, m$ in horizontaler Richtung und $1, \ldots, n$ in ver-
tikaler Richtung (wie für `listplot3d` aus dem Paket `plots`).

```
> listvectorfieldplot := proc(F)
>     local m, n, vect1, vect2;
>
>     n := nops( F );  m := nops( F[1] );
>     # Generiert die 1. und 2. Komponente von F.
>     vect1 := map( u -> map( v -> evalf(v[1]) , u) , F);
>     vect2 := map( u -> map( v -> evalf(v[2]) , u) , F);
>
>     # Generiert endgueltige Datenstruktur fuer Zeichnungen.
>     generateplot(vect1, vect2, m, n, 1, 1, m-1, n-1)
> end:
```

Die Liste

```
> l := [ [ [1,1], [2,2], [3,3] ],
>         [ [1,6], [2,0], [5,1] ] ]:
```

wird zum Beispiel gezeichnet mit

```
> listvectorfieldplot( l );
```

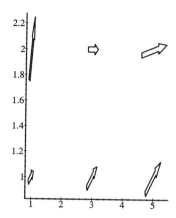

Auf dieser Stufe hat die Prozedur `vectorfieldplot` immer noch Probleme. Das erste Problem ist, daß die Prozedur nur mit Funktionen als Eingabe arbeitet statt sowohl mit Funktionen als auch mit Formeln. Sie können dies beheben, indem Sie Formelausdrücke in Prozeduren konvertieren und `vectorfieldplot` sich danach selbst rekursiv mit der neuen Ausgabe aufruft wie in der Prozedur `ribbonplot` im Abschnitt *Eine Schattenwurfprojektion* auf Seite 278.

Ein zweites Problem taucht zum Beispiel mit den folgenden Eingaben auf:

```
> p  := (x,y) -> x*y:
> q1 := (x,y) -> 1/sin(x*y):
> q2 := (x,y) -> log(x*y):
> q3 := (x,y) -> log(-x*y):
```

Maple generiert eine Fehlermeldung, da es in Punkten wie $(0, 0)$ durch 0 dividiert.

```
> vectorfieldplot( [p, q1], 0..1, 0..Pi, 15, 20);

Error, (in q1) division by zero
```

Hier trifft Maple auf die Singularität $\ln(0)$.

```
> vectorfieldplot( [p, q2], 0..1, 0..Pi, 15, 20);

Error, (in ln) singularity encountered
```

Im letzten Beispiel ist $\ln(-xy)$ eine komplexe Zahl, so daß das Bestimmen des Maximums der Funktionswerte sinnlos ist.

```
> vectorfieldplot( [p, q3], 1..2, -2..1, 15, 20);
```

```
Error, (in simpl/max) constants must be real
```

Um solche Probleme zu überwinden, sollten Sie sicherstellen, daß Sie alle Eingabefunktionen in Funktionen konvertieren, die nur einen numerischen reellen Wert oder den Wert undefined ausgeben, den einzigen Datentyp, den Maples Datenstruktur für Zeichnungen akzeptiert. Sie möchten vielleicht auch sooft wie möglich die effizienteren Hardware-Gleitkommaberechnungen anstelle der Software-Gleitkommaoperationen verwenden. Der Abschnitt *Gitter von Punkten generieren* auf Seite 325 beschreibt, wie man dies tut. Anstatt eine eigene Prozedur zum Berechnen des Gitters zu schreiben, können Sie die Bibliotheksfunktion convert(..., gridpoints) verwenden, die im Fall einer einzigen Eingabe eine Struktur der folgenden Form generiert.

$$[\ a..b,\ c..d,\ [\ [z11,\ ...,\ z1n],\ ...,$$
$$[\ zm1\ ,\ ...,\ zmn\ ]\ ]\ ]$$

Sie erhält entweder Ausdrücke oder Prozeduren als Eingabe. Die Ausgabe liefert die Bereichsinformation $a..b$ und $c..d$ zusammen mit den z-Werten der Eingabe, die sie auf dem Gitter auswertet.

```
> convert( sin(x*y), 'gridpoints',
>    x=0..Pi, y=0..Pi, grid=[2, 3] );
```

$$[0..3.14159265358979, 0..3.14159265358979,$$
$$[[0, 0, 0], [0, -.975367972083633572, -.430301217000074065]]]$$

Wenn $xy > 0$ und $\ln(-xy)$ komplex ist, enthält das Gitter den Wert undefined.

```
> convert( (x,y) -> log(-x*y), 'gridpoints',
>    1..2, -2..1, grid=[2,3] );
```

$$[1...2., -2...1., [[.6931471806, -.6931471806, \textit{undefined}],$$
$$[1.386294361, 0, \textit{undefined}]]]$$

Die nächste Version von vectorfieldplot verwendet die Prozedur convert(..., gridpoints). Der Befehl vectorfieldplot sollte eine Anzahl von Optionen erlauben, insbesondere die Option grid = [m,n]. Sie können dies durch Übergabe der Optionen an convert(..., gridpoints) erreichen. Die Hilfsprozedur makevectors dient als Schnittstelle zu convert(..., gridpoints).

```
> makevectors := proc( F, r1, r2  )
>    local v1, v2;
>
>    # Generiert das numerische Gitter
>    # von  Vektorkomponenten.
>    v1 := convert( F[1], 'gridpoints', r1, r2,
>                   args[4 .. nargs] );
>    v2 := convert( F[2], 'gridpoints', r1, r2,
>                   args[4 .. nargs] );
>
>    # Die Bereichsinformationen sind in den ersten
>    # zwei Operanden von v1 enthalten, die Funktionswerte
>    # in den 3. Komponenten von  v1 und v2.
>    [ v1[1], v1[2], v1[3], v2[3] ]
> end:
```

Hier ist eine neue Version von `vectorfieldplot`.

```
> vectorfieldplot := proc(F, r1, r2)
>    local R1, R2, m, n, a, b, v1, v2, dx, dy, v;
>
>    v := makevectors( F, r1, r2, args[4..nargs] );
>    R1 := v[1];  R2 := v[2];  v1 := v[3];  v2 := v[4];
>
>    n := nops(v1); m := nops(v1[1]);
>    domaininfo(R1, R2, m, n, a, b, dx, dy);
>
>    generateplot(v1, v2, m, n, a, b, dx, dy);
> end:
```

Testen Sie diese Prozedur.

```
> p := (x,y) -> cos(x*y):
> q := (x,y) -> sin(x*y):
> vectorfieldplot( [p, q], 0..Pi, 0..Pi,
>    grid=[3, 4] );
```

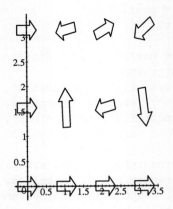

Alle bisherigen Versionen von `vectorfieldplot` haben alle Pfeile skaliert, so daß jeder Vektor in einen einzigen Gitterplatz paßt. Es treten keine Überlappungen von Pfeilen auf. Die Pfeile variieren jedoch immer noch in der Länge. Dies führt häufig zu Graphen, die eine große Anzahl von sehr kleinen, fast unsichtbaren Vektoren haben. Eine Zeichnung des Gradientenfelds von $F = \cos(xy)$ veranschaulicht zum Beispiel dieses Verhalten.

```
> vectorfieldplot( [y*cos(x*y), x*sin(x*y)],
>     x=0..Pi, y=0..Pi, grid=[15,20]);
```

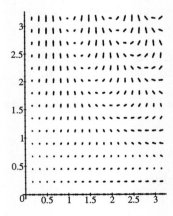

Die endgültige Version von `vectorfieldplot` unterscheidet sich darin, daß alle Pfeile die gleiche Länge haben – die Farbe jedes Vektors liefert die Information über die Stärke der Pfeile. Sie müssen eine Hilfsprozedur hinzufügen, die ein Gitter von Farben aus den Funktionswerten generiert.

```
> ‘convert/colorgrid‘ := proc( colorFunction )
>     local colorinfo, i, j, m, n;
```

```
>
>     colorinfo := op( 3, convert(colorFunction,
>            'gridpoints', args[2..nargs] ) );
>     map( x -> map( y -> COLOR(HUE, y), x) , colorinfo );
> end:
```

Die obige Prozedur verwendet convert(... , gridpoints) zur Generierung einer Liste von Listen von Funktionswerten, die die Farben angeben (mit größenabhängigem Einfärben).

```
> convert( sin(x*y), 'colorgrid',
>           x=0..1, y=0..1, grid=[2,3] );
```

$$[[\text{COLOR}(HUE, 0), \text{COLOR}(HUE, 0), \text{COLOR}(HUE, 0)], [$$

$$\text{COLOR}(HUE, 0), \text{COLOR}(HUE, .479425538604203005),$$

$$\text{COLOR}(HUE, .841470984807896505)]]$$

Hier ist die endgültige Version von vectorfieldplot.

```
> vectorfieldplot := proc( F, r1, r2 )
>     local v, m, n, a, b, dx, dy, opts, p, v1, v2,
>         L, i, j, norms, colorinfo,
>         xscale, yscale, mscale;
>
>     v := makevectors( F, r1, r2, args[4..nargs] );
>     v1 := v[3];  v2 := v[4];
>     n := nops(v1); m := nops( v1[1] );
>
>     domaininfo(v[1], v[2], m, n, a, b, dx, dy);
>
>     # Bestimmt die Funktionen, die zum Faerben
>     # der Pfeile verwendet werden.
>     opts := [ args[ 4..nargs] ];
>     if not hasoption( opts, color, colorinfo, 'opts' ) then
>         # Die Standardeinfaerbung erfolgt mittels der
>         # skalierten Groesse der Vektoren.
>         L := max( seq( seq( v1[j][i]^2 + v2[j][i]^2,
>             i=1..m ), j=1..n ) );
>         colorinfo := ( F[1]^2 + F[2]^2 )/L;
>     fi;
>
>     # Generiert die zum Faerben der
>     # Pfeile notwendige Information.
>     colorinfo := convert( colorinfo, 'colorgrid',
>         r1, r2, op(opts) );
>
```

```
>    # Bestimmt all Normen der Vektoren mit Hilfe von zip.
>    norms := zip( (x,y) -> zip( (u,v)->
>       if u=0 and v=0 then 1 else sqrt(u^2 + v^2) fi,
>            x, y), v1, v2);
>    #  Normalisiert v1 und v2 (erneut mit Hilfe von zip ).
>    v1 := zip( (x,y) -> zip( (u,v)-> u/v, x, y),
>         v1, norms );
>
>    v2 := zip( (x,y) -> zip( (u,v)-> u/v, x, y),
>         v2, norms );
>
>    # Generiert Information zum Skalieren und
>    # Datenstruktur fuer Zeichnungen.
>    xscale := dx/2.0;  yscale := dy/2.0;
>    mscale := max(xscale, yscale);
>
>    PLOT( seq( seq( arrow(
>       [ a + (i-1)*dx - v1[j][i]*xscale/2,
>         b + (j-1)*dy - v2[j][i]*yscale/2 ],
>       [ v1[j][i]*xscale, v2[j][i]*yscale ],
>       mscale/4, mscale/2, 1/3,
>       'color'=colorinfo[j][i]
>                 ), i=1..m ), j=1..n ) );
> end:
```

Mit dieser neuen Version erhalten Sie die folgenden Zeichnungen.

```
> vectorfieldplot( [y*cos(x*y), x*sin(x*y)],
>    x=0..Pi, y=0..Pi,grid=[15,20] );
```

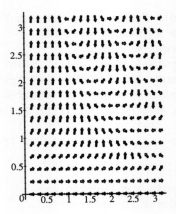

Sie können die Vektoren durch eine Funktion wie $\sin(xy)$ färben.

```
> vectorfieldplot( [y*cos(x*y), x*sin(x*y)],
>    x=0..Pi, y=0..Pi, grid=[15,20], color=sin(x*y) );
```

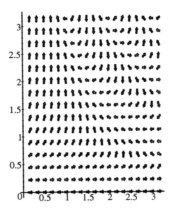

Andere Vektorfeldroutinen können auf den obigen Routinen aufbauen. Sie können zum Beispiel auch eine komplexe Zeichnung von Vektorfeldern schreiben, die Positionen und Beschreibungen von Vektoren aus komplexen Zahlen als Eingabe erhält. Sie müssen das Gitter von Punkten lediglich auf andere Weise generieren.

8.7 Gitter von Punkten generieren

Beispiel: Zeichnungen von Vektorfeldern auf Seite 313 zeigt, daß die einfache Bestimmung eines Feldes von Gitterwerten zu einer gegebenen Prozedur, d.h. das Problem der Berechnung der Werte einer Funktion, die Sie auf einem Gitter von Punkten zeichnen möchten, keine triviale Aufgabe ist. Sie müssen sich mit Effizienz, Fehlerbedingungen und nichtnumerischer Ausgabe (wie komplexe Zahlen) befassen. Den Fall, daß die Eingabe eine Formel in zwei Variablen ist, können Sie in gleicher Weise behandeln wie in der Prozedur `ribbonplot` aus *Eine Schattenwurfprojektion* auf Seite 278. Zur Vereinfachung der Präsentation vermeidet dieser Abschnitt diesen speziellen Fall.

Das Ziel besteht darin, ein Feld von Werten für f an jedem Punkt auf einem rechteckigen $m \times n$-Gitter zu berechnen; d.h. an den Stellen

$$x_i = a + (i-1)\delta_x \quad \text{and} \quad y_j = c + (j-1)\delta_y$$

wobei $\delta_x = (b-a)/(m-1)$ und $\delta_y = (d-c)/(n-1)$ ist. i und j variieren hier von 1 bis m bzw. 1 bis n.

Betrachten Sie die Funktion $f:(x, y) \mapsto 1/\sin(xy)$. Sie müssen f über dem $m \times n$-Gitter mit den Bereichen $a, \ldots, b$ und $c, \ldots, d$ auswerten.

```
> f := (x,y) -> 1 / sin(x*y);
```

$$f := (x, y) \rightarrow \frac{1}{\sin(x\,y)}$$

Der erste Schritt ist die Konvertierung der Funktion f in eine numerische Prozedur. Da Maple für Zeichnungen numerische Werte (anstelle von symbolischen) erfordert, weisen Sie Maple an, f in eine Form zu konvertieren, die numerische Antworten oder den speziellen Wert undefined liefert.

```
> fnum := convert( f , numericproc );
```

$fnum := \mathbf{proc}(\_X, \_Y)$

       traperror(evalhf(f(_X, _Y)));

       if type([”], [*numeric*]) **then** ”

       else

           traperror(evalf(f(_X, _Y)));

           if type([”], [*numeric*]) **then** ” **else** *undefined* **fi**

    fi

      end

Die obige Prozedur, die das Ergebnis dieser Konvertierung darstellt, versucht, die numerischen Werte so effizient wie möglich zu berechnen. Obwohl die Hardware-Gleitkommaarithmetik von begrenzter Genauigkeit ist, ist sie effizienter als Software-Gleitkommaarithmetik und häufig ausreichend. Somit versucht fnum zuerst evalhf. Falls evalhf erfolgreich ist, liefert es ein numerisches Ergebnis, ansonsten generiert es eine Fehlermeldung. Wenn dies geschieht, versucht fnum die Berechnung erneut, indem es Software-Gleitkommaarithmetik durch Aufruf von evalf verwendet. Selbst diese Berechnung ist nicht immer möglich. Im Fall von f ist die Funktion undefiniert für $x = 0$ oder $y = 0$. In solchen Fällen liefert die Prozedur fnum den Namen undefined. Maples Routinen zum Anzeigen von Zeichnungen erkennen diesen speziellen Namen.

An der Stelle $(1, 1)$ hat die Funktion f den Wert $1/\sin(1)$ und so liefert fnum eine numerische Abschätzung.

```
> fnum(1,1);
```

$$1.18839510577812124$$

Wenn Sie aber stattdessen versuchen, die gleiche Funktion in (0, 0) auszuwerten, informiert Sie Maple, daß die Funktion in diesen Koordinaten undefiniert ist.

```
> fnum(0,0);
```

$$undefined$$

Solch eine Prozedur ist der erste Schritt beim Erzeugen eines Gitters von Werten.

Aus Effizienzgründen sollten Sie sooft wie möglich nicht nur die Funktionswerte sondern auch die Gitterpunkte mit Hilfe der Hardware-Gleitkommaarithmetik berechnen. Zusätzlich sollten Sie soviele Berechnungen wie möglich in einem einzigen Aufruf von evalhf durchführen. Sooft Sie Hardware-Gleitkommaarithmetik benutzen, muß Maple zuerst den Ausdruck in eine Folge von Hardware-Befehlen konvertieren und danach das Ergebnis in Maples Zahlenformat zurückkonvertieren.

Schreiben Sie eine Prozedur, die die Koordinaten des Gitters in Form eines Feldes generiert. Da die Prozedur Oberflächen zeichnen soll, ist das Feld zweidimensional. Die folgende Prozedur liefert ein Feld z von Funktionswerten.

```
> evalgrid := proc( F, z, a, b, c, d, m, n )
>    local i, j, dx, dy;
>
>    dx := (b-a)/m; dy := (d-c)/n;
>    for i to m do
>       for j to n do
>          z[i, j] := F( a + (i-1)*dx, c + (j-1)*dy );
>       od;
>    od;
> end:
```

Diese Prozedur evalgrid ist vollständig symbolisch und behandelt keine Fehler.

```
> A := array(1..2, 1..2):
> evalgrid( f, 'A', 1, 2, 1, 2, 2, 2 ):
> eval(A);
```

$$\begin{bmatrix} \dfrac{1}{\sin(1)} & \dfrac{1}{\sin(\frac{3}{2})} \\[2ex] \dfrac{1}{\sin(\frac{3}{2})} & \dfrac{1}{\sin(\frac{9}{4})} \end{bmatrix}$$

```
> evalgrid( f, 'A', 0, Pi, 0, Pi, 15, 15 ):
```

```
Error, (in f) division by zero
```

Schreiben Sie eine zweite Prozedur gridpoints, die evalgrid verwendet. Diese Prozedur sollte eine Funktion, zwei Bereiche und die Anzahl von Gitterpunkten akzeptieren, die in jeder Dimension generiert werden sollen. Wie die Prozedur fnum, die Maple aus Ihrer obigen Funktion f generiert hat, sollte diese Funktion versuchen, das Gitter unter Verwendung der Hardware-Gleitkommaarithmetik zu erzeugen. Nur wenn dies scheitert, sollte gridpoints auf Software-Gleitkommaarithmetik zurückgreifen.

```
> gridpoints := proc( f, r1, r2, m, n )
>    local u, x, y, z, a, b, c, d;
>
>    # Bereichsinformation:
>    a := lhs(r1); b := rhs(r1);
>    c := lhs(r2); d := rhs(r2);
>
>    z := array( 1..m, 1..n );
>    if Digits <= evalhf(Digits) then
>       # Versucht Hardware-Gleitkommaarithmetik zu verwenden.
>       # Beachten Sie die Notwendigkeit von var.
>       u := traperror( evalhf( evalgrid(f, var(z),
>           a, b, c, d, m, n) ) );
>       if lasterror = u then
>          # Verwendet Software-Gleitkommaarithmetik,
>          # konvertiert f in Software-Gleitkommafunktion.
>          evalgrid( convert( f, numericproc ),
>                   z, a, b, c, d, m, n );
>       fi;
>    else
>       # Verwendet Software-Gleitkommaarithmetik,
>       # konvertiert f in Software-Gleitkommafunktion.
>       evalgrid( convert(f, numericproc), z,
>           a, b, c, d, m, n );
>    fi;
>    eval(z);
> end:
```

Das zweite Argument von evalgrid muß das Feld sein, das die Ergebnisse erhält. Maple muß es nicht vor Aufruf von evalhf in eine Zahl konvertieren. Zeigen Sie jedesmal Maple diesen Sonderstatus mit Hilfe der speziellen Funktion var an, wenn Sie evalgrid in evalhf aufrufen. Kapitel 7 behandelt numerische Berechnungen im Detail.

Testen Sie die Prozeduren. gridpoints kann hier Hardware-Gleitkommaarithmetik einsetzen, um zwei der Zahlen zu berechnen, muß aber in vier Fällen, in denen die Funktion undefiniert ist, auf Software-Berechnungen zurückgreifen.

```
> gridpoints( (x,y) -> 1/sin(x*y) , 0..3, 0..3, 2, 3 );
```

$$\left[\begin{array}{ccc} \textit{undefined} & \textit{undefined} & \textit{undefined} \\ \textit{undefined} & 1.00251130424672485 & 7.08616739573718668 \end{array}\right]$$

Im folgenden Beispiel kann `gridpoints` für alle Berechnungen Hardware-Gleitkommaarithmetik verwenden. Deswegen ist diese Berechnung schneller, obwohl der Unterschied erst deutlich wird, wenn Sie ein viel größeres Beispiel betrachten.

```
> gridpoints( (x,y) -> sin(x*y) , 0..3, 0..3, 2, 3 );
```

$$\left[\begin{array}{ccc} 0 & 0 & 0 \\ 0 & .997494986604054446 & .141120008059867214 \end{array}\right]$$

Wenn Sie mehr Nachkommastellen erfordern, als die Hardware-Gleitkommaarithmetik bereitstellt, muß `gridpoints` immer Software-Gleitkommaoperationen einsetzen.

```
> Digits := 22:
> gridpoints( (x,y) -> sin(x*y) , 0..3, 0..3, 2, 3 );
```

$$\left[\begin{array}{ccc} 0 & 0 & 0 \\ 0 & .9974949866040544309417 & .1411200080598672221007 \end{array}\right]$$

```
> Digits := 10:
```

Die Prozedur `gridpoints` ähnelt auffällig der Prozedur `convert(...,gridpoints)`, die Teil der Maple-Standardbibliothek ist. Der Bibliotheksbefehl enthält mehr Überprüfungen von Argumenten und wird daher vielen ihrer Anforderungen genügen.

8.8 Animation

Maple hat die Möglichkeit, Animationen in zwei oder drei Dimensionen zu generieren. Wie bei allen Maple-Funktionen zum Zeichnen erzeugen solche Animationen Datenstrukturen, auf die Benutzer zugreifen können. Datenstrukturen vom folgenden Typ repräsentieren Animationen:

```
PLOT( ANIMATE( ... ) )
```

oder

```
PLOT3D( ANIMATE( ... ) )
```

Innerhalb der Funktion `ANIMATE` ist eine Folge von Einzelbildern. Jedes Einzelbild ist eine Liste von Zeichenobjekten, die in einer einzelnen Struktur für Zeichnungen erscheinen kann. Jede Prozedur, die eine Animation

erzeugt, bildet solch eine Einzelbildfolge. Ein Beispiel können Sie durch
Anzeigen der Ausgabe solch einer Prozedur sehen.

```
> lprint( plots[animate]( x*t, x=-1..1, t = 1..3,
>              numpoints=3, frames = 3 ) );

PLOT(ANIMATE([[CURVES([[-1., -1.], [0, 0], [1.000000000
, 1.]],COLOUR(RGB,0,0,0))],[CURVES([[-1., -2.], [0, 0]
, [1.000000000, 2.]],COLOUR(RGB,0,0,0))],[CURVES([[-1.
, -3.], [0, 0], [1.000000000, 3.]],COLOUR(RGB,0,0,0))]
),AXESLABELS(x,''),VIEW(-1. .. 1.,DEFAULT))
```

Die nächste Prozedur points ist eine Parametrisierung der Kurve (x, y)
$= (1 + \cos(t\pi/180))^2, 1 + \cos(t\pi/180)\sin(t\pi/180))$.

```
> points := t -> evalf(
>         [ (1 + cos(t/180*Pi)) * cos(t/180*Pi ),
>           (1 + cos(t/180*Pi)) * sin(t/180*Pi ) ] ):
```

Zum Beispiel:

```
> points(2);
```

$$[1.998172852, .06977773357]$$

Sie können eine Folge von Punkten zeichnen.

```
> PLOT( POINTS( seq( points(t), t=0..90 ) ) );
```

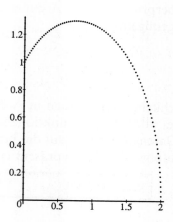

Sie können jetzt eine Animation erzeugen. Jedes Einzelbild soll aus
dem Polygon bestehen, das durch den Ursprung $(0, 0)$ und die Folge von
Punkten auf der Kurve aufgespannt wird.

```
> frame := n -> [ POLYGONS([ [ 0, 0 ],
```

```
>                          seq( points(t), t = 0..60*n) ],
>                          COLOR(RGB, 1.0/n, 1.0/n, 1.0/n) ) ) ]:
```

Die Animation besteht aus sechs Einzelbildern.

```
> PLOT( ANIMATE( seq( frame(n), n = 1..6 ) ) ) );
```

Der Befehl `display` des Pakets `plots` kann eine Animation in statischer Form zeigen.

```
> with(plots):
```

```
> display( PLOT(ANIMATE(seq(frame(n), n = 1..6))) );
```

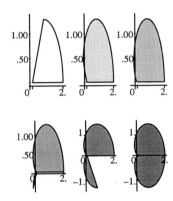

Die nachfolgende Prozedur `varyAspect` illustriert, wie eine sternförmige Oberfläche mit dem Verhältnis variiert. Die Prozedur erhält ein graphisches Objekt als Eingabe und erzeugt eine Animation, in der jedes Einzelbild eine sternförmige Version des Objekts mit einem unterschiedlichen Verhältnis ist.

```
> with(plottools):
> varyAspect := proc( p )
>    local n, opts;
>    opts := convert( [ args[2..nargs] ], PLOT3Doptions );
>    PLOT3D( ANIMATE( seq( [ stellate( p, n/sqrt(2)) ],
>                     n=1..4 ) ),
>         op( opts ));
> end:
```

Testen Sie die Prozedur mit einem Dodekaeder.

```
> varyAspect( dodecahedron(), scaling=constrained );
```

Hier ist die statische Version.

```
> display( varyAspect( dodecahedron(),
>                      scaling=constrained ) );
```

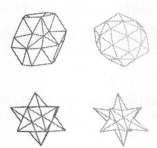

Die Maple-Bibliothek stellt drei Methoden zur Erzeugung von Animationen bereit: die Befehle `animate` und `animate3d` im Paket `plots` oder den Befehl `display` mit gesetzter Option `insequence = true`. Sie können zum Beispiel zeigen, wie eine Fourierreihe eine Funktion f auf einem Intervall $[a, b]$ approximiert, indem Sie die Funktion und sukzessive Approximationen mit steigender Anzahl von Termen in jedem Einzelbild visualisieren. Die n-te Teilsumme der Fourierreihe können Sie mit Hilfe von $f_n(x) = c_0/2 + \sum_{i=1}^{n} c_i \cos(ix) + s_i \sin(ix)$ herleiten, wobei

$$c_i = \frac{2}{b-a} \int_a^b f(x) \cos\left(\frac{2\pi}{b-a}x\right) dx$$

und

$$s_i = \frac{2}{b-a} \int_a^b f(x) \sin\left(\frac{2\pi}{b-a}x\right) dx.$$

Die nächste Prozedur `fourierPicture` berechnet die ersten n Fourierapproximationen. `fourierPicture` generiert danach eine Animation aus diesen Zeichnungen und fügt schließlich eine Zeichnung der Funktion selbst als Hintergrund hinzu.

```
> fourierPicture :=
> proc( func, xrange::name=range, n::posint)
>     local x, a, b, l, i, j, p, q, partsum;
>
>     a := lhs( rhs(xrange) );
>     b := rhs( rhs(xrange) );
>     l := b - a;
```

```
>    x := 2 * Pi * lhs(xrange) / l;
>
>    partsum := 1/l * evalf( Int( func, xrange) );
>    for i from 1 to n do
>        # Generiert die Terme der  Fourierreihe von func.
>        partsum := partsum
>          + 2/l * evalf( Int(func*sin(i*x), xrange) )
>                  * sin(i*x)
>          + 2/l * evalf( Int(func*cos(i*x), xrange) )
>                  * cos(i*x);
>        # Zeichnet i-te Fourierapproximation.
>        q[i] := plot( partsum, xrange, color=blue,
>                      args[4..nargs] );
>    od;
>    # Generiert Einzelbildfolge.
>    q := plots[display]( [ seq( q[i], i=1..n ) ],
>                         insequence=true );
>    # Fuegt Zeichnung der Funktion p jedem Einzelbild hinzu.
>    p := plot( func, xrange, color = red, args[4..nargs] );
>    plots[display]( [ q, p ] );
> end:
```

Sie können nun `fourierPicture` aufrufen, um zum Beispiel die ersten sechs Fourierapproximationen von e^x zu betrachten.

```
> fourierPicture( exp(x), x=0..10, 6 );
```

Dies ist die statische Version.

```
> display( fourierPicture( exp(x), x=0..10, 6 ) );
```

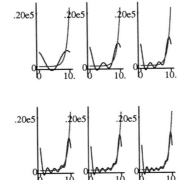

Nachfolgend sind die ersten sechs Fourierapproximationen von
x -> signum(x-1). Die Funktion signum ist unstetig, so daß die Option
discont=true verwendet wird.

```
> fourierPicture( 2*signum(x-1), x=-2..3, 6,
>                  discont=true );
```

Dieses Buch erfordert erneut eine statische Version.

```
> display( fourierPicture( 2*signum(x-1), x=-2..3, 6,
>                  discont=true ) );
```

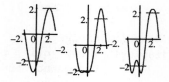

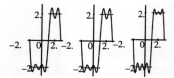

Sie können auch ähnliche Animationen anderer Reihenapproximatio-
nen, zum Beispiel Taylor, Padé und Tschebyscheff-Padé, mit der von Maple
verwendeten verallgemeinerten Reihenstruktur erzeugen.

Animationsfolgen gibt es sowohl in zwei als auch in drei Dimensionen. Die nachfolgende Prozedur bindet einen Kleeblattknoten mit Hilfe
der Funktion tubeplot aus dem Paket plots.

```
> tieKnot := proc( n:: posint )
>    local i, t, curve, picts;
>    curve := [ -10*cos(t) - 2*cos(5*t) + 15*sin(2*t),
>                -15*cos(2*t) + 10*sin(t) - 2*sin(5*t),
>                10*cos(3*t) ]:
>    picts := [ seq( plots[tubeplot]( curve,
>                         t=0..2*Pi*i/n, radius=3),
>                i=1..n ) ];
>    plots[display]( picts, insequence=true, style=patch);
> end:
```

Sie können den Knoten zum Beispiel in sechs Stufen binden.

```
> tieKnot(6);
```

Hier ist die statische Version.

```
> display( tieKnot(6) );
```

Sie können die graphischen Objekte aus dem Paket `plottools` mit der Anzeigeoption `in-sequence` kombinieren, um physikalische Objekte bewegt zu animieren. Die nächste Prozedur `springPlot` erzeugt eine Feder aus der dreidimensionalen Zeichnung einer Spirale. `springPlot` erzeugt außerdem eine rechteckige Schachtel und eine Kopie davon und bewegt eine der Schachteln an verschiedenen Stellen in Abhängigkeit des Wertes von u. Für jedes u können Sie diese rechteckige Schachtel über und unter die Feder stellen. Schließlich erzeugt `springPlot` eine Kugel und verschiebt sie über der Oberseite der oberen Schachtel, wobei die Höhe erneut mit einem Parameter variiert. Zuletzt erzeugt es die gesamte Animation durch Berechnung einer Folge von Positionen und sequentielles Anzeigen dieser Positionen mit Hilfe von `display`.

```
> springPlot := proc( n )
>     local u, curve, springs, box, tops, bottoms,
>           helix, ball, balls;
>     curve := (u,v) -> spacecurve(
>         [cos(t), sin(t), 8*sin(u/v*Pi)*t/200],
>         t=0..20*Pi,
>         color=black, numpoints=200, thickness=3 ):
>     springs := display( [ seq(curve(u,n), u=1..n) ],
>                         insequence=true ):
>     box := cuboid( [-1,-1,0], [1,1,1], color=red ):
>     ball := sphere( [0,0,2], grid=[15, 15], color=blue ):
>     tops := display( [ seq(
>       translate( box, 0, 0, sin(u/n*Pi)*4*Pi/5 ),
```

```
>        u=1..n ) ], insequence=true ):
>     bottoms := display( [ seq( translate(box, 0, 0, -1),
>        u=1..n ) ], insequence=true ):
>     balls := display( [ seq( translate( ball, 0, 0,
>          4*sin( (u-1)/(n-1)*Pi ) + 8*sin(u/n*Pi)*Pi/10 ),
>          u=1..n ) ],  insequence=true ):
>     display( springs, tops, bottoms, balls,
>        style=patch, orientation=[45,76],
>        scaling=constrained );
> end:
```

Der obige Programmtext verwendet zur Erhöhung der Lesbarkeit Abkürzungen für die Befehle der Pakete plots und plottools. Sie müssen entweder die vollen Namen schreiben oder diese beiden Pakete laden, bevor Sie springPlot aufrufen können.

```
> with(plots): with(plottools):
```

```
> springPlot(6);
```

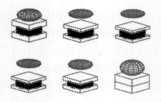

Programmieren mit dem Paket plottools auf Seite 301 beschreibt, wie Ihnen die Befehle des Pakets plottools für Graphikprozeduren behilflich sein können.

8.9 Programmieren mit Farbe

Ebenso wie Sie den Farbverlauf jedes Objekttyps in der Datenstruktur für Zeichnungen verändern können, können Sie auch den Zeichenroutinen Farben hinzufügen. Die Option color ermöglicht Ihnen, Farben in der Form eines Farbnamens, durch RGB- oder HUE-Werten oder mittels einer Färbungsfunktion in Form einer Maple-Formel oder -Funktion zu spezifizieren. Versuchen Sie selbst jeden der folgenden Befehle.

```
> plot3d( sin(x*y), x=-3..3, y=-3..3, color=red );
> plot3d( sin(x*y), x=-3..3, y=-3..3,
>    color=COLOUR(RGB, 0.3, 0.42, 0.1) );
```

```
> p := (x,y) -> sin(x*y):
```

```
> q := (x,y) -> if x < y then 1 else x - y fi:

> plot3d( p, -3..3, -3..3, color=q );
```

Obwohl dies normalerweise weniger bequem ist, können Sie die Farbattribute auch auf der niedrigeren Ebene der Graphikprimitive spezifizieren. Auf der niedrigsten Ebene können Sie die Färbung eines graphischen Objekts durch Angabe der Funktion COLOUR als eine der Optionen des Objekts bewirken.

```
> PLOT( POLYGONS( [ [0,0], [1,0], [1,1] ],
>                 [ [1,0], [1,1], [2,1], [2,0] ],
>                 COLOUR(RGB, 1/2, 1/3, 1/4 ) ) );
```

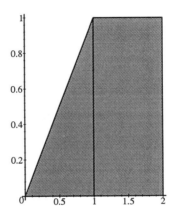

Sie können verschiedene Farben für jedes Polygon entweder durch

```
PLOT( POLYGONS( P1, ... , Pn ,
COLOUR(RGB, p1, ..., pn)) )
```

oder durch

```
PLOT( POLYGONS( P1, COLOUR(RGB, p1) ), ... ,
POLYGONS( Pn, COLOUR(RGB, pn)) )
```

angeben. Somit repräsentieren die folgenden zwei PLOT-Strukturen das gleiche Bild eines roten und grünen Dreiecks.

```
> PLOT( POLYGONS( [ [0,0], [1,1], [2,0] ],
>                 COLOUR( RGB, 1, 0, 0 ) ),
>       POLYGONS( [ [0,0], [1,1], [0,1] ],
>                 COLOUR( RGB, 0, 1, 0 ) ) );

> PLOT( POLYGONS( [ [0,0], [1,1], [2,0] ],
```

```
>          [ [0,0], [1,1], [0,1] ],
>          COLOUR( RGB, 1, 0, 0, 0, 1, 0 ) ) ) );
```

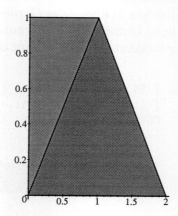

Die drei RGB-Werte müssen Zahlen zwischen 0 und 1 sein.

Generieren von Farbtabellen

Die nachfolgende Prozedur generiert eine $m \times n$-Farbtabelle von RGB-Werten.
Genauer gesagt liefert colormap eine Folge von zwei Elementen: eine Struktur POLYGONS und einen TITLE.

```
> colormap := proc(m, n, B)
>    local i, j, points, colors, flatten;
>    # points = Folge von Eckpunkten von Rechtecken
>    points :=  seq( seq( evalf(
>            [ [i/m, j/n], [(i+1)/m, j/n],
>              [(i+1)/m, (j+1)/n], [i/m, (j+1)/n] ]
>                ), i=0..m-1 ), j=0..n-1 ):
>    # colors = listlist von RGB-Farbwerten
>    colors := [seq( seq( [i/(m-1), j/(n-1), B],
>                i=0..m-1 ), j=0..n-1 )] ;
>    # flatten flacht listlist von Farben zu einer Folge ab.
>    flatten := a -> op( map(op, a) );
>    POLYGONS( points,
>            COLOUR(RGB, flatten(colors) ) ),
>    TITLE( cat( 'Blue=', convert(B, string) ) );
> end:
```

Hier ist eine 10×10-Farbtabelle; die blaue Komponente ist 0.

```
> PLOT( colormap(10, 10, 0) );
```

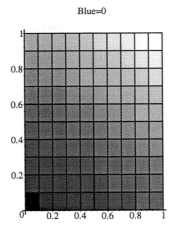

Sie können eine Animation verwenden, um auch die blaue Komponente zu variieren. Die folgende Prozedur colormaps verwendet zur Generierung einer $m \times n \times f$-Farbtabelle eine Animation.

```
> colormaps := proc(m, n, f)
>     local t;
>     PLOT( ANIMATE( seq( [ colormap(m, n, t/(f-1)) ],
>                         t=0..f-1 ) ),
>           AXESLABELS('Red', 'Green') );
> end:
```

Der folgende Befehl liefert eine $10 \times 10 \times 10$-Farbtabelle.

```
> colormaps(10, 10, 10);
```

Die Farbskala der größenabhängigen Färbung (HUE-Färbung) können Sie wie folgt visualisieren:

```
> points := evalf( seq( [ [i/50, 0], [i/50, 1],
>                         [(i+1)/50, 1], [(i+1)/50, 0] ],
>                       i=0..49)):

> PLOT( POLYGONS(points, COLOUR(HUE, seq(i/50, i=0..49)) ),
>       AXESTICKS(DEFAULT, 0), STYLE(PATCHNOGRID) );
```

Die Spezifikation AXESTICKS(DEFAULT, 0) eliminiert die Beschriftungen entlang der vertikalen Achsen, beläßt aber die Standardbeschriftungen entlang der horizontalen Achse.

Sie können leicht erkennen, wie man eine Prozedur colormapHue erstellt, welche die Farbskala für jede auf größenabhängiger Färbung basierenden Färbungsfunktion bestimmt.

```
> colormapHue := proc(F, n)
>    local i, points;
>    points := seq( evalf( [ [i/n, 0], [i/n, 1],
>                           [(i+1)/n, 1], [(i+1)/n, 0] ]
>                         ), i=0..n-1 ):
>    PLOT( POLYGONS( points,
>          COLOUR(HUE, seq( evalf(F(i/n)), i=0.. n-1) )),
>        AXESTICKS(DEFAULT, 0), STYLE(PATCHNOGRID) );
> end:
```

Ausgangspunkt der folgenden Farbskala ist $y(x) = \sin(\pi x)/3$ für $0 \le x \le 40$.

```
> colormapHue( x -> sin(Pi*x)/3, 40);
```

Die Visualisierung der Färbung mit Graustufen ist einfach mit einer beliebigen Prozedur F möglich, da Graustufen gerade jene Werte sind, die gleiche Anteile von Rot, Grün und Blau haben.

```
> colormapGraylevel := proc(F, n)
>     local i, flatten, points, grays;
>     points := seq( evalf([ [i/n, 0], [i/n, 1],
>                            [(i+1)/n, 1], [(i+1)/n, 0] ]),
>             i=0..n-1):
>     flatten := a -> op( map(op, a) );
>     grays := COLOUR(RGB, flatten(
>             [ seq( evalf([ F(i/n), F(i/n), F(i/n) ]),
>                 i=1.. n)])));
>     PLOT( POLYGONS(points, grays),
>             AXESTICKS(DEFAULT, 0) );
> end:
```

Die Identitätsfunktion $x \mapsto x$ liefert die einfachen Graustufen.

```
> colormapGraylevel( x->x, 20);
```

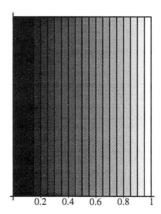

Hinzufügen von Farbinformationen in Zeichnungen

Einer existierenden Datenstruktur für Zeichnungen können Sie Farbinformationen hinzufügen. Die Prozedur addCurvecolor färbt jede Kurve einer Funktion CURVES mittels einer Skalierung der y-Koordinaten.

```
> addCurvecolor := proc(curve)
>     local i, j, N, n , M, m, curves, curveopts, p, q;
>
>     # Bestimmt existierende Punktinformation.
>     curves := select( type, [ op(curve) ],
```

```
>                          list(list(numeric)) );
>        # Bestimmt alle Optionen ausser den Farboptionen.
>        curveopts := remove( type, [ op(curve) ],
>                             { list(list(numeric)),
>                               specfunc(anything, COLOR),
>                               specfunc(anything, COLOUR) } );
>
>        # Bestimmt die Skalierung.
>        # M und m sind das Max und Min der y-Koordinaten.
>        n :=  nops( curves );
>        N := map( nops, curves );
>        M := [ seq( max( seq( curves[j][i][2],
>              i=1..N[j] ) ), j=1..n ) ];
>        m := [ seq( min( seq( curves[j][i][2],
>              i=1..N[j] ) ), j=1..n ) ];
>        # Bildet neue Kurven durch Hinzufuegen von HUE-Faerbung.
>        seq( CURVES( seq( [curves[j][i], curves[j][i+1]],
>                     i=1..N[j]-1 ),
>                COLOUR(HUE, seq((curves[j][i][2]
>                             - m[j])/(M[j] - m[j]),
>                     i=1..N[j]-1)),
>                op(curveopts) ), j=1..n );
> end:
```

Dazu ein Beispiel:

```
> c := CURVES( [ [0,0], [1,1], [2,2], [3,3] ],
>              [ [2,0], [2,1], [3,1] ] );
```

$$c := \mathrm{CURVES}([[0, 0], [1, 1], [2, 2], [3, 3]], [[2, 0], [2, 1], [3, 1]])$$

```
> addCurvecolor( c );
```

$$\mathrm{CURVES}([[0, 0], [1, 1]], [[1, 1], [2, 2]], [[2, 2], [3, 3]],$$

$$\mathrm{COLOUR}(HUE, 0, \frac{1}{3}, \frac{2}{3})),$$

$$\mathrm{CURVES}([[2, 0], [2, 1]], [[2, 1], [3, 1]], \mathrm{COLOUR}(HUE, 0, 1))$$

Sie können dann solch eine Prozedur auf alle CURVES-Strukturen einer existierenden Struktur einer Zeichnung anwenden, um die gewünschte Färbung jeder Kurve herzustellen.

```
> addcolor := proc( aplot )
>    local recolor;
>    recolor := x -> if op(0,x)=CURVES then
>                       addCurvecolor(x)
>                    else x fi;
```

```
>    map( recolor, aplot );
> end:
```

Versuchen Sie `addcolor` mit einer Zeichnung von $\sin(x) + \cos(x)$.

```
> p := plot( sin(x) + cos(x), x=0..2*Pi,
>            linestyle=2, thickness=3 ):
> addcolor( p );
```

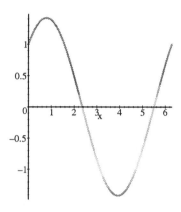

Wenn Sie zwei Kurven gleichzeitig Farbe hinzufügen, sind die zwei Färbungen unabhängig.

```
> q := plot( cos(2*x) + sin(x), x=0..2*Pi ):
> addcolor( plots[display](p, q) );
```

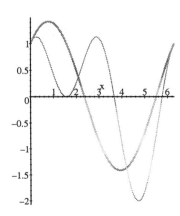

Die Prozedur `addcolor` funktioniert auch mit dreidimensionalen Raum-
kurven.

```
> spc := plots[spacecurve]( [ cos(t), sin(t), t ],
>                     t=0..8*Pi, thickness=2, color=black ):
> addcolor( spc );
```

Mit Hilfe von Färbungsfunktionen können Sie leicht den Farbverlauf
einer existierenden Zeichnung verändern. Solche Färbungsfunktionen sollten entweder von der Form $C_{Hue}: R^2 \rightarrow [0, 1]$ (für größenabhängige Färbung) oder von der Form $C_{RGB}: R^2 \rightarrow [0, 1] \times [0, 1] \times [0, 1]$ sein.

Das obige Beispiel verwendet die Färbungsfunktion $C_{Hue}(x, y) = y/$
$\max(y_i)$.

Zeichnen eines Schachbretts

Das letzte Beispiel der Programmierung mit Farben zeigt, wie man ein
Gitter ähnlich einem Schachbrett mit roten und weißen Quadraten in einer dreidimensionalen Zeichnung erzeugt. Sie übergeben nicht einfach eine
Färbungsfunktion `plot3d` als Argument. Eine Färbungsfunktion stellt in
solchen Fällen Farben für die Gitterpunkte bereit, die keine Farbflecken liefern. Sie müssen zunächst das Gitter oder Netz in polygonale Form konvertieren. Der Rest der Prozedur weist einem Polygon entweder eine rote oder
eine weiße Farbe zu, je nachdem, welchen Gitterbereich er repräsentiert.

```
> chessplot3d := proc(f, r1, r2)
>     local m, n, i, j, plotgrid, p, opts, coloring, size;
>
>     # Bestimmt Gittergroesse und generiert
>     # die Datenstruktur fuer Zeichnungen.
>     if hasoption( [ args[4..nargs] ], grid, size) then
```

```
>        m := size[1];
>        n := size[2];
>     else  # Standardeinstellungen
>        m := 25;
>        n := 25;
>     fi;
>
>     p := plot3d( f, r1, r2, args[4..nargs] );
>
>     # Konvertiert Gitterdaten (erster Operand von p)
>     # in Polygondaten.
>     plotgrid := op( convert( op(1, p), POLYGONS ) );
>     # Erzeugt Faerbungsfunktion - abwechselnd Rot und Weiss.
>     coloring := (i, j) -> if modp(i-j, 2)=0 then
>                              convert(red, colorRGB)
>                           else
>                              convert(white, colorRGB)
>                           fi;
>     # op(2..-1, p) - alle Operanden von p ausser dem ersten.
>     PLOT3D( seq( seq( POLYGONS( plotgrid[j + (i-1)*(n-1)],
>                       coloring(i, j) ),
>              i=1..m-1 ), j=1..n-1 ),
>           op(2..-1, p) );
> end:
```

Hier ist eine Schachbrettzeichnung von $\sin(x)\sin(y)$.

```
> chessplot3d( sin(x)*sin(y), x=-Pi..Pi, y=-Pi..Pi,
>              style=patch, axes=frame );
```

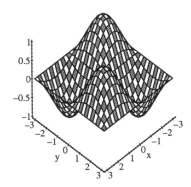

Beachten Sie, daß `chessplot3d` das gewünschte leistet, falls die Struktur von `plot3d` entweder vom Ausgabetyp `GRID` oder `MESH` ist. Als letztes folgt ein Beispiel einer Ausgabe, die von parametrisierten Oberflächen oder von Oberflächen, die alternative Koordinatensysteme verwenden, erzeugt wird.

```
> chessplot3d( (4/3)^x*sin(y), x=-1..2*Pi, y=0..Pi,
>               coords=spherical, style=patch,
>               lightmodel=light4 );
```

8.10 Zusammenfassung

In diesem Kapitel haben Sie erfahren, wie Sie Graphikprozeduren schreiben können, die auf den Befehlen plot und plot3d und ebenso auf den Befehlen aus den Paketen plots und plottools basieren. Für die vollständige Steuerung müssen Sie jedoch PLOT- und PLOT3D-Datenstrukturen direkt erzeugen. Diese sind die primitiven Spezifikationen aller Maple-Zeichnungen. Innerhalb der PLOT- und PLOT3D-Datenstrukturen können Sie Punkte, Kurven, Polygone ebenso wie Gitter von Werten und Netze von Punkten spezifizieren. Sie haben außerdem gesehen, wie man Optionen für Zeichnungen bearbeitet, numerische Prozeduren zum Zeichnen erstellt, mit Gittern und Netzen arbeitet, Zeichnungen und Animationen manipuliert und ungewöhnliche Färbungen auf Ihre Graphiken anwendet.

Eingabe und Ausgabe

Obwohl Maple hauptsächlich ein System und eine Sprache für mathematische Manipulationen ist, entstehen viele Situationen, in denen solche Manipulationen die Benutzung externer Daten oder die Bereitstellung von Daten in einer für andere Anwendungen angemessenen Form erfordern. Des weiteren brauchen Sie Maple-Programme, welche die Eingabe direkt vom Benutzer anfordern und/oder die Ausgabe direkt dem Benutzer präsentieren. Um diesen Anforderungen gerecht zu werden, stellt Maple eine umfassende Sammlung von Ein-/Ausgabebefehlen bereit. Diese Befehle werden unter dem Begriff *Ein-/Ausgabebibliothek* als Gruppe zusammengefaßt.

9.1   Ein Lernbeispiel

Dieser Abschnitt illustriert einige Möglichkeiten, wie Sie Maples Ein-/Ausgabebibliothek für Ihre Arbeit einsetzen können. Die Beispiele zeigen insbesondere, wie man eine Tabelle numerischer Daten in eine Datei schreibt und wie man eine solche Tabelle aus einer Datei liest. Die Beispiele beziehen sich auf die folgende Datenmenge, die in Form einer Liste von Listen gegeben ist und eine Liste von (x, y)-Paaren repräsentiert, wobei jedes x eine ganze Zahl und jedes y eine reelle Zahl ist.

```
> A := [[0, 0],
>       [1, .8427007929],
>       [2, .9953222650],
>       [3, .9999779095],
>       [4, .9999999846],
>       [5, 1.000000000]]:
```

In einer wirklichen Anwendung wäre diese Liste durch einen von Ihnen ausgeführten Maple-Befehl oder durch eine von Ihnen geschriebene Maple-Prozedur generiert worden. In diesem Beispiel wurde die Liste einfach so eingegeben, wie Sie sie oben sehen.

Wenn Sie ein anderes Programm benutzen möchten (zum Beispiel ein Graphikprogramm zur Präsentation oder vielleicht ein gewöhnliches C-Programm), um die von Maple generierten Daten zu bearbeiten, müssen Sie die Daten häufig in einer Datei in einem Format speichern , welches das andere Programm erkennt. Die Verwendung der Ein-/Ausgabebibliothek wird Ihnen das Schreiben solcher Daten in eine Datei erleichtern.

```
> for xy in A do fprintf('myfile', '%d %e\n', xy[1], xy[2]) od:
> fclose('myfile');
```

Wenn Sie die Datei myfile ausgeben oder mit einem Texteditor anschauen, sieht sie folgendermaßen aus:

```
0 0e-01
1 8.427007e-01
2 9.953222e-01
3 9.999779e-01
4 9.999999e-01
5 1e+00
```

Der Befehl fprintf hat jedes Paar von Zahlen in die Datei geschrieben. Dieser Befehl erhält zwei oder mehr Argumente. Das erste spezifiziert die von Maple zu schreibende Datei und das zweite das Format der einzelnen Daten. Die restlichen Argumente sind die einzelnen, von Maple zu schreibenden aktuellen Daten.

Im obigen Beispiel ist der Dateiname myfile. Das erste Mal, wenn ein gegebener Dateiname als Argument von fprintf (oder einem anderen später beschriebenem Ausgabebefehl) erscheint, erzeugt der Befehl die Datei, falls sie nicht bereits existiert, und bereitet (öffnet) sie zum Schreiben vor. Falls die Datei existiert, überschreibt die neue Version die alte. Dieses Verhalten können Sie mit Hilfe des später erläuterten Befehls fopen ändern (wenn Sie zum Beispiel an eine bereits existierende Datei etwas anhängen wollen).

Die Formatierungszeichenkette %d %e\n gibt an, daß Maple das erste Datenelement als Dezimalzahl und das zweite in einer FORTRAN-ähnlichen wissenschaftlichen Notation (%e) schreiben soll. Ein einzelnes Leerzeichen sollte das erste und das zweite Datenelement voneinander trennen und ein Zeilenumbruch (\n) sollte dem zweiten Datenelement folgen (um jedes Zahlenpaar in eine neue Zeile zu schreiben). Wie in unserem Beispiel rundet Maple Gleitkommazahlen standardmäßig auf sechs signifikante Nachkommastellen zur Ausgabe. Sie können mehr oder weniger

Nachkommastellen mit Hilfe der Optionen des %e-Formats spezifizieren. Der Abschnitt über `fprintf` beschreibt diese Optionen detaillierter.

Wenn Sie das Schreiben in eine Datei beendet haben, müssen Sie sie schließen. Bevor Sie die Datei schließen, können die Daten tatsächlich in der Datei sein oder auch nicht, weil unter den meisten Betriebssystemen die Ausgabe gepuffert wird. Der Befehl `fclose` schließt eine Datei. Falls Sie vergessen haben, eine Datei zu schließen, schließt sie Maple bei Beendigung der Sitzung automatisch.

Für einen einfachen Fall, wie dem hier vorgestellten, ist es einfacher, die Daten mit dem Befehl `writedata` in eine Datei zu schreiben.

```
> writedata('myfile2', A, [integer,float]);
```

Der Befehl `writedata` führt all diese Operationen durch: Öffnen der Datei, Schreiben der Daten im spezifizierten Format, eine ganze und eine Gleitkommazahl, und Schließen der Datei. `writedata` stellt jedoch nicht genau die Formatierungen bereit, die Sie vielleicht in manchen Fällen benötigen. Verwenden Sie dafür direkt `fprintf`.

In manchen Anwendungen möchten Sie vielleicht Daten aus einer Datei lesen. Programme zur Datenakquisition können zum Beispiel Daten liefern, die Sie analysieren möchten. Das Lesen von Daten aus einer Datei ist beinahe so einfach wie das Schreiben.

```
> A := [];
```

$$A := []$$

```
> do
>     xy := fscanf('myfile2', '%d %e');
>     if xy = 0 then break fi;
>     A := [op(A),xy];
> od;
```

$$xy := [0, 0]$$
$$A := [[0, 0]]$$
$$xy := [1, .842700]$$
$$A := [[0, 0], [1, .842700]]$$
$$xy := [2, .995322]$$
$$A := [[0, 0], [1, .842700], [2, .995322]]$$
$$xy := [3, .999977]$$
$$A := [[0, 0], [1, .842700], [2, .995322], [3, .999977]]$$
$$xy := [4, .999999]$$
$$A := [[0, 0], [1, .842700], [2, .995322], [3, .999977], [4, .999999]]$$

$$xy := [5, 1.]$$
$$A := [[0, 0], [1, .842700], [2, .995322], [3, .999977],$$
$$[4, .999999], [5, 1.]]$$
$$xy := 0$$

```
> fclose('myfile2');
```

Das Beispiel beginnt mit der Initialisierung von A mit der leeren Liste. Vor Eintritt in die Schleife liest Maple zugleich ein Zahlenpaar aus der Datei.

Der Befehl fscanf liest Zeichen aus einer angegebenen Datei und analysiert sie gemäß dem spezifizierten Format (in diesem Fall '%d %e', das auf eine Dezimalzahl und eine reelle Zahl hinweist). Er liefert entweder eine Liste der resultierenden Werte oder die Zahl 0, um anzuzeigen, daß das Dateiende erreicht wurde. Beim ersten Aufruf von fscanf mit einem gegebenen Dateinamen bereitet (öffnet) Maple die Datei zum Lesen vor. Falls diese nicht existiert, erzeugt Maple einen Fehler.

Die zweite Zeile der Schleife überprüft, ob fscanf 0 geliefert hat, um das Dateiende anzuzeigen, und bricht die Schleife ab, falls dies der Fall ist. Ansonsten hängt Maple das Zahlenpaar an die Liste von Paaren in A an. (Die Syntax A := [op(A),xy] veranlaßt Maple, A eine Liste bestehend aus den existierenden Elementen von A und dem neuen Element xy zuzuweisen.)

Entsprechend dem Schreiben in eine Datei können Sie aus einer Datei einfacher lesen, wenn Sie den Befehl readdata verwenden.

```
> A := readdata('myfile2', [integer,float]);
```

$$A := [[0, 0], [1, .842700], [2, .995322], [3, .999977],$$
$$[4, .999999], [5, 1.]]$$

Der Befehl readdata führt alle Operationen aus: Öffnen einer Datei, Lesen der Daten, Parsen des spezifizierten Formats (eine ganze Zahl und eine Gleitkommazahl) und Schließen der Datei. readdata stellt jedoch nicht die umfassende Steuerung beim Parsen bereit, die Sie in manchen Fällen vielleicht benötigen. Benutzen Sie dafür direkt fscanf.

Diese Beispiele illustrieren einige der grundlegenden Konzepte von Maples Ein-/Ausgabebibliothek, und Sie können bereits allein mit den in diesem Abschnitt vorgestellten Informationen eine Menge erreichen. Um jedoch einen effektiveren und effizienteren Einsatz der Ein-/Ausgabebibliothek zu erreichen, ist das Verständnis einiger weiterer Konzepte und Befehle sinnvoll. Der Rest dieses Kapitels beschreibt die Konzepte der Dateitypen, -modi, -deskriptoren und -namen und stellt eine Vielzahl von Befehlen zur Durchführung sowohl formatierter als auch unformatierter Eingabe und Ausgabe mit Dateien vor.

9.2 Dateitypen und Dateimodi

Die meisten Maple-Befehle der Ein-/Ausgabebibliothek operieren auf Dateien. Dieses Kapitel verwendet die Bezeichnung *Datei* nicht nur für die Dateien auf einem Datenträger, sondern auch für Maples Benutzerschnittstelle. In den meisten Fällen können Sie aus Sicht der Ein-/Ausgabebefehle nicht zwischen diesen beiden Formen unterscheiden. Fast jede Operation, die Sie mit einer richtigen Datei durchführen können, können Sie auch mit der Benutzerschnittstelle ausführen, falls geeignet.

Gepufferte Dateien versus ungepufferte Dateien

Maples Ein-/Ausgabebibliothek kann zwei verschiedene Arten von Dateien bearbeiten: gepufferte (Strom) und ungepufferte (roh). Es gibt keine Unterschiede in Maples Art, sie zu verwenden, aber gepufferte Dateien sind normalerweise schneller. Bei gepufferten Dateien sammelt Maple die Zeichen in einem Puffer und schreibt sie alle gleichzeitig in eine Datei, wenn der Puffer voll ist oder die Datei geschlossen wurde. Rohe Dateien sind nützlich, wenn Sie explizit das Wissen über das zugrundeliegende Betriebssystem, zum Beispiel die Blockgröße auf dem Datenträger, ausnutzen wollen. Für den allgemeinen Gebrauch sollten Sie gepufferte Dateien verwenden. Sie werden standardmäßig auch von den meisten Befehlen der Ein-/Ausgabebibliothek verwendet.

Die Befehle, die Informationen über den Ein-/Ausgabestatus bereitstellen, verwenden die Bezeichner STREAM und RAW, um gepufferte bzw. ungepufferte Dateien anzuzeigen.

Textdateien versus Binärdateien

Viele Betriebssysteme, einschließlich DOS/Windows, dem Macintosh-Betriebssystem und VMS, unterscheiden zwischen Dateien, die Folgen von Zeichen enthalten (*Textdateien*), und Dateien, die Folgen von Bytes enthalten (*Binärdateien*). Der Unterschied liegt hauptsächlich in der Behandlung des Zeilenende-Zeichens. Auf einigen Plattformen existieren eventuell weitere Unterschiede, aber diese sind unsichtbar, wenn Sie Maples Ein-/Ausgabebibliothek verwenden.

Das Zeilenende-Zeichen, welches das Beenden einer Zeile und den Beginn einer neuen darstellt, ist in Maple ein einziges Zeichen (obwohl Sie es als die zwei Zeichen "\n" in Maple-Zeichenketten schreiben können). Die interne Repräsentation dieses Zeichens ist das Byte mit dem Wert 10, das ASCII-Zeichen für Zeilenvorschub. Viele Betriebssysteme repräsentieren jedoch das Konzept des Zeilenendes in einer Datei mit einem anderen Zeichen oder einer Folge von zwei Zeichen. DOS/Windows und VMS repräsentieren zum Beispiel eine neue Zeile mit zwei aufeinanderfolgenden Bytes, deren Werte 10 und 13 sind (Zeilenvorschub und Eingabe). Der Macintosh repräsentiert eine neue Zeile mit dem einzelnen Byte mit dem Wert 13 (Eingabe).

Maples Ein-/Ausgabebibliothek kann Dateien als Textdateien oder Binärdateien bearbeiten. Wenn Maple in eine Textdatei schreibt, wird jedes Zeilenende-Zeichen, das es in die Datei schreibt, in das zugehörige Zeichen oder die zugehörige Zeichenfolge übersetzt, welche das zugrundeliegende Betriebssystem verwendet. Wenn Maple dieses Zeichen oder diese Zeichenfolge aus einer Datei liest, übersetzt es sie in das einzelne Zeilenende-Zeichen zurück. Falls Maple in eine Binärdatei schreibt, findet keine Übersetzung statt. Es liest und schreibt das Zeilenende-Zeichen als das einzelne Byte mit dem Wert 10.

Wenn Maple unter dem UNIX-Betriebssystem oder einem seiner vielen Varianten läuft, unterscheidet es nicht zwischen Text- und Binärdateien. Es behandelt beide in gleicher Weise, und es erfolgt keine Übersetzung.

Befehle, die angeben oder abfragen können, ob eine Datei eine Text- oder Binärdatei ist, verwenden die Bezeichner TEXT bzw. BINARY.

Lesemodus versus Schreibmodus

Eine Datei kann zu jedem beliebigen Zeitpunkt zum Lesen oder Schreiben geöffnet sein. Sie können nicht in eine Datei schreiben, die nur zum Lesen geöffnet ist, aber Sie können in eine Datei schreiben und aus einer Datei lesen, die zum Schreiben geöffnet ist. Wenn Sie mit Hilfe der Ein-/Ausgabebibliothek von Maple versuchen, in eine nur zum Lesen geöffnete Datei zu schreiben, schließt Maple die Datei und öffnet sie erneut zum Schreiben. Falls der Benutzer nicht die zum Schreiben in die Datei benötigten Rechte hat (wenn die Datei schreibgeschützt ist oder in einem schreibgeschützten Dateisystem liegt), treten an dieser Stelle Fehler auf.

Befehle, bei denen Sie angeben oder abfragen können, ob eine Datei zum Lesen oder Schreiben geöffnet ist, verwenden den Bezeichner READ bzw. WRITE.

Die Dateien default und terminal

Maples Ein-/Ausgabebibliothek behandelt die Maple-Benutzerschnittstelle wie eine Datei. Die Bezeichner default und terminal beziehen sich auf diese Datei. Der Bezeichner default bezieht sich auf den aktuellen Eingabestrom, von dem Maple die Befehle liest und bearbeitet. Der Bezeichner terminal bezieht sich auf den Eingabestrom der obersten Ebene, d.h. den aktuellen Eingabestrom zu dem Zeitpunkt, als Sie Maple anfänglich gestartet haben.

Wenn Maple interaktiv benutzt wird, sind `default` und `terminal` äquivalent. Eine Unterscheidung entsteht erst dann, wenn Befehle mit der `read`-Anweisung aus einer Quelldatei gelesen werden. In diesem Fall bezieht sich `default` auf die zu lesende Datei, während `terminal` sich auf die Sitzung bezieht. Unter UNIX bezieht sich `terminal` auf eine Datei oder Pipe, falls die Eingabe durch eine Datei oder Pipe umgeleitet wurde.

9.3 Dateideskriptoren versus Dateinamen

Die Befehle aus Maples Ein-/Ausgabebibliothek greifen auf Dateien auf eine von zwei Arten zu: durch den Namen oder den Deskriptor.

Der Verweis auf eine Datei durch den Namen ist die einfachere der beiden Methoden. Bei der ersten Ausführung einer Operation von Maple auf die Datei öffnet Maple die Datei entweder im READ- oder im WRITE-Modus und als TEXT- oder BINARY-Datei, entsprechend der Operation, die es ausführt. Der Hauptvorteil des Verweises auf Dateien durch den Namen ist Einfachheit. Sie werden jedoch einen leichten Leistungsverlust feststellen, wenn Sie diese Methode verwenden, insbesondere wenn Sie viele kleine Operationen auf einer Datei ausführen (wie z.B. das Schreiben einzelner Zeichen).

Der Verweis auf eine Datei durch einen Deskriptor ist nur wenig komplexer und ein bekanntes Konzept für jene, die in traditionelleren Umgebungen programmiert haben. Ein Deskriptor bezeichnet einfach eine Datei, nachdem Sie diese geöffnet haben. Benutzen Sie den Namen der Datei nur einmal, um sie zu öffnen und einen Deskriptor zu erzeugen. Verwenden Sie den Deskriptor anstelle des Dateinamens, wenn Sie anschließend die Datei manipulieren. Ein Beispiel aus dem Abschnitt *Dateien öffnen und schließen* auf Seite 354 illustriert den Einsatz eines Dateideskriptors.

Die Vorteile der Deskriptormethode sind u.a. mehr Flexibilität bei der Dateiöffnung (Sie können angeben, ob eine Datei TEXT oder BINARY ist und ob Maple die Datei im READ- oder WRITE-Modus öffnen soll), verbesserte Leistung, wenn Sie viele Operationen auf einer Datei ausführen, und die Möglichkeit, mit ungepufferten Dateien zu arbeiten.

Welcher Ansatz der beste ist, hängt von der konkreten Aufgabe ab. Einfache Ein-/Ausgabeaufgaben können Sie am einfachsten mit Namen ausführen, während komplexere Aufgaben durch den Einsatz von Deskriptoren profitieren können.

In den folgenden Abschnitten bezieht sich der Ausdruck *Dateibezeichner* entweder auf einen Dateinamen oder auf einen Dateideskriptor.

9.4   Befehle zur Dateimanipulation

Dateien öffnen und schließen

Bevor Sie aus einer Datei lesen oder in eine Datei schreiben können, müssen Sie sie öffnen. Wenn Sie auf Dateien durch Namen verweisen, geschieht dies automatisch mit dem ersten Versuch, eine Operation auf der Datei auszuführen. Wenn Sie jedoch Deskriptoren verwenden, müssen Sie die Datei zuerst explizit öffnen, um den Deskriptor zu erzeugen.

Die zwei Befehle zum Öffnen von Dateien sind `fopen` und `open`. Der Befehl `fopen` öffnet gepufferte (`STREAM`) Dateien, während der Befehl `open` ungepufferte (`RAW`) Dateien öffnet.

Verwenden Sie den Befehl `fopen` folgendermaßen:

```
fopen( Dateiname, Zugriffsart, Dateityp )
```

Dateiname gibt den Namen der zu öffnenden Datei an. Dieser Name genügt den Konventionen des zugrundeliegenden Betriebssystems. *Zugriffsart* muß entweder `READ`, `WRITE` oder `APPEND` sein und zeigt an, ob Sie die Datei zunächst zum Lesen, Schreiben oder Anhängen öffnen wollen. Der optionale *Dateityp* ist entweder `TEXT` oder `BINARY`.

Falls Sie versuchen, die Datei zum Lesen zu öffnen, und sie existiert nicht, generiert `fopen` einen Fehler (der mit `traperror` abgefangen werden kann).

Falls Sie versuchen, die Datei zum Schreiben zu öffnen, und sie existiert nicht, wird sie von Maple zunächst erzeugt. Falls sie existiert, und Sie geben `WRITE` an, überschreibt Maple die Datei; wenn Sie `APPEND` angeben, wird bei späteren Befehlsaufrufen, die in die Datei schreiben, an die Datei angehängt.

Rufen Sie den Befehl `open` wie folgt auf.

```
open( Dateiname, Zugriffsart )
```

Die Argumente von `open` sind die gleichen wie diejenigen von `fopen`, mit Ausnahme, daß Sie keinen *Dateityp* (`TEXT` oder `BINARY`) angeben können. Maple öffnet eine ungepufferte Datei vom Typ `BINARY`.

Sowohl `fopen` als auch `open` liefern einen Dateideskriptor. Verwenden Sie diesen Deskriptor, um sich bei späteren Operationen auf die Datei zu beziehen. Sie können immer noch den Dateinamen verwenden, falls Sie dies möchten.

Wenn Sie mit einer Datei fertig sind, sollten Sie Maple veranlassen, sie zu schließen. Dies stellt sicher, daß Maple die gesamte Information tatsächlich auf den Datenträger schreibt. Außerdem gibt dies Ressourcen des zugrundeliegenden Betriebssystems frei, das häufig die Anzahl der Dateien, die Sie gleichzeitig öffnen können, beschränkt.

Schließen Sie Dateien mit den Befehlen `fclose` oder `close`. Diese zwei Befehle sind äquivalent und können auf folgende Weise aufgerufen werden:

```
fclose( Dateibezeichner )
close( Dateibezeichner )
```

Dateibezeichner ist der Name oder Deskriptor der Datei, die Sie schließen möchten. Sobald Sie eine Datei geschlossen haben, sind alle Deskriptoren, die sich auf die Datei beziehen, nicht mehr gültig.

```
> f := fopen('testFile.txt',WRITE);
```

$$f := 0$$

```
> writeline(f,'Dies ist ein Test');
```

$$15$$

```
> fclose(f);
> writeline(f,'Dies ist ein weiterer Test');

Error, (in fprintf) file descriptor not in use
```

Wenn Sie Maple verlassen oder einen `restart`-Befehl ausführen, schließt Maple automatisch alle offenen Dateien, unabhängig davon, ob Sie sie explizit mit `fopen`, `open` oder implizit durch einen Ein-/Ausgabebefehl geöffnet haben.

Ermitteln und Einstellen der Position

Mit jeder geöffneten Datei ist das Konzept ihrer aktuellen Position verbunden. Dies ist die Position innerhalb der Datei, in die später geschrieben oder aus der später gelesen wird. Jede Lese- oder Schreiboperation erhöht die Position um die Anzahl der gelesenen oder geschriebenen Bytes.

Die aktuelle Position in einer Datei können Sie mit dem Befehl `filepos` ermitteln. Verwenden Sie diesen Befehl auf folgende Weise:

```
filepos( Dateibezeichner, Position )
```

Dateibezeichner ist der Name oder Deskriptor der Datei, deren Position Sie bestimmen oder einstellen möchten. Falls Sie einen Dateinamen angeben und diese Datei wurde noch nicht geöffnet, öffnet Maple sie im READ-Modus mit dem Typ BINARY.

Das Argument *Position* ist optional. Falls Sie die *Position* nicht angeben, liefert Maple die aktuelle Position. Wenn Sie die *Position* bereitstellen, setzt Maple die aktuelle Position auf Ihre Spezifikationen und liefert die resultierende Position. In diesem Fall ist die zurückgelieferte Position gleich mit der angegebenen *Position*, falls die Datei nicht kürzer als die angegebene *Position* ist. Falls dies der Fall ist, ist die zurückgelieferte Position jene des Dateiendes (d.h. ihre Länge). Sie können die *Position* entweder als ganze Zahl oder als den Namen `infinity` angeben, der das Ende der Datei bezeichnet.

Der folgende Befehl liefert die Länge der Datei `myfile.txt`.

```
> filepos('myfile.txt', infinity);
```

$$36$$

Bestimmen des Dateiendes

Der Befehl `feof` überprüft, ob Sie das Ende einer Datei erreicht haben. Verwenden Sie den Befehl `feof` nur mit Dateien, die Sie explizit als STREAM oder implizit mit `fopen` geöffnet haben. Rufen Sie `feof` in folgender Weise auf.

```
feof( Dateibezeichner )
```

Dateibezeichner ist der Name oder Deskriptor der Datei, die Sie abfragen möchten. Falls Sie einen Dateinamen angeben und diese Datei wurde noch nicht geöffnet, öffnet Sie Maple im READ-Modus mit dem Typ BINARY.

Der Befehl `feof` liefert genau dann `true`, wenn Sie das Dateiende während der letzten `readline`-, `readbytes`- oder `fscanf`-Operation erreicht haben. Ansonsten liefert `feof` `false`. Dies bedeutet, daß, falls 20 Bytes in einer Datei übrigbleiben und Sie `readbytes` zum Lesen dieser 20 Bytes verwenden, `feof` immer noch `false` liefert. Sie erkennen das Dateiende nur, wenn Sie ein anderes `read` versuchen.

Bestimmen des Dateistatus

Der Befehl `iostatus` liefert detaillierte Informationen über die gegenwärtig in Verwendung befindlichen Dateien. Rufen Sie den Befehl `iostatus` mit folgender Syntax auf:

```
iostatus()
```

Der Befehl `iostatus` liefert eine Liste, die folgende Elemente enthält:

`iostatus()[1]`   Die Anzahl der Dateien, die Maples Ein-/Ausgabebibliothek gegenwärtig verwendet.

`iostatus()[2]`   Die Anzahl der aktiven geschachtelten `read`-Befehle (wenn `read` eine Datei liest, die eine `read`-Anweisung enthält).

`iostatus()[3]`   Die Obergrenze von `iostatus()[1]` + `iostatus()[2]`, die das zugrundeliegende Betriebssystem auferlegt.

`iostatus()[n]`   für n > 3. Eine Liste mit Informationen über eine Datei, die gegenwärtig von Maples Ein-/Ausgabebibliothek verwendet wird.

Wenn *n* > 3 ist, enthält jede der von `iostatus()[n]` gelieferten Listen die folgenden Elemente:

`iostatus()[n][1]`   den von `fopen` oder `open` gelieferten Dateideskriptor;

`iostatus()[n][2]`   den Dateinamen;

`iostatus()[n][3]`   die Dateiart (STREAM, RAW oder DIRECT);

`iostatus()[n][4]`   den vom zugrundeliegenden Betriebssystem verwendeten Dateizeiger oder -deskriptor; der Zeiger hat die Form FP=*ganzeZahl* oder FD=*ganzeZahl*.

`iostatus()[n][5]`   den Dateimodus (READ oder WRITE);

`iostatus()[n][6]`   den Dateityp (TEXT oder BINARY).

Löschen von Dateien

Viele Dateien werden lediglich temporär verwendet. Häufig brauchen Sie solche Dateien nicht länger, wenn Sie Ihre Maple-Sitzung beenden; also sollten Sie sie löschen. Rufen Sie dazu den Befehl `fremove` auf.

```
fremove( Dateibezeichner )
```

Dateibezeichner ist der Name oder Deskriptor der zu löschenden Datei. Falls die Datei offen ist, wird sie von Maple geschlossen, bevor Maple sie löscht. Wenn die Datei nicht existiert, erzeugt Maple einen Fehler.

Wenn Sie eine Datei löschen, ohne zu wissen, ob sie existiert oder nicht, sollten sie `traperror` verwenden, um den von `fremove` erzeugten Fehler abzufangen.

```
> traperror(fremove('myfile.txt')):
```

9.5 Eingabebefehle

Lesen von Textzeilen aus einer Datei

Der Befehl `readline` liest eine einzelne Textzeile aus einer Datei. Zeichen werden bis einschließlich zum Zeilenende-Zeichen gelesen. Der Befehl `readline` entfernt das Zeilenende-Zeichen und liefert die Zeile von Zeichen als Maple-Zeichenkette. Falls `readline` keine ganze Zeile aus der Datei lesen kann, liefert es 0 anstelle einer Zeichenkette.

Rufen Sie den Befehl `readline` mit folgender Syntax auf:

```
readline( Dateibezeichner )
```

Dateibezeichner ist der Name oder Deskriptor der zu lesenden Datei. Aus Kompatibilitätsgründen mit früheren Versionen von Maple können Sie *Dateibezeichner* weglassen. In diesem Fall verwendet Maple `default`. Somit sind `readline()` und `readline(default)` äquivalent.

Wenn Sie `-1` als *Dateibezeichner* verwenden, nimmt Maple die Eingabe vom `default`-Strom, mit der Ausnahme, daß Maples Präprozessor für Befehlszeilen alle Eingabezeilen akzeptiert. Dies bedeutet, daß mit "!" beginnende Zeilen an das Betriebssystem übergeben werden, anstatt durch `readline` zurückgeliefert zu werden, und mit "?" beginnende Zeilen zu Aufrufen des Befehls `help` übersetzt werden.

Wenn Sie `readline` mit einem Dateinamen aufrufen und diese Datei noch nicht geöffnet wurde, öffnet sie Maple im READ-Modus als TEXT-Datei. Falls `readline` 0 liefert (zeigt das Dateiende an), wenn es mit einem Dateinamen aufgerufen wurde, schließt es automatisch die Datei.

Das folgende Beispiel definiert eine Maple-Prozedur, die eine Textdatei liest und sie auf dem `default`-Ausgabestrom anzeigt.

```
> ShowFile := proc( fileName::string )
>    local line;
>    do
>       line := readline(fileName);
>       if line = 0 then break fi;
>       printf('%s\n',line);
>    od;
> end:
```

Lesen beliebiger Bytes aus einer Datei

Der Befehl `readbytes` liest eine oder mehrere einzelne Zeichen oder Bytes aus einer Datei und liefert entweder eine Zeichenkette oder eine Liste von ganzen Zahlen. Falls bei Aufruf von `readbytes` keine weiteren Zeichen in der Datei sind, liefert der Befehl 0 und zeigt damit an, daß Sie das Dateiende erreicht haben.

Verwenden Sie folgende Syntax zum Aufruf des Befehls `readbytes`.

```
readbytes( Dateibezeichner, Länge, TEXT )
```

Dateibezeichner ist der Name oder Bezeichner der von Maple zu lesenden Datei. *Länge* ist optional und gibt die Anzahl der von Maple zu lesenden Bytes an. Falls Sie *Länge* nicht angeben, liest Maple ein Byte. Der optionale Parameter TEXT zeigt an, daß das Ergebnis als Zeichenkette und nicht als ganzzahlige Liste zurückgeliefert werden soll.

Sie können *Länge* als `infinity` spezifizieren. In diesem Fall liest Maple den Rest der Datei.

Falls Sie TEXT spezifizieren, wenn ein Byte mit dem Wert 0 zwischen den gelesenen Bytes auftritt, enthält die resultierende Zeichenkette nur jene Zeichen, die dem Byte 0 vorausgehen.

Wenn Sie `readbytes` mit einem Dateinamen aufrufen und diese Datei wurde noch nicht geöffnet, öffnet Maple sie im READ-Modus. Falls Sie TEXT spezifizieren, öffnet Maple sie als TEXT-Datei, ansonsten als BINARY-Datei. Falls `readbytes` 0 liefert (zeigt das Dateiende an), wenn Sie es mit einem Dateinamen aufrufen, schließt es automatisch die Datei.

Das folgende Beispiel definiert eine Maple-Prozedur, die eine gesamte Datei mit `readbytes` liest und in eine neue Datei kopiert.

```
> CopyFile := proc( sourceFile::string, destFile::string )
>    writebytes(destFile, readbytes(sourceFile, infinity))
> end:
```

Formatierte Eingabe

Die Befehle `fscanf` und `scanf` lesen aus einer Datei und akzeptieren Zahlen und Teile von Zeichenketten gemäß einem spezifizierten Format. Sie liefern eine Liste der akzeptierten Objekte. Falls keine weiteren Zeichen bei Aufruf von `fscanf` oder `scanf` in der Datei sind, liefern diese 0 anstelle einer Liste und zeigen so an, daß das Dateiende erreicht wurde.

Rufen Sie die Befehle `fscanf` und `scanf` folgendermaßen auf:

```
fscanf( Dateibezeichner, Format )
scanf( format )
```

Dateibezeichner ist der Name oder Deskriptor der zu lesenden Datei. Ein Aufruf von `scanf` ist äquivalent zu einem Aufruf von `fscanf` mit `default` als *Dateibezeichner*.

Wenn Sie fscanf mit einem Dateinamen aufrufen und diese Datei wurde noch nicht geöffnet, wird sie von Maple im READ-Modus als TEXT-Datei geöffnet. Falls fscanf bei Aufruf mit einem Dateinamen 0 liefert (zeigt das Dateiende an), schließt Maple die Datei automatisch.

Format spezifiziert, wie Maple die Eingabe erkennt. *Format* ist eine Maple-Zeichenkette bestehend aus einer Folge von Konversionsvorgaben, die durch andere Zeichen getrennt sein können. Jede Konversionsspezifikation hat das folgende Format, wobei die eckigen Klammern optionale Komponenten anzeigen.

$$\boxed{\text{\%[*] [\textit{Breite}] \textit{Code}}}$$

Das Symbol "%" beginnt die Konversionsspezifikation. Das optionale "*" zeigt an, daß Maple das Objekt liest, aber nicht als Teil des Ergebnisses zurückliefert. Es wird entfernt.

Breite ist optional und zeigt die maximale Anzahl der für dieses Objekt zu lesenden Zeichen an. Sie können sie verwenden, um ein größeres Objekt in Form zweier kleinerer Objekte einzulesen.

Code gibt den Typ des zu lesenden Objekts an. Es legt den Objekttyp fest, den Maple in der Ergebnisliste liefert. *Code* kann folgendes sein:

d oder D Die nächsten nichtleeren Zeichen der Eingabe müssen eine Dezimalzahl mit oder ohne Vorzeichen bilden. Eine ganze Zahl in Maple wird zurückgegeben.

o oder O Die nächsten nichtleeren Zeichen der Eingabe müssen eine Oktalzahl (Basis 8) ohne Vorzeichen bilden. Die ganze Zahl wird in eine Dezimalzahl konvertiert und als ganze Zahl in Maple zurückgegeben.

x oder X Die nächsten nichtleeren Zeichen der Eingabe müssen eine Hexadezimalzahl (Basis 16) ohne Vorzeichen bilden. Die Buchstaben A bis F (Großbuchstaben oder Kleinbuchstaben) repräsentieren die Ziffern, die den Dezimalzahlen 10 bis 15 entsprechen. Die ganze Zahl wird in eine Dezimalzahl konvertiert und als ganze Zahl in Maple zurückgegeben.

e, f, oder g Die nächsten nichtleeren Zeichen der Eingabe müssen eine Dezimalzahl mit oder ohne Vorzeichen bilden, die einen Dezimalpunkt enthalten kann und auf die E oder e, ein optionales Vorzeichen und eine Dezimalzahl, die eine Potenz von zehn repräsentiert, folgen kann. Die Zahl wird als Gleitkommazahl in Maple geliefert.

s Die nächsten nichtleeren Zeichen bis ausschließlich zum folgenden Leerzeichen (oder dem Ende der Zeichenkette) werden als Maple-Zeichenkette zurückgegeben.

a   Maple sammelt und akzeptiert die nächsten nichtleeren Zeichen bis ausschließlich zum nächsten Leerzeichen (oder dem Ende der Zeichenkette). Ein unausgewerteter Maple-Ausdruck wird zurückgegeben.

m   Die nächsten Zeichen müssen ein in Maples ".m"-Dateiformat codierter Maple-Ausdruck sein. Maple liest genügend Zeichen zum Parsen eines einzelnen vollständigen Ausdrucks. Es ignoriert die Spezifikation *Breite*. Der Maple-Ausdruck wird zurückgegeben.

c   Dieser Code liefert das nächste Zeichen (Leerzeichen oder sonstiges) als Maple-Zeichenkette. Wenn eine Breite angegeben ist, werden entsprechend viele Zeichen (Leerzeichen oder sonstige) als eine einzige Maple-Zeichenkette zurückgegeben.

[...]   Die Zeichen zwischen " [" und "] " werden zu einer Liste von Zeichen, die als Zeichenkette akzeptiert werden können. Maple liest Zeichen aus der Eingabe, bis es auf ein Zeichen trifft, das *nicht* in der Liste ist. Die gelesenen Zeichen werden dann als eine Maple-Zeichenkette zurückgegeben.
Falls die Liste mit dem Zeichen "^" beginnt, repräsentiert die Liste all jene Zeichen, die *nicht* in der Liste sind.
Falls "]" in der Liste auftritt, muß es unmittelbar auf " [" oder "^" folgen, falls dies existiert.
Sie können ein "-" in der Liste zur Darstellung eines Zeichenbereichs verwenden. Zum Beispiel repräsentiert "A-Z" alle Großbuchstaben.
Wenn ein "-" als Zeichen erscheint und nicht einen Bereich darstellt, muß es entweder am Anfang oder am Ende der Liste auftreten.

n   Die Gesamtzahl von eingelesenen Zeichen bis zum "%n" wird als ganze Zahl in Maple zurückgegeben.

Maple überspringt nichtleere Zeichen in *Format*, aber nicht innerhalb einer Konversionsspezifikation (wo sie die entsprechenden Zeichen in der Eingabe überprüfen müssen). Es ignoriert in *Format* unsichtbare Zeichen, mit Ausnahme, wenn ein einer "%c"-Spezifikation unmittelbar vorausgehendes Leerzeichen die "%c"-Spezifikation veranlaßt, alle Leerzeichen in der Eingabe zu überspringen.

Wenn Maple die Objekte nicht erfolgreich einlesen kann, liefert es eine leere Liste.

Die Befehle `fscanf` und `scanf` verwenden die zugrundeliegende Implementierung, welche die Hardwareentwickler für die Formate "%o" und "%x" bereitstellen. Daraus ergibt sich, daß die Eingabe von Oktal- und Hexadezimalzahlen den Einschränkungen der Rechnerarchitektur unterliegt.

Das folgende Beispiel definiert eine Maple-Prozedur, welche eine Datei liest, die eine Zahlentabelle enthält, in der jede Zeile eine unterschiedliche

Breite haben kann. Die erste Zahl jeder Zeile ist eine ganze Zahl, die angibt, wie viele reelle Zahlen auf sie in dieser Zeile folgen. Alle Zahlen der Spalten werden durch Kommas getrennt.

```
> ReadRows := proc( fileName::string )
>    local A, count, row, num;
>    A := [];
>    do
>       # Bestimmt, wie viele Zahlen in dieser Zeile sind.
>       count := fscanf(fileName,'%d');
>       if count = 0 then break fi;
>       if count = [] then
>          ERROR('fehlende ganze Zahl in Datei')
>       fi;
>       count := count[1];
>
>       # Liest die Zahlen der Zeile.
>       row := [];
>       while count > 0 do
>          num := fscanf(fileName,',%e');
>          if num = 0 then
>             ERROR('unerwartetes Dateiende')
>          fi;
>          if num = [] then
>             ERROR('fehlende Zahl in Datei')
>          fi;
>          row := [op(row),num[1]];
>          count := count - 1
>       od;
>
>       # Haengt die Zeile an das angesammelte Ergebnis an.
>       A := [op(A),row]
>    od;
>    A
> end:
```

Lesen von Maple-Anweisungen

Der Befehl readstat liest eine einzelne Maple-Anweisung vom terminal-Eingabestrom ein. Maple überprüft die Anweisung, wertet sie aus und liefert das Ergebnis zurück. Rufen Sie den Befehl readstat folgendermaßen auf:

```
readstat( EingAufforderung, AnfZeichen3, AnfZeichen2,
AnfZeichen1 );
```

Das Argument *EingAufforderung* spezifiziert die von `readstat` zu verwendende Eingabeaufforderung. Wenn Sie das Argument *EingAufforderung* nicht angeben, verwendet Maple die leere Eingabeaufforderung. Die drei Argumente *AnfZeichen3*, *AnfZeichen2* und *AnfZeichen1* können Sie entweder angeben oder weglassen. Wenn Sie sie bereitstellen, spezifizieren sie die Werte, die Maple für ", "" und """ in den von `readstat` eingelesenen Anweisungen verwendet. Geben Sie jedes dieser Argumente als eine Maple-Liste an, welche die aktuellen Werte für die Substitution enthält. Dies erlaubt Werte, die Ausdrucksfolgen sind. Falls zum Beispiel " den Wert 2*n+3 und "" den Wert a,b haben soll, geben Sie [2*n+3] für *AnfZeichen1* und [a,b] für *AnfZeichen2* an.

Die Eingabe an `readstat` muß ein einziger Maple-Ausdruck sein. Der Ausdruck kann über eine Eingabezeile hinausgehen, aber `readstat` erlaubt nicht mehrere Ausdrücke in einer Zeile. Falls die Eingabe einen Syntaxfehler enthält, liefert `readstat` einen Fehler (den Sie mit `traperror` abfangen können), indem es die Art des Fehlers und seine Position in der Eingabe beschreibt.

Das folgende Beispiel zeigt einen trivialen Aufruf von `readstat` in einer Prozedur.

```
> InteractiveDiff := proc( )
>    local a, b;
>    a := readstat('Bitte geben Sie einen Ausdruck ein: ');
>    b := readstat('Differenzieren nach: ');
>    printf('Die Ableitung von  %a nach %a ist %a\n',
>           a,b,diff(a,b))
> end:
```

Lesen von Datentabellen

Der Befehl `readdata` liest TEXT-Dateien, die Tabellen von Daten enthalten. Für einfache Tabellen ist dies vorteilhafter, als eigene Prozeduren mit einer Schleife und dem Befehl `fscanf` zu schreiben.

Verwenden Sie die folgende Syntax zum Aufruf des Befehls `readdata`.

```
readdata( Dateibezeichner, Datentyp, AnzSpalten )
```

Dateibezeichner ist der Name oder Deskriptor der von `readdata` einzulesenden Datei. *Datentyp* muß `integer` oder `float` sein oder kann weggelassen werden. Im letzteren Fall nimmt `readdata` `float` an. Falls `readdata` mehr als eine Spalte lesen muß, können Sie den Typ jeder Spalte mit Hilfe einer Liste von Datentypen spezifizieren.

Das Argument *AnzSpalten* gibt an, wieviele Datenspalten aus der Datei gelesen werden sollen. Wenn Sie *AnzSpalten* nicht angeben, liest `readdata`

die Anzahl von Spalten, die Sie durch die Anzahl von angegebenen Datentypen spezifiziert haben (eine Spalte, wenn Sie keinen *Datentyp* angegeben
haben).

Wenn Maple nur eine Spalte liest, liefert `readdata` eine Liste der eingelesenen Werte. Wenn Maple mehr als eine Spalte liest, liefert `readdata`
eine Liste von Listen, wobei jede Teilliste die aus einer Zeile der Datei
eingelesenen Daten enthält.

Falls Sie `readdata` mit einem Dateinamen aufrufen und diese Datei
wurde noch nicht geöffnet, so öffnet Sie Maple im READ-Modus als TEXT-
Datei. Wenn Sie `readdata` mit einem Dateinamen aufrufen, schließt es
außerdem automatisch die Datei, wenn `readdata` beendet wird.

Die folgenden zwei Beispiele sind äquivalente Aufrufe von `readdata`
zum Lesen einer Tabelle von reellen (x, y, z)-Tripeln aus einer Datei.

```
> A1 := readdata('my_xyz_file.text',3);
```

$$A1 := [[1.5, 2.2, 3.4], [2.7, 3.4, 5.6], [1.8, 3.1, 6.7]]$$

```
> A2 := readdata('my_xyz_file.text',[float,float,float]);
```

$$A2 := [[1.5, 2.2, 3.4], [2.7, 3.4, 5.6], [1.8, 3.1, 6.7]]$$

9.6 Ausgabebefehle

Konfigurieren von Ausgabeparametern mit dem Befehl `interface`

Der Befehl `interface` ist kein Ausgabebefehl, aber Sie können ihn zur
Konfiguration mehrerer Parameter verwenden, welche die Ausgabe ver-
schiedener Befehle von Maple beeinflussen.

Rufen Sie `interface` folgendermaßen auf, um einen Parameter zu setzen.

```
interface( Variable = Ausdruck )
```

Das Argument *Variable* gibt an, welche Parameter Sie ändern möchten,
und das Argument *Ausdruck* spezifiziert den Wert des Parameters. Siehe
die folgenden Abschnitte oder `?interface` für die Parameter, die Sie setzen
können. Sie können mehrere Parameter setzen, indem Sie mehrere durch
Komma getrennte Parameter der Form *Variable = Ausdruck* angeben.

Um die Einstellung eines Parameters abzufragen, können Sie die folgende Syntax verwenden:

```
interface( Variable )
```

Das Argument *Variable* gibt den abzufragenden Parameter an. Der Befehl `interface` liefert die aktuelle Einstellung des Parameters. Sie können nur einen Parameter auf einmal abfragen.

Eindimensionale Ausgabe eines Ausdrucks

Der Befehl `lprint` gibt die Maple-Ausdrücke in eindimensionaler Notation aus, die dem Format, das Maple für die Eingabe verwendet, sehr ähnlich ist. In den meisten Fällen könnten Sie Maple diese Ausgabe als Eingabe zurückgeben, und es würde der gleiche Ausdruck entstehen. Die einzige Ausnahme ist, falls der Ausdruck Maple-Namen (Zeichenketten) mit nichtalphanumerischen Zeichen enthält. In diesem Fall erfordern diese Namen Rückwärtsapostrophe, falls Sie sie als Eingabe liefern. Aus historischen Gründen läßt `lprint` die Rückwärtsapostrophe in der Ausgabe weg. Dies ermöglicht Ihnen, `lprint` zum Ausgeben von Meldungen ohne Rückwärtsapostrophe in der Ausgabe zu verwenden. Trotzdem wird dies nicht empfohlen. (Sie sollten stattdessen `printf` verwenden.)

Der Befehl `lprint` wird folgendermaßen aufgerufen:

```
lprint( AusdruckFolge )
```

AusdruckFolge besteht aus einem oder mehreren Maple-Ausdrücken. Jeder der Ausdrücke wird der Reihe nach ausgegeben, wobei sie von drei Leerzeichen voneinander getrennt werden. Maple gibt ein Zeilenende-Zeichen aus nach dem letzten Ausdruck.

Maple sendet die von `lprint` erzeugte Ausgabe immer an den `default`-Ausgabestrom. Sie können die später beschriebenen Befehle `writeto` und `appendto` verwenden, um den `default`-Ausgabestrom temporär in eine Datei umzuleiten.

Der `interface`-Parameter `screenwidth` beeinflußt die Ausgabe von `lprint`. Falls möglich, schließt Maple die Ausgabe zwischen Symbole ein. Wenn ein einzelnes Symbol zu lang zum Anzeigen ist (zum Beispiel ein sehr langer Name oder eine lange Zahl), verteilt in Maple über mehrere Zeilen und gibt einen Rückwärtsschrägstrich "\" vor jedem Zeilenumbruch aus.

Das folgende Beispiel veranschaulicht die Ausgabe von `lprint` und den Einfluß von `screenwidth`.

```
> lprint(expand((x+y)^5));

x^5+5*x^4*y+10*x^3*y^2+10*x^2*y^3+5*x*y^4+y^5
> interface(screenwidth=30);
> lprint(expand((x+y)^5));

x^5+5*x^4*y+10*x^3*y^2+10*x^2
*y^3+5*x*y^4+y^5
```

Zweidimensionale Ausgabe eines Ausdrucks

Der Befehl `print` gibt Maple-Ausdrücke in einer zweidimensionalen Notation aus. In Abhängigkeit der gestarteten Maple-Version und der verwendeten Benutzerschnittstelle ist die Notation entweder die Standard-Mathematiknotation aus Textbüchern und anderen Darstellungen in mathematischen Dokumenten oder eine Annäherung davon alleine mit Textzeichen.

Verwenden Sie folgende Methode zum Aufruf des Befehls `print`.

> `print( AusdruckFolge )`

AusdruckFolge besteht aus einem oder mehreren Maple-Ausdrücken. Maple gibt jeden Ausdruck der Reihe nach aus und trennt sie durch Kommata.

Die Ausgabe von `print` wird immer an den `default`-Ausgabestrom geschickt. Sie können die später beschriebenen Befehle `writeto` und `appendto` verwenden, um den `default`-Ausgabestrom temporär in eine Datei umzuleiten.

Mehrere `interface`-Parameter beeinflussen die Ausgabe von `print`. Sie werden mit folgender Syntax gesetzt.

> `interface( Parameter=Wert )`

Die Parameter sind:

`prettyprint` wählt den Ausgabetyp von `print` aus. `print` erzeugt die gleiche Ausgabe wie `lprint`, wenn Sie `prettyprint` auf 0 setzen. Wenn Sie `prettyprint` auf 1 setzen, erzeugt `print` eine simulierte Mathematiknotation allein mit Textzeichen. Wenn Sie `prettyprint` auf 2 setzen und Ihre Maple-Version dazu in der Lage ist, erzeugt `print` die Ausgabe mit der Standard-Mathematiknotation. Die Standardeinstellung von `prettyprint` ist 2.

`indentamount` spezifiziert die Anzahl der von Maple verwendeten Leerzeichen, um die Fortsetzung von Ausdrücken einzurücken, die zu groß für eine Zeile sind. Dieser Parameter hat nur dann eine Wirkung, wenn Sie `prettyprint` (siehe oben) auf 1 setzen und/oder wenn Maple Prozeduren ausgibt. Die Standardeinstellung von `indentamount` ist 4.

`labelling` oder `labeling` kann auf `true` oder `false` gesetzt werden, je nachdem ob Maple Marken zur Repräsentation gemeinsamer Teilausdrücke in großen Ausdrücken einsetzen soll. Marken können große Ausdrücke lesbarer und verständlicher machen. Die Standardeinstellung von `labelling` ist `true`.

`labelwidth` bestimmt die Größe, die ein Teilausdruck haben muß, um von Maple zum Markieren in Betracht gezogen zu werden (falls `labelling true` ist). Die Größe ist die ungefähre Breite des Ausdrucks in Zeichen, wenn er mit `print` und `prettyprint = 1` ausgegeben wird.

`screenwidth` gibt die Bildschirmbreite in Zeichen an. Falls `prettyprint` 0 oder 1 ist, verwendet Maple diese Breite zur Entscheidung, wo lange Ausdrücke abgeschnitten werden sollen. Falls `prettyprint` 2 ist, muß die Benutzerschnittstelle Pixel statt Zeichen bearbeiten und die Breite automatisch bestimmen.

`verboseproc` Verwenden Sie diesen Parameter zum Ausgeben von Maple-Prozeduren. Wenn Sie `verboseproc` auf 1 setzen, gibt Maple nur benutzerdefinierte Prozeduren aus und zeigt systemdefinierte Prozeduren in einer vereinfachten Form an, indem es nur die Argumente und eventuell eine kurze Prozedurbeschreibung liefert. Wenn Sie `verboseproc` auf 2 setzen, gibt Maple alle Prozeduren vollständig aus. Durch Setzen von `verboseproc` auf 3 werden alle Prozeduren vollständig und der Inhalt der Merktabelle einer Prozedur in Form von Maple-Kommentaren nach der Prozedur ausgegeben.

Wenn Sie Maple interaktiv einsetzen, zeigt es automatisch jedes berechnete Ergebnis an. Das Format dieser Anzeige ist das gleiche wie das Ausgabeformat des Befehls `print`. Deshalb beeinflussen alle `interface`-Parameter, die den Befehl `print` beeinflussen, auch das Anzeigen von Ergebnissen.

Das folgende Beispiel illustriert die Ausgabe von `print` und den Einfluß von `prettyprint`, `indentamount` und `screenwidth` darauf.

```
> print(expand((x+y)^6));
```

$$x^6 + 6\,x^5\,y + 15\,x^4\,y^2 + 20\,x^3\,y^3 + 15\,x^2\,y^4 + 6\,x\,y^5 + y^6$$

```
> interface(prettyprint=1);
> print(expand((x+y)^6));

   6       5         4  2         3  3         2  4         5
  x  + 6 x  y + 15 x  y  + 20 x  y  + 15 x  y  + 6 x y
           6
       + y

> interface(screenwidth=35);
> print(expand((x+y)^6));

   6       5         4  2         3  3
  x  + 6 x  y + 15 x  y  + 20 x  y
           2  4         5       6
```

```
      + 15 x  y  + 6 x y  + y
> interface(indentamount=1);
> print(expand((x+y)^6));

   6     5         4 2        3 3
  x  + 6 x  y + 15 x  y  + 20 x   y
              2 4       5      6
    + 15 x  y  + 6 x y  + y

> interface(prettyprint=0);
> print(expand((x+y)^6));

x^6+6*x^5*y+15*x^4*y^2+20*x^3*y^3+
15*x^2*y^4+6*x*y^5+y^6
```

Schreiben von Maple-Zeichenketten in eine Datei

Der Befehl `writeline` schreibt eine oder mehrere Maple-Zeichenketten in
eine Datei. Jede Zeichenkette erscheint in einer eigenen Zeile. Rufen Sie
den Befehl `writeline` wie folgt auf:

```
writeline(Dateibezeichner, ZeichenFolge)
```

Dateibezeichner ist der Name oder Deskriptor der Datei, in die Sie schreiben möchten, und *ZeichenFolge* eine Folge von Zeichenketten, die `write-
line` schreiben soll. Wenn Sie *ZeichenFolge* nicht angeben, schreibt
`writeline` eine Leerzeile in die Datei.

Schreiben beliebiger Bytes in eine Datei

Der Befehl `writebytes` schreibt ein oder mehr einzelne Zeichen oder Bytes
in eine Datei. Sie können die Bytes entweder als eine Zeichenkette oder
ganzzahlige Liste spezifizieren.

Die folgende Syntax ruft den Befehl `writebytes` auf.

```
writebytes( Dateibezeichner, Bytes )
```

Dateibezeichner ist der Name oder Deskriptor der Datei, in die `writebytes`
schreiben soll. Das Argument *Bytes* spezifiziert die von `writebytes` zu
schreibenden Bytes. Dies kann entweder eine Zeichenkette oder eine Liste von ganzen Zahlen sein. Falls Sie `writebytes` mit einem Dateinamen
aufrufen und diese Datei wurde noch nicht geöffnet, öffnet Sie Maple im
WRITE-Modus. Falls Sie *Bytes* als Zeichenkette spezifizieren, öffnet Maple
die Datei als TEXT-Datei, und falls Sie *Bytes* als Liste von ganzen Zahlen
spezifizieren, öffnet Maple die Datei als BINARY-Datei.

Das folgende Beispiel definiert eine Maple-Prozedur, die eine ganze Datei liest und sie mit `writebytes` in eine neue Datei kopiert.

```
> CopyFile := proc( sourceFile::string, destFile::string )
>    writebytes(destFile, readbytes(sourceFile, infinity));
> end:
```

Formatierte Ausgabe

Die Befehle `fprintf` und `printf` schreiben Objekte in eine Datei in einem spezifizierten Format.

Rufen Sie die Befehle `fprintf` und `printf` folgendermaßen auf:

> fprintf(*Dateibezeichner, Format, AusdruckFolge*)
> printf(*Format, AusdruckFolge*)

Dateibezeichner ist der Name oder Deskriptor der zu schreibenden Datei. Ein Aufruf von `printf` ist äquivalent zu einem Aufruf von `fprintf` mit `default` als *Dateibezeichner*. Falls Sie `fprintf` mit einem Dateinamen aufrufen und diese Datei noch nicht geöffnet wurde, öffnet sie Maple im WRITE-Modus als TEXT-Datei.

Format gibt an, wie Maple die Elemente von *AusdruckFolge* schreiben soll. Diese Maple-Zeichenkette besteht aus einer Folge von Formatierungsspezifikationen, die möglicherweise durch andere Zeichen getrennt werden. Jede Formatierungsspezifikation hat die folgende Syntax, wobei die eckigen Klammern optionale Komponenten anzeigen.

> %[*Einstellungen*] [*Breite*] [.*Genauigkeit*]*Code*

Das Symbol "%" beginnt die Formatierungsspezifikation. Ein oder mehrere der folgenden Einstellungen können optional auf das Symbol "%" folgen.

+ Ein numerischer Wert mit Vorzeichen wird mit einem führenden "+"- oder "-"-Zeichen ausgegeben.

- Die Ausgabe ist linksbündig statt rechtsbündig.

leer Ein numerischer Wert mit Vorzeichen wird mit einem führenden "-" oder einem führenden Leerzeichen ausgegeben, abhängig davon, ob der Wert negativ ist oder nicht.

0 Die Ausgabe ist links (zwischen dem Vorzeichen und der ersten Ziffer) mit Nullen aufgefüllt. Wenn Sie auch ein "-" angeben, wird die "0" ignoriert.

Breite ist optional und zeigt die Minimalzahl von auszugebenden Zeichen für dieses Feld an. Falls der formatierte Wert weniger Zeichen enthält, füllt ihn Maple links (oder rechts, falls Sie "−" angeben) mit Leerzeichen.

Genauigkeit ist auch optional und bestimmt die Anzahl von Nachkommastellen, die nach dem Dezimalpunkt für Gleitkommaformate auftreten, oder die maximale Feldbreite für Zeichenkettenformate.

Sie können *Breite* und/oder *Genauigkeit* als "∗" festlegen. In diesem Fall nimmt Maple die *Breite* und/oder *Genauigkeit* von der Argumentliste. Die Argumente *Breite* und/oder *Genauigkeit* müssen in dieser Reihenfolge vor dem auszugebenden Argument auftreten. Ein negatives Argument *Breite* ist äquivalent mit dem Setzen der Einstellung "−".

Code beschreibt den Typ des Objekts, das Maple schreiben soll, und kann einer der folgenden sein:

d   formatiert das Objekt als Dezimalzahl mit Vorzeichen.

o   formatiert das Objekt als Oktalzahl (Basis 8) ohne Vorzeichen.

x oder X   formatiert das Objekt als Hexadezimalzahl (Basis 16) ohne Vorzeichen. Maple repräsentiert die den Dezimalzahlen 10 bis 15 entsprechenden Ziffern durch die Buchstaben "A" bis "F", falls Sie "X" angeben, oder "a" bis "f", falls Sie "x" verwenden.

e oder E   formatiert das Objekt als Gleitkommazahl in der wissenschaftlichen Notation. Eine Ziffer erscheint vor dem Dezimalpunkt und *Genauigkeit* entsprechend viele Nachkommastellen kommen nach dem Dezimalpunkt vor (sechs Nachkommastellen, falls Sie *Genauigkeit* nicht angeben). Dies wird von den Buchstaben "e" oder "E" und einer ganzen Zahl mit Vorzeichen gefolgt, die die Potenz von 10 bestimmt. Die Potenz von 10 hat ein Vorzeichen und mindestens drei Ziffern und, falls nötig, hinzugefügte führende Nullen.

f   formatiert das Objekt als Gleitkommazahlzahl. Die von *Genauigkeit* spezifizierte Anzahl von Nachkommastellen erscheint nach dem Dezimalpunkt.

g oder G   formatiert die Objekte mit den Formaten "d", "e" (oder "E", falls Sie "G" angeben) oder "f" in Abhängigkeit seines Wertes. Wenn der formatierte Wert keinen Dezimalpunkt enthält, verwendet Maple das "d"-Format. Falls der Wert kleiner als 10^{-4} oder größer als $10^{Genauigkeit}$ ist, verwendet Maple das "e"-Format (oder "E"-Format), ansonsten das "f"-Format.

c   gibt das Objekt, das eine Maple-Zeichenkette mit genau einem Zeichen sein muß, als einzelnes Zeichen aus.

s   gibt das Objekt aus, das eine Maple-Zeichenkette mit mindestens *Breite* Zeichen (falls festgelegt) und maximal *Genauigkeit* Zeichen (falls angegeben) sein muß.

a   gibt das Objekt aus, das jedes Maple-Objekt in korrekter Maple-Syntax sein kann. Maple gibt mindestens *Breite* Zeichen (falls angegeben) und maximal *Genauigkeit* Zeichen (falls angegeben) aus. *Beachten Sie:* Das Abschneiden eines Maple-Ausdrucks durch Spezifikation von *Genauigkeit* kann einen unvollständigen oder syntaktisch inkorrekten Maple-Ausdruck in der Ausgabe erzeugen.

m   Das Objekt, das jedes Maple-Objekt sein kann, wird in Maples " .m"-Dateiformat ausgegeben. Maple gibt mindestens *Breite* Zeichen (falls festgelegt) und maximal *Genauigkeit* Zeichen (falls angegeben) aus. *Beachten Sie*: Das Abschneiden eines Maple-Ausdrucks vom " .m"-Format durch Spezifikation von *Genauigkeit* kann einen unvollständigen oder inkorrekten Maple-Ausdruck in der Ausgabe erzeugen.

%   Ein Prozent-Symbol bedeutet wörtliches Ausgeben.

Maple gibt Zeichen, die in *Format* aber nicht innerhalb einer Formatierungsspezifikation sind, wörtlich aus.

Alle Gleitkommaformate können ganzzahlige, rationale oder Gleitkommaobjekte akzeptieren. Maple konvertiert die Objekte in Gleitkommawerte und gibt sie entsprechend aus.

Die Befehle `fprintf` und `printf` beginnen *nicht* automatisch eine neue Zeile am Ende der Ausgabe. Wenn Sie eine neue Zeile benötigen, muß die Zeichenkette in *Format* das Zeilenende-Zeichen "\n" enthalten. Die Ausgabe der Befehle `fprintf` und `printf` unterliegt auch *nicht* dem Zeilenumbruch bei `interface(screenwidth)` Zeichen.

Die Formate "%o", "%x" und "%X" verwenden die Implementierung der zugrundeliegenden Hardware. Deswegen unterliegt die Ausgabe von Oktal- und Hexadezimalwerten den Einschränkungen der Rechnerarchitektur.

Schreiben von Tabellendaten

Der Befehl `writedata` schreibt Tabellendaten in TEXT-Dateien. Dies ist in vielen Fällen besser als eine eigene Prozedur mit Schleife und `fprintf`-Befehl zu schreiben.

Rufen Sie den Befehl `writedata` in folgender Weise auf:

```
writedata( Dateibezeichner, Daten, Datentyp, StandardProz )
```

Dateibezeichner ist der Name oder Deskriptor der Datei, in die `writedata` die Daten schreibt.

Falls Sie `writedata` mit einem Dateinamen aufrufen und diese Datei noch nicht geöffnet wurde, öffnet Sie Maple im `WRITE`-Modus als `TEXT`-Datei. Falls Sie `writedata` mit einem Dateinamen aufrufen, wird außerdem die Datei automatisch geschlossen, wenn `writedata` beendet wird.

Daten muß ein Vektor, eine Liste oder Liste von Listen sein. Falls *Daten* ein Vektor oder eine Liste von Werten ist, schreibt `writedata` jeden Wert in eine eigene Zeile in die Datei. Falls *Daten* eine Matrix oder Liste von Listen von Werten ist, schreibt `writedata` jede Zeile oder Teilliste in eine eigene Zeile in die Datei, wobei die einzelnen Werte durch Tabulatorzeichen voneinander getrennt werden.

Datentyp ist optional und bestimmt, ob `writedata` die Werte als ganze Zahlen, Gleitkommazahlen (Standard) oder Zeichenketten schreibt. Wenn Sie `integer` angeben, müssen die Werte numerisch sein und `writedata` schreibt sie als ganze Zahlen. (Maple schneidet rationale und Gleitkommazahlen zu ganzen Zahlen ab.) Wenn sie `float` angeben, müssen die Werte numerisch sein und `writedata` schreibt sie als Gleitkommawerte. (Maple konvertiert ganze und rationale Zahlen in Gleitkommazahlen.) Wenn Sie `string` angeben, müssen die Werte Zeichenketten sein. Wenn Matrizen oder Listen von Listen geschrieben werden, können Sie *Datentyp* als eine Liste von Datentypen spezifizieren, wobei jede einer Spalte in der Ausgabe entspricht.

Das optionale Argument *StandardProz* spezifiziert eine von `writedata` aufzurufende Prozedur, falls ein Datenwert nicht mit dem von Ihnen angegebenen *Datentyp* übereinstimmt (zum Beispiel, falls `writedata` einen nichtnumerischen Wert erkennt, wenn *Datentyp* `float` ist). Maple übergibt den dem *Dateibezeichner* entsprechenden Dateideskriptor zusammen mit dem nicht übereinstimmenden Wert als ein Argument an *StandardProz*. Die vordefinierte *StandardProz* generiert einfach den Fehler `Bad data found`. Eine sinnvollere *StandardProz* könnte folgendermaßen aussehen:

```
> UsefulDefaultProc := proc(f,x) fprintf(f,'%a',x) end:
```

Diese Prozedur ist eine Art "Alleskönner", die jede Art von Wert in die Datei schreiben kann.

Das folgende Beispiel berechnet eine 5×5-Hilbertmatrix und schreibt deren Gleitkommarepräsentation in eine Datei.

```
> writedata('HilbertFile.txt',linalg[hilbert](5));
```

Die Überprüfung der Datei ergibt:

```
1 .5 .333333 .25 .2
.5 .333333 .25 .2 .166666
```

```
.333333 .25 .2 .166666 .142857
.25 .2 .166666 .142857 .125
.2 .166666 .142857 .125 .111111
```

Explizites Speichern des Puffers einer Datei

Die Ein-/Ausgabepufferung kann zu einer Verzögerung zwischen dem Zeitpunkt Ihrer Anfrage nach einer Schreiboperation und dem Zeitpunkt, zu dem Maple die Daten physikalisch in die Datei schreibt, führen. Dies erfolgt aufgrund der größeren Effizienz einer großen Schreiboperation anstelle mehrerer kleiner.

Normalerweise entscheidet die Ein-/Ausgabebibliothek automatisch, wann in eine Datei geschrieben werden soll. In manchen Situationen möchten Sie jedoch sicherstellen, daß die von Ihnen geschriebenen Daten tatsächlich in die Datei geschrieben wurden. Unter UNIX ist es zum Beispiel üblich, einen Befehl wie "`tail -f` *Dateiname*" in einem anderen Fenster auszuführen, um die Informationen zu überwachen, während Maple sie schreibt. Für solche Fälle stellt Maples Ein-/Ausgabebibliothek den Befehl `fflush` bereit.

Rufen Sie den Befehl `fflush` mit folgender Syntax auf:

```
fflush( Dateibezeichner )
```

Dateibezeichner ist der Name oder Deskriptor der Datei, dessen Puffer Maple explizit speichern soll. Wenn Sie `fflush` aufrufen, schreibt Maple alle Informationen in die Datei, die im Puffer, jedoch noch nicht in der physikalischen Datei sind. Üblicherweise würde ein Programm `fflush` aufrufen, sobald etwas signifikantes geschrieben wurde (zum Beispiel ein vollständiges Zwischenergebnis oder einige Ausgabezeilen).

Beachten Sie, daß Sie `fflush` nicht explizit aufrufen müssen. Alles, was Sie in eine Datei schreiben, wird spätestens beim Schließen der Datei physikalisch geschrieben. Der Befehl `fflush` zwingt einfach Maple, die Daten bei Aufforderung zu schreiben, so daß Sie das Fortschreiten einer Datei überwachen können.

Umleiten des `default`-Ausgabestroms

Die Befehle `writeto` und `appendto` leiten den `default`-Ausgabestrom in eine Datei um. Dies bedeutet, daß jede Operation, die in den `default`-Strom schreibt, in die stattdessen angegebene Datei schreibt.

Die Befehle `writeto` und `appendto` können Sie folgendermaßen aufrufen:

```
writeto( Dateiname )
appendto( Dateiname )
```

Das Argument *Dateiname* spezifiziert den Namen der Datei, in die Maple die Ausgabe umleiten soll. Wenn Sie `writeto` aufrufen, überschreibt Maple die Datei, falls sie bereits existiert, und schreibt anschließende Ausgaben in die Datei. Der Befehl `appendto` hängt an das Dateiende an, wenn diese bereits existiert. Falls die von Ihnen ausgewählte Datei bereits offen ist (sie wird zum Beispiel von anderen Ein-/Ausgabeoperationen verwendet), erzeugt Maple einen Fehler.

Der spezielle *Dateiname* `terminal` veranlaßt Maple, die anschließenden `default`-Ausgaben an den ursprünglichen `default`-Ausgabestrom zu senden (der beim Starten von Maple aktiv war). Die Aufrufe `writeto(terminal)` und `appendto(terminal)` sind äquivalent.

Der Aufruf von `writeto` oder `appendto` direkt aus der Maple-Eingabezeile ist nicht die beste Wahl. Wenn `writeto` oder `appendto` aktiv sind, zeigt Maple die Eingabeaufforderung nicht weiter an (Maple schreibt sie stattdessen in die Datei). Außerdem schreibt Maple auch alle Fehlermeldungen, die sich bei späteren Operationen ergeben können, in die Datei. Daher können Sie das Geschehen nicht verfolgen. Sie sollten die Befehle `writeto` und `appendto` gewöhnlich innerhalb von Prozeduren oder Dateien von Maple-Befehlen verwenden, die der Befehl `read` liest.

9.7 Konvertierungsbefehle

C- oder FORTRAN-Generierung

Maple stellt Befehle zur Übersetzung von Maple-Ausdrücken in zwei andere Programmiersprachen bereit. Zur Zeit werden die Sprachen C und FORTRAN unterstützt. Die Konvertierung in andere Programmiersprachen ist sinnvoll, wenn Sie Maples symbolische Fähigkeiten zur Entwicklung eines numerischen Algorithmus verwendet haben, der dann als C- oder FORTRAN-Programm effizienter als eine Maple-Prozedur laufen kann.

Führen Sie eine Konvertierung nach FORTRAN oder C mit den Befehlen `fortran` bzw. `C` durch. Da `C` ein einfacher Name ist, den Sie wahrscheinlich als Variable verwenden, lädt Maple den Befehl `C` nicht vorher, so daß Sie ihn zuerst mit `readlib` laden müssen.

Rufen Sie die Befehle `fortran` und `C` mit folgender Syntax auf:

```
fortran( Ausdruck, Optionen )
C( Ausdruck, Optionen )
```

Ausdruck kann eine der folgenden Formen annehmen:

1. Ein einzelner algebraischer Ausdruck: Maple generiert eine Folge von C- oder FORTRAN-Anweisungen zur Berechnung des Wertes dieses Ausdrucks.

2. Eine Liste von Ausdrücken der Form *Name= Ausdruck*: Maple generiert eine Anweisungsfolge, um jeden Ausdruck zu berechnen und dem zugehörigen Namen zuzuweisen.

3. Ein benanntes Feld von Ausdrücken: Maple generiert eine Folge von C- oder FORTRAN-Anweisungen, um jeden Ausdruck zu berechnen und ihn dem zugehörigen Feldelement zuzuweisen.

4. Eine Maple-Prozedur: Maple generiert eine C-Funktion oder FORTRAN-Unterroutine.

Der Befehl `fortran` verwendet den Befehl `'fortran/function_name'` bei der Übersetzung von Funktionsnamen in deren FORTRAN-Äquivalent. Dieser Befehl erhält drei Argumente, den Maple-Funktionsnamen, die Anzahl von Argumenten und die Genauigkeit, und liefert einen einzelnen FORTRAN-Funktionsnamen. Sie können die Standardübersetzung überschreiben, indem Sie der Merktabelle von `'fortran/function_name'` Werte zuweisen.

```
> 'fortran/function_name'(arctan,1,double) := datan;
```

$$\text{fortran/function\_name}(arctan, 1, double) := datan$$

```
> 'fortran/function_name'(arctan,2,single) := atan2;
```

$$\text{fortran/function\_name}(arctan, 2, single) := atan2$$

Bei der Übersetzung von Feldern setzt der Befehl `C` alle Indizes neu, um mit 0 zu beginnen, da die Basis von C-Feldern 0 ist. Der Befehl `fortran` indiziert die Felder neu, um mit 1 zu beginnen, aber nur wenn Maple eine Prozedur übersetzt.

Hier berechnet Maple die Stammfunktion symbolisch.

```
> f := unapply( int( 1/(1+x^4), x), x );
```

$$f := x \rightarrow \frac{1}{8}\sqrt{2}\ln(\frac{x^2 + x\sqrt{2} + 1}{x^2 - x\sqrt{2} + 1}) + \frac{1}{4}\sqrt{2}\arctan(x\sqrt{2} + 1)$$

$$+ \frac{1}{4}\sqrt{2}\arctan(x\sqrt{2} - 1)$$

Der Befehl `fortran` generiert eine FORTRAN-Routine.

```
> fortran(f, optimized);

c The options were    : operatorarrow
```

```
      real function f(x)
      real x
      real t1
      real t2
      real t3
       t1 = sqrt(2.E0)
       t2 = x**2
       t3 = x*t1
       f = t1*alog((t2+t3+1)/(t2-t3+1))/8
          +t1*atan(t3+1)/4+t1*atan(t3-1)
      #/4
       return
       end
```

Sie müssen den Befehl C zunächst mit readlib laden, und danach können Sie ihn zum Generieren einer C-Routine verwenden.

```
> readlib(C):
> C(f, optimized);


/* The options were    : operatorarrow */
double f(x)
double x;
{
    double t2;
    double t3;
    double t1;
    t1 = sqrt(2);
    t2 = x*x;
    t3 = x*t1;
    return(t1*log((t2+t3+1)/(t2-t3+1))/8
            +t1*atan(t3+1)/4+t1*atan(t3-1)/4);
}
```

LATEX- oder *eqn*-Generierung

Maple unterstützt die Konvertierung von Maple-Ausdrücken in zwei Schriftsatz-Sprachen: LATEX und *eqn*. Die Konvertierung in Schriftsatz-Sprachen ist sinnvoll, wenn Sie ein Ergebnis in eine wissenschaftliche Abhandlung einfügen müssen.

Die Konvertierung nach LATEX und *eqn* können Sie mit Hilfe der Befehle latex und eqn durchführen. Da eqn ein einfacher Name ist, den Sie wahrscheinlich als Variable verwenden möchten, lädt Maple den Befehl eqn nicht vorher, so daß Sie ihn zuerst mit readlib laden müssen.

Rufen Sie die Befehle `latex` und `eqn` folgendermaßen auf:

```
latex( Ausdruck, Dateiname )
eqn( Ausdruck, Dateiname )
```

Ausdruck kann jeder beliebige mathematische Ausdruck sein. Maple-spezifische Ausdrücke wie Prozeduren sind nicht übersetzbar. *Dateiname* ist optional und spezifiziert die Datei, in die Maple den übersetzten Ausdruck schreiben soll. Falls Sie *Dateiname* nicht angeben, schreibt Maple die Ausgabe in den `default`-Ausgabestrom (Ihre Sitzung).

Die Befehle `latex` und `eqn` wissen, wie man die meisten Typen von mathematischen Ausdrücken wie Integrale, Grenzwerte, Summen, Produkte und Matrizen übersetzt. Sie können die Fähigkeiten von `latex` und `eqn` durch Definition von Prozeduren mit einem Namen der Form `'latex/Funktionsname'` oder `'eqn/Funktionsname'` erweitern. Diese Prozeduren sind für Formatierungsaufrufe an die Funktion *Funktionsname* verantwortlich. Sie sollten die Ausgabe solcher Formatierungsfunktionen mit `printf` erzeugen. `latex` und `eqn` verwenden `writeto` zur Umleitung der Ausgabe, falls Sie *Dateiname* angeben.

Kein Befehl generiert die von LATEX oder eqn benötigen Befehle, um den Mathematikmodus des Schriftsatz-Systems einzuschalten ($...$ für LATEX und `.EQ....EN` für *eqn*).

Das folgende Beispiel zeigt die Generierung von LATEX und *eqn* für ein Integral und dessen Wert. Beachten Sie die Verwendung von `Int`, die verzögerte Form von `int`, um die Auswertung der linken Seite der von Maple formatierten Gleichung zu verhindern.

```
> Int(1/(x^4+1),x) = int(1/(x^4+1),x);
```

$$\int \frac{1}{x^4+1}\,dx =$$

$$\frac{1}{8}\sqrt{2}\ln(\frac{x^2+x\sqrt{2}+1}{x^2-x\sqrt{2}+1}) + \frac{1}{4}\sqrt{2}\arctan(x\sqrt{2}+1)$$

$$+\frac{1}{4}\sqrt{2}\arctan(x\sqrt{2}-1)$$

```
> latex(");
\int \!\left ({x}^{4}+1\right )^{-1}{dx}=1/8\,
\sqrt {2}\ln ({\frac {{x}^{2}+x\sqrt {2}+1}{{x
}^{2}-x\sqrt {2}+1}})+1/4\,\sqrt {2}\arctan(x
\sqrt {2}+1)+1/4\,\sqrt {2}\arctan(x\sqrt {2}-
1)
```

```
> readlib(eqn):
```

```
> eqn("");
```

```
{{int  {  {(  {{  "x"   sup 4 }^+^1 } )} sup -1 }~d  "x" }~~=~~{{
{{ sqrt 2 }^{ln ( { {{ "x"  sup 2 }^+^{ "x"  ^{ sqrt 2 }}^+^1 }
 over {{  "x"  sup 2 }^-^{ "x"  ^{ sqrt 2 }}^+^1 })}} over 8 }^
+^{ {{ sqrt 2 }^{arctan ( {{ "x"  ^{ sqrt 2 }}^+^1 })}} over 4 }
^+^{ {{ sqrt 2 }^{arctan ( {{ "x"  ^{ sqrt 2 }}^-^1 })}} over 4
}}}
```

Konvertieren zwischen Zeichenketten und ganzzahligen Listen

Die Befehle readbytes und writebytes, die in *Lesen beliebiger Bytes aus einer Datei* auf Seite 358 und *Schreiben beliebiger Bytes in eine Datei* auf Seite 368 beschrieben wurden, können sowohl mit Maple-Zeichenketten als auch mit Listen von ganzen Zahlen arbeiten. Sie können den Befehl convert verwenden, um zwischen diesen beiden Formaten folgendermaßen zu konvertieren:

> convert(*Zeichenkette*, Bytes)
> convert(*ganzzahlListe*, Bytes)

Wenn Sie convert(...,bytes) eine Zeichenkette übergeben, liefert es eine Liste von ganzen Zahlen. Wenn Sie ihm eine Liste von ganzen Zahlen übergeben, liefert es eine Zeichenkette.

Aufgrund der Art, in der Zeichenketten in Maple implementiert sind, kann das dem Byte-Wert 0 entsprechende Zeichen nicht in einer Zeichenkette auftreten. Falls *ganzzahlListe* eine null enthält, liefert convert nur von jenen Zeichen eine Zeichenkette, die den ganzen Zahlen vor dem Auftreten von 0 in der Liste entsprechen.

Die Konvertierung zwischen Zeichenketten und Listen von ganzen Zahlen ist sinnvoll, wenn Maple Teile eines Stroms von Bytes als eine Zeichenkette interpretieren muß, während es andere Teile als einzelne Bytes interpretieren muß.

Im folgenden Beispiel konvertiert Maple eine Zeichenkette in eine Liste von ganzen Zahlen. Danach konvertiert es die gleiche Liste, in der ein Eintrag zu 0 geändert wurde, in eine Zeichenkette zurück. Beachten Sie, daß die Liste an der Position der Null abgeschnitten wurde.

```
> convert('Test String',bytes);
```

$$[84, 101, 115, 116, 32, 83, 116, 114, 105, 110, 103]$$

```
> convert([84,101,115,116,0,83,116,114,105,110,103],bytes);
```

Test

Übersetzen von Maple-Ausdrücken und -Anweisungen

Der Befehl `parse` konvertiert eine Zeichenkette einer gültigen Maple-Eingabe in den zugehörigen Maple-Ausdruck. Der Ausdruck wird vereinfacht, aber nicht ausgewertet.

Verwenden Sie den Befehl `parse` wie folgt:

> `parse( Zeichenkette, Optionen )`

Das Argument *Zeichenkette* ist die zu parsende Zeichenkette. Sie muß einen Maple-Ausdruck (oder Anweisung, siehe unten) in der Syntax von Maple beschreiben.

Den Befehl `parse` können Sie mit einer oder mehr *Optionen* versehen:

`statement`   Diese Option zeigt an, daß `parse` zusätzlich zu Ausdrücken auch Anweisungen akzeptiert. Da Maple jedoch nicht das Auftreten unausgewerteter Ausdrücke erlaubt, wertet `parse` *Zeichenkette* nicht aus, falls Sie `statement` angeben.

`nosemicolon`   Normalerweise liefert `parse` einen abschließenden Strichpunkt "`;`", wenn die Zeichenkette nicht mit einem Doppelpunkt oder Strichpunkt "`:`" endet. Falls Sie `nosemicolon` angeben, geschieht dies nicht und Maple generiert den Fehler "`unexpected end of input`", falls die Zeichenkette unvollständig ist. Der Befehl `readstat`, der `readline` und `parse` benutzt, macht von dieser Möglichkeit Gebrauch, um mehrzeilige Eingaben zu erlauben.

Wenn die an `parse` übergebene Zeichenkette einen Syntaxfehler enthält, erzeugt `parse` einen Fehler von der folgenden Form (den Sie mit `traperror` abfangen können):

> `incorrect syntax in parse:`
> *Fehlerbeschreibung* (*Fehlerstelle*)

Fehlerbeschreibung beschreibt die Art des Fehlers (zum Beispiel '`+`' unexpected oder `unexpected end of input`). *Fehlerstelle* gibt die ungefähre Zeichenposition in der Zeichenkette an, wo Maple den Fehler gefunden hat.

Wenn Sie `parse` von der Maple-Eingabezeile aus aufrufen, zeigt Maple das akzeptierte Ergebnis in Abhängigkeit davon an, ob der Aufruf von `parse` mit einem Strichpunkt oder Doppelpunkt endet. Ob die an `parse` übergebene Zeichenkette mit einem Strichpunkt oder Doppelpunkt endet, ist nicht von Bedeutung.

```
> parse('a+2+b+3');
```

$$a + 5 + b$$

```
> parse('sin(3.0)'):
> ";
```

$$.1411200081$$

Formatierte Konvertierung in und von Zeichenketten

Die Befehle `sprintf` und `sscanf` sind `fprintf/printf` und `fscanf/scanf` ähnlich, mit Ausnahme, daß sie aus Maple-Zeichenketten lesen oder in Maple-Zeichenketten schreiben anstelle von Dateien.

Rufen Sie den Befehl `sprintf` mit folgender Syntax auf:

> sprintf(*Format*, *AusdruckFolge*)

Format bestimmt, wie Maple die Elemente aus *AusdruckFolge* formatiert. Diese Maple-Zeichenkette besteht aus einer Folge von Formatierungsspezifikationen, die durch andere Zeichen voneinander getrennt sein können. Siehe *Formatierte Eingabe* auf Seite 359 und *Formatierte Ausgabe* auf Seite 369.

Der Befehl `sprintf` liefert eine Zeichenkette, die das formatierte Ergebnis enthält.

Rufen Sie den Befehl `sscanf` wie folgt auf:

> sscanf(*Quellzeichenkette*, *Format*)

Quellzeichenkette stellt die zu akzeptierende Eingabe bereit. *Format* spezifiziert, wie Maple die Eingabe parsen soll. Eine Folge von Konvertierungsspezifikationen (und eventuell andere erwartete Zeichen) bildet diese Maple-Zeichenkette. Siehe *Formatierte Eingabe* auf Seite 359 und *Formatierte Ausgabe* auf Seite 369. Der Befehl `sscanf` liefert genauso wie `fscanf` and `scanf` eine Liste von akzeptierten Objekten.

Das folgende Beispiel veranschaulicht `sprintf` und `sscanf` durch Konvertierung einer Gleitkommazahl und zweier algebraischer Ausdrücke in ein Gleitkommaformat, eine Maple-Syntax bzw. Maples .m-Format. Danach wird diese Zeichenkette mit `sscanf` in die entsprechenden Objekte zurückgewandelt.

```
> s := sprintf('%4.2f %a %m',evalf(Pi),sin(3),cos(3));
```

$$s := 3.14 \, sin(3) \; - \; \%\$cosG6\#""\$$$

```
> sscanf(s,'%f %a %m');
```

$$[3.14, sin(3), cos(3)]$$

9.8 Ein ausführliches Beispiel

Dieser Abschnitt enthält ein Beispiel, das mehrere der in diesem Kapitel beschriebenen Ein-/Ausgabemöglichkeiten verwendet, um eine FORTRAN-Unterroutine in einer Textdatei zu generieren. In diesem Beispiel werden alle der benötigten Maple-Befehle in der Eingabezeile eingegeben. Üblicherweise würden Sie für solch eine Aufgabe eine Prozedur oder zumindest eine Datei mit Maple-Befehlen schreiben.

Angenommen Sie möchten die Werte der Funktion $1 - \mathrm{erf}(x) + \exp(-x)$ für viele Punkte im Intervall [0,2] auf fünf Dezimalstellen genau berechnen. Mit Hilfe des Pakets numapprox aus der Maple-Bibliothek können Sie folgendermaßen eine rationale Approximation dieser Funktion erhalten.

```
> f := 1 - erf(x) + exp(-x):
> approx := numapprox[minimax](f, x=0..2, [5,5]);
```

$$approx := (1.872580443 + (-2.480776710 + (1.455351214$$
$$+ (-.4104023539 + .04512788340\,x)\,x)\,x)x) \Big/$$
$$(.9362912707 + (-.2440863844 + (.2351110296$$
$$+ (.00115045324 - .01091372886\,x)\,x)\,x)x)$$

Nun können Sie die Datei erzeugen und den Kopf der Unterroutine in die Datei schreiben.

```
> file := 'approx.f77':
> fprintf(file, 'reelle Funktion f(x)\nreal x\n'):
```

Bevor Sie die eigentliche FORTRAN-Ausgabe in die Datei schreiben können, müssen Sie die Datei schließen. Ansonsten versucht der Befehl fortran die Datei im APPEND-Modus zu öffnen. Dies führt zu einem Fehler, falls die Datei bereits offen ist.

```
> fclose(file):
```

Nun können Sie die aktuellen FORTRAN-Anweisungen in die Datei schreiben.

```
> fortran(['f'=approx], filename=file):
```

Schließlich fügen Sie den Rest der Syntax einer FORTRAN-Unterroutine hinzu.

```
> fopen(file, APPEND):
> fprintf(file, 'return\nend\n'):
> fclose(file):
```

Wenn Sie jetzt die Datei untersuchen, sieht sie so aus:

```
real function f(x)
real x
     f = (0.187258E1+(-0.2480777E1+(0.1455351E1+
#(-0.4104024E0+0.4512788E-1*x)*x)*x)*x)/(0.9
#362913E0+(-0.2440864E0+(0.235111E0+(0.11504
#53E-2-0.1091373E-1*x)*x)*x)*x)
return
end
```

Diese Unterroutine ist nun fertig zum Übersetzen und Einbinden in ein FORTRAN-Programm.

9.9   Anmerkungen für C-Programmierer

Wenn Sie Programmiererfahrung in den Programmiersprachen C oder C++ haben, erscheinen Ihnen viele der in diesem Kapitel beschriebenen Ein-/Ausgabeprogramme sehr vertraut. Dies ist kein Zufall, da Maples Entwurf der Ein-/Ausgabebibliothek absichtlich die Standard-Ein-/Ausgabebibliothek von C emuliert.

Maples Ein-/Ausgabebefehle arbeiten im allgemeinen ähnlich wie die entsprechenden Befehle in C. Die auftretenden Unterschiede ergeben sich aus den Unterschieden zwischen der Sprache von Maple und C und ihrem Einsatz. In der C-Bibliothek müssen Sie zum Beispiel der Funktion sprintf einen Puffer übergeben, in den sie ihre Ergebnisse schreibt. In Maple sind Zeichenketten Objekte, die Sie genauso einfach wie Zahlen übergeben können, so daß der Befehl sprintf einfach eine Zeichenkette liefert, die groß genug ist, um das Ergebnis zu enthalten. Diese Methode ist sowohl leichter zu behandeln als auch weniger fehleranfällig, da sie die Gefahr beseitigt, über das Ende eines Puffers mit fester Länge hinauszuschreiben.

Ähnlich liefern die Befehle fscanf, scanf und sscanf eine Liste von akzeptierten Ergebnissen anstatt von Ihnen zu verlangen, Referenzen auf Variablen zu übergeben. Auch diese Methode ist weniger fehleranfällig, da sie die Gefahr der Übergabe des falschen Datentyps oder einer ungenügenden Größe beseitigt.

Ein weiterer Unterschied ist der Aufruf eines einzigen Befehls filepos, der die Arbeit der zwei C-Funktionen ftell und fseek ausführt. Dies können Sie in Maple tun, da Funktionen eine variable Anzahl von Argumenten erhalten können.

Wenn Sie Programmiererfahrung in C oder C++ haben, sollten Sie im allgemeinen wenig Schwierigkeiten mit dem Einsatz von Maples Ein-/Ausgabebibliothek haben.

9.10 Zusammenfassung

Dieses Kapitel hat die Details zum Importieren und Exportieren von Daten und Programmtext nach und aus Maple aufgezeigt. Die meisten der in diesem Kapitel diskutierten Befehle sind primitiver als jene, die Sie wahrscheinlich benutzen werden, zum Beispiel `save` und `writeto`. Die zuvor genannten Maple-Befehle stellen sicher, daß Sie für das Erstellen spezieller Prozeduren zum Exportieren und Importieren gut ausgerüstet sind. Ihr Prinzip ist den Befehlen der bekannten Programmiersprache C ähnlich, obwohl sie erweitert wurden, um das einfache Ausgeben algebraischer Ausdrücke zu ermöglichen.

Insgesamt stellt dieses Buch ein wesentliches Gerüst zum Verständnis der Programmiersprache von Maple bereit. Jedes Kapitel soll Ihnen den effektiven Einsatz eines bestimmten Bereichs von Maple vermitteln. Eine vollständige Beschreibung von Maple paßt jedoch nicht in ein einzelnes Buch. Das Maple-Hilfesystem ist eine ausgezeichnete Quelle und ergänzt diesen Band. Während dieses Buch die fundamentalen Konzepte vermittelt und eine pädagogische Einführung in Themen bereitstellt, liefert das Hilfesystem die Details und Besonderheiten jedes Befehls. Es erläutert beispielsweise die Optionen und Syntax von Maple-Befehlen und dient als Hilfsquelle zur Verwendung der Maple-Schnittstelle.

Darüber hinaus haben zahlreiche Autoren viele Bücher über Maple veröffentlicht. Dies sind nicht nur Bücher wie dieses über den allgemeinen Einsatz von Maple, sondern auch Bücher über den Einsatz von Maple in einem speziellen Gebiet oder Anwendung. Sollten Sie Bücher zu Rate ziehen wollen, die Ihrem Interessensbereich entsprechen, wird Ihnen dieses Buch dennoch als handliche Referenz und Anleitung zur Programmierung mit Maple dienen.

Index

M. Bronstein

Symbolic Integration I

Transcendental Functions

1996. Approx. 250 pp. (Algorithms and Computation in Mathematics, Vol. 1) Hardcover **DM 78,-**; öS 569,40; sFr 69,- ISBN 3-540-60521-5

This first volume in the series "Algorithms and Computation in Mathematics", is destined to become the standard reference work in the field. Professor Bronstein is the number-one expert on this topic and his book is the first to treat the subject both comprehensively and in sufficient detail - incorporating new results along the way.

J. Hrebíœcek

W. Gander, J. Hrebicek

Solving Problems in Scientific Computing Using Maple and MATLAB

2nd, exp. ed. 1995. XV, 315 pp. 106 figs., 8 tabs.
Softcover **DM 68,-**; öS 530,40; sFr 60,- ISBN 3-540-58746-2

Modern computing tools like *Maple* (symbolic computation) and *MATLAB* (a numeric computation and visualization program) make it possible to easily solve realistic nontrivial problems in scientific computing. In education, traditionally, complicated problems were avoided, since the amount of work for obtaining the solutions was not feasible for students. This situation has changed now, and students can be taught real-life problems that they can actually solve using the new powerful software. The reader will improve his knowledge through learning by examples and he will learn how both systems, *MATLAB* and *Maple*, may be used to solve problems interactively in an elegant way. This second edition has been expanded by two new chapters. All programs can be obtaned from a server at ETH Zurich.

■ ■ ■ ■ ■ ■ ■ ■ ■ ■

 Springer

Preisänderungen vorbehalten

Springer-Verlag, Postfach 31 13 40, D-10643 Berlin, Fax 0 30 / 8 27 87 - 3 01 / 4 48, e-mail: orders@springer.de   BA96.07.04

C.T.J. Dodson, E.A. Gonzalez

Experiments in Mathematics Using Maple

1995. XIX, 465 pp. 146 figs. Softcover **DM 48,-**; öS 350,40; sFr 43,-
ISBN 3-540-59284-9

The book is designed for use in school computer labs or with home computers
running the computer algebra system Maple.

M.S. Malone

Der Mikroprozessor

Eine ungewöhnliche Biographie

Aus dem Amerikanischen übersetzt von **M. Petz**

1996. Etwa 330 S. 100 Abb. Geb. **DM 58,-**; öS 423,40; sFr 51,50 ISBN 3-540-60514-2

Unterhaltsam, geistreich und sachkundig erzählt Malone die 25jährige Geschichte
des Mikroprozessors. Er beschreibt nicht nur Herstellung und Arbeitsweise des
Chips, sondern auch die spannenden Geschehnisse "hinter den Kulissen".

M.S. Malone

The Microprocessor

A Biography

1995. XIX, 333 pp. Hardcover **DM 48,-**; öS 350,40; sFr 43,- ISBN 3-540-94342-0

This book presents a general overview of microprocessor technology including
fabrication methods, how microprocessors work, and the people and compa-
nies involved in their development, all set in historic perspective and written in
the witty style for which Mr. Malone is known. The author evaluates the microprocessor's role in transforming society, profiles the key figures in its development, speculates about the future of emerging technologies and even theorizes
about what might lie beyond the
microprocessor era.

Springer

Preisänderungen vorbehalten

Springer-Verlag, Postfach 31 13 40, D-10643 Berlin, Fax 0 30 / 8 27 87 - 3 01 / 4 48, e-mail: orders@springer.de   BA96.07.04

Springer
und
Umwelt

Als internationaler wissenschaftlicher
Verlag sind wir uns unserer besonderen
Verpflichtung der Umwelt gegenüber
bewußt und beziehen umweltorientierte
Grundsätze in Unternehmens-
entscheidungen mit ein. Von unseren
Geschäftspartnern (Druckereien,
Papierfabriken, Verpackungsherstellern
usw.) verlangen wir, daß sie sowohl
beim Herstellungsprozess selbst als
auch beim Einsatz der zur Verwendung
kommenden Materialien ökologische
Gesichtspunkte berücksichtigen.
Das für dieses Buch verwendete Papier
ist aus chlorfrei bzw. chlorarm
hergestelltem Zellstoff gefertigt und im
pH-Wert neutral.

Springer